삶이 버거운
사람들을 위한
뇌과학

How to Make Your Brain Your Best Friend
Copyright © 2025 by Rachel Barr

Korean translation rights © 2025 by HYEONAMSA All rights reserved.
This Korean edition is published by arrangement with Rachel Mills
Literary Ltd through Shinwon Agency Co.,

이 책의 한국어판 저작권은 신원 에이전시를 통해 Rachel Mills Literary Ltd와
독점 계약한 현암사에 있습니다. 저작권법에 의하여 한국 내에서 보호를 받는
저작물이므로 무단 전재와 복제를 금합니다.

# 삶이 버거운 사람들을 위한 뇌과학

광활한 우주를 살아가는
나와 뇌의 작은 연대기

*How to*

*Make*

*Your Brain*

*Your Best Friend*

레이첼 바 지음
김소정 옮김

현암사

**일러두기**

- 본문 하단에 • 로 들어가 있는 주는 모두 옮긴이 주입니다.
- 이 책의 영문 참고문헌과 참고논문은 현암사 홈페이지 자료실에 있습니다.

자신을 돌보지 못하던 순간에도
다른 사람을 위해 헌신했던
나의 어머니에게

## 차례

| 머리말 | 지금 이 글을 읽고 있는 당신에게 | 8 |

**1장** **너 자신을 알라** 15
그리고 너에게 친절하라

**2장** **기쁨의 해부학** 59
삶이 버거울 때는 기쁨을 찾자

**3장** **공평하고 평범한 외로움** 87
우리가 서로를 필요로 하는 신경과학적 이유

**4장** **나는 잔다, 고로 존재한다** 127
영혼을 위한 하루의 정리

**5장** **예술과 영혼** 159
창조성이라는 마음의 언어를 찾아서

**6장** **움직이는 마음** 195
마음은 유연하게, 몸은 단단하게

**7장** **나와 나 자신, 그리고 와이파이** 235
온라인으로 연결되기

**8장** **인생 이야기** 273
인생의 의미를 발견하는 여정

감사의 글 324
주 327

> 머리말

# 지금 이 글을 읽고 있는 당신에게

　당신이 우리 집 서재에 있는 나를 상상해 주면 좋겠어요. 온통 종이와 구겨진 메모지로 덮여 있는 이 공간은 고요한 재난의 현장이에요. 우리 고양이 뇨키가 자기 영역을 차지하겠다고 우기고 있어요. 그러니까 내 책상을 내놓으라는 거죠. 뇨키와 나는 키보드를 가운데 두고 대치하고 있고, 아마도 언제나처럼 뇨키가 이길 거예요. 이것이 지금 내가 이 글을 쓰고 있는 풍경이에요.

　이제 내가 당신 모습을 상상해 볼게요. 당신은 편안한 공간에 앉아서 지금 내가 쓰고 있는 문장들을 따라가고 있을 거예요. 우리는 한 번도 만난 적이 없지만, 적어도 지금은 우리 두 사람의 마음이 이어져 있어요. 나는 여기에서 글을 쓰고 있고, 당신은 그곳에서 읽고 있죠. 우리 두 사람은 지금 공간과 시간을 가로질러 서로 대화를 나누고 있는 거예요.

　정말 마법 같지 않나요? 물론 마법은 아니지만요. 우리가 이렇게 연결되는 이유는 사람의 뇌가 가진 기능 때문이에요. 사람의 뇌는 인류에게 알려진 우주에서 가장 경이로운 존재예요. 아, 맞아요. 내가 좀 편애하는 건지도 몰라요. 어쨌거나 나는 내 삶을 신경과학에 헌신한 사람이니까요. 하지만 천문학자나 천체물리학자들도 자신들이 하늘에서 관찰하는 그 어떤 천체도 지금 이 문장을 읽게 해주는 신체 기관만큼 이해할 수 없는 존재는 아니라는 데 동의할 거예요. 지방으로 이루어진 뇌는 난데없이 의식을 끌어와 여러 날 동안, 우리가 뇌라는 존재를 고민할 수 있게 해주었어요. 그러니까 이건 뭐랄까, 당신이 자는 동안 주방 스펀지가 조용히 시를 짓는 것과 같은 거예요.

광활하고 무심한 우주에서 사람의 뇌는 우주의 규칙에 어긋나는 변칙이라고 할 수 있어요. 그 덕분에 아무것도 없는 차갑고 광활한 우주에서 우리는 생각도 하고 느낄 수도 있게 되었어요. **건방지게도요!** 우리는 우주의 모든 규칙을 무시한 채 머물 자리를 개척했고, 존재할 의도조차 없었던 의미를 창출했어요. 이런 확신을 품고서 인류는 삶이 의미 있는 것이라고 주장해 왔지만, 이제는 정말로 삶을 의미 있는 것으로 만들어야 한다는 과제를 떠맡게 되었어요. 그건 너무나도 힘든 과제예요. 그렇지 않나요? 존재한다는 느낌이 언제나 경이롭고 신나는 건 아니니까요. 이 과제를 풀려고 끝없이 노력하다 보면 가끔은 진이 빠지기도 하고, 압도되는 것 같기도 하고, 심지어 지독하게 외로워지기도 해요.

흔히 완벽이 행복의 비결이라고 해요. 사람들이 삶의 모든 부분을 최적화하지 못하기에 고통받는 것이라 믿게 하면 큰 돈을 벌 수 있어요. 행복의 비결이 완벽이라는 의식은 너무나도 널리 퍼져 있고, 우리의 집단정신에 깊이 뿌리박혀 있기 때문에 이제는 그 말에 의문조차 품지 않게 되었어요. 사람들은 자신이 고군분투하고 있는 이유는 충분히 애쓰지 않았기 때문이라고, 충분히 꼼꼼하게 일정을 짜지 않았기 때문이라고, 충분히 긍정적인 모습을 보이지 않았기 때문이라고 생각하죠. 그보다 더 심한 경우, 우리 자신이 충분한 자격을 갖추지 못했다고 자책하기도 해요. 그저 열심히 일하고 옳은 물건을 구매한다면, 영원한 행복을 누릴 수 있다고 믿어버리는 거예요.

이런 신기루를 좇는 동안 우리 삶을 정말로 의미 있게 만드는 것들은 점점 더 멀어져 가요. 인간은 소속감과 의미가 중요한 사회적 생물이에요. 누군가가 보아주고, 들어주고, 가치를 인정해 주기를 갈망해요. 내 삶이 중요하다는, 자신이 더 큰 존재의 일부라는 믿음이 우리에게는 필요해요. 그러한 소망은 정말 너무나도 단순하지만 생산과 소비라는 가혹한 두 현상에 이끌리는 현대 세상은 타고난 이런 소박한 소망에서 우리를 멀어지게 해요. **최상의 삶을 살아야 한다는** 생각에 매혹된 나머지, 안타깝게도 살아가는 방법을 잊고만 거예요.

끊임없이 더 많은 것을 가져야 한다고 소리치는 세상에서, 나는 아주 단순한 진리를 속삭여주고 싶어요. **이미 더할 나위 없이 충분해요**,라고요. 아니, 그렇다고 성장할 수 없다는 말은 아니에요. 당연히 성장할 수 있어요. 사실 발전하고 싶다는 충동은 숨 쉬는 것만큼이나 자연스러운 본성이에요. 하지만 삶을 풍요롭게 해주는 변화는 요란한 업그레이드나 호화롭고도 극적인 변신과는 아무 상관이 없어요. 그런 변화는 야단스럽지 않고 조용하게 우리 자신과, 다른 사람들과, 그리고 우리가 살아가는 세상과 관계 맺는 방법을 부드럽게 바꿔요. 완전히 새로운 당신을 만드는 것이 아니라 천천히 조금씩 **당신다운** 모습으로 바뀌어 가게 해요. 그대로의 모습을 조금 더 편안하게 받아들일 때, 자신에게 정말로 필요한 것을 바라게 될 때, 조금 더 평온해질 때, 진짜 마법은 벌어져요.

이 책은 바로 그런 내용을 다룰 거예요. 이 책은 완벽한 삶을 위한 처방전이 아니에요. 그런 건 이 세상에 존재하지 않으니까요. 당신이 안고 있는 모든 문제를 해결해 줄 마법의 약도 아니고, 인생의 의미를 정확하게 알려줄 해답도 아니에요. (비록 마지막 장에서 그 답을 찾아보려는 건방진 시도를 하기는 했지만요.) 내가 제시하고 싶은 것은 새로운 관점이에요. 이 책은 사람의 마음속에서 가장 자연스럽게 떠오르는 것을 받아들일 수 있게 해주는 초대장이에요. 나로서는 당신이 영원한 행복을 찾는 일을 도울 수는 없어요. 내가 할 수 있는 건 당신이 당신의 뇌를 돌보는 방법을 알려주어, 뇌가 당신을 좀 더 소중하게 여길 수 있게 하는 것뿐이에요.

그렇지 않다는 생각이 들지도 모르지만, 사실 당신의 뇌는 언제나 당신 편이에요. 당신을 보호하려고 애쓰고 있어요. 단지 그 노력이 항상 결실을 보는 건 아닐 뿐이에요. 그러니까 뇌와 함께 살아간다는 건 가끔 주방에 불을 내지만, 당신을 놀랍도록 세심하게 배려하는 룸메이트와 함께 사는 것과 같은 거예요. 뇌는 우리를 돕기 위해 최선을 다하지만, 정작 우리는 뇌가 속도를 맞출 수 없는 낯선 세상에 맞춰 기능하라고 요구함으로써 상황을 복잡하게 만들어요. 뇌는 뛰어나지만 실수를 해요. 뇌가 할 수 있는 일과 능력에는 한계가 있기 때문에 너무 세게 밀어붙이면 뇌도 반발해서 우리를 되밀쳐요. 이 세상을 따라잡으려고 애쓰는 동안 당신의 뇌는 당신은 가치가 없다고, 인생은 절대 쉬워지지 않을 거라고, 그러니 더는 계속 살아갈 의미가 없다고 당신을 설득하려고 할지도 몰라요. 너무나도 암울할 때면 당신은 그 말을 믿고 싶어질 수도 있어요. 뇌는 가장 든든한 아군이 될 수도 있지만, 가장 무서운 적이 될 수도 있어요.

이 책을 쓰면서 나는 계속 나의 엄마를, 엄마를 대상으로 음모를 꾸민 것처럼 보였던 엄마의 뇌를 생각했어요. 엄마가 세상을 떠나고 며칠이 지났을 때, 나의 형제는 내가 계속해서 스스로에게 물었던 것과 똑같은 질문을 문자로 보내왔어요. "어째서 나는 엄마를 구할 수 없었던 걸까?" 좀 더 정확히 표현하면 **어째서 나는 엄마를 구하지 않았을까**, 라는 질문이었어요. 벼랑 끝에 서 있는 엄마를 발로 차고 고함을 질러서라도 뒤로 끌고 왔어야 했는데, 왜 안 그랬지? 적어도 그때 내가 나에게 물었던 건 그 질문이었어요. 하지만 진실은 '나도 노력했다'는 거예요. 나는 엄마에게 인생은 살 만한 가치가 있다는 걸 분명히 알려주려고 필사적으로 노력했어요. 하지만 내가 적절한 말로 표현할 방법을 찾기 전에 엄마는 떠나버렸어요. 그래서 지금, 나는 적절한 말을 찾을 수 있기를 희망하며 이 책을 쓰고 있어요. 나의 엄마뿐 아니라 당신에게 들려줄 수 있는 말을 찾고 싶어요.

우리 엄마의 분투가 독특한 것은 아니에요. 많은 사람이 자신의 마음과 싸우고 있고, 이렇게 하면 삶을 좀 더 쉽게 살 수 있을 거야,라고 말하는 노력을 하느라 기진맥진해 있어요. 흔히 뇌는 엔진이나 소프트웨어처럼 조절할 수 있는 기계로 묘사되는 경우가 많아요. 하지만 뇌는 살아서 숨을 쉬는 존재예요. 그 자체로 고유한 특성을 가지고 있어요. 정복해야 하는 존재가 아니라 이해해야 하는 존재예요. 더 나아가 친구가 되어야 하는 존재고요. 아니, **일관되고 연속적인 삶을 살아가는 것이 목표라면 가장 친한 친구가 되어야 하는** 존재예요.

우리의 작고 비루한 뇌는 언제나 애쓰고 있어요. 적응하고, 변경하고, 새로운 경로를 찾는 끝없는 변화 속에서 이 멈추지 않는 작은 존재는 놀라운 회복 능력을 보여줘요. 하지만 뇌에게도 그만의 한계가 있어요. 우리는 어쩔 수 없이 절충해야 해요. 뇌가 기능하는 방법을 좀 더 분명하게 설명하는 것, 그것이 내가 이 책을 집필한 이유예요. 함께 살아가야 하는 뇌를 선택할 수는 없지만 뇌 안에서 조금 더 편한 느낌을 받는 건 가능해요.

그러니 당신이 어떤 시공간의 지평선에서 출발해 이곳에 닿았는지는 몰라도, 만나게 되어 기뻐요. 이 순간을 당신과 함께 할 수 있어서 좋아요. 자, 이제부터 대화를 나누어 봐요. 하지만 그전에 기다리고 있는 뇨키에게 이 키보드를 넘겨주어야겠어요. 뇨키만이 할 수 있는 우아하고 간결한 방법으로 이 서문을 마무리할 수 있게요. 자, 뇨키 부탁해.

ㅠ댜 ㅐㄹ히*ㅗㅁ$ㄴㄴㄴㄴㄴㄴㄴㄴ

1장

# 너 자신을 알라

**그리고 너에게 친절하라**

1990년대에 성장기를 보냈던 나에게 '너는 네가 무엇이라고 생각하니?'*라는 말은 누가 그 말을 했느냐에 따라 용기를 심어주기도 했고, 나를 무너뜨리기도 했어요. 부모님이나 선생님의 엄한 목소리에는 나를 개미처럼 작아지게 만드는 힘이 있었죠. 그때는 그 말이 어떤 의미인지 잘 몰랐지만, 지금 생각해 보면 그건 어른만이 의미 있는 존재가 될 수 있다는 뜻이었어요. 내가 정체성을 주장하려면 어른이 된다는 적절한 권리를 획득해야 했던 거예요. (수사의문문이었음이 분명한) 이 질문을 하는 사람이 심각한 얼굴로 내 대답을 기다리고 있는 나의 아빠라면 그 혼란은 더욱 가중되었어요. 나는 그저 멍하니 입을 벌리고 생각할 뿐이었죠. "나는 내가 뭔지 전혀 모르겠는걸."

하지만 스파이스 걸스가 부른 〈후 두 유 싱크 유 아?Who Do You

---

* '너는 네가 무엇이라고 생각하니?'라고 번역했지만, '네가 뭔데?' '넌 너를 뭐라고 생각하는 거야?'라고 해석할 수 있다. 이 문장 'Who do you think you are?'는 스파이스 걸스가 1996년에 발표한 데뷔 앨범에 수록된 곡의 제목이다.

Think You Are?)를 들을 때는 전혀 다른 느낌이 들었어요. 그들은 이 노래로 존재론적 도전을 세상을 향한 초대로 바꾸었어요. 건방진 팝스타의 확신을 가지고서 한계를 넘어 세상을 향해 걸어 나가라고 외쳤어요. 걸 파워, 스팽글, 플랫폼 슈즈. 여덟 살 여자아이가 천하무적이 되는 데 필요한 게 이 세 가지 말고 더 있을까요? 똑같은 문장을 완고한 부모님의 요구로도, 용기를 주는 팝스타의 노래로도 해석할 수 있다는 것은 정체성에는 이중성이 있다는 뜻이에요. 우리는 종종 곧 큰일을 해낼 사람인 것처럼 자신감과 운명의 힘으로 무장하고 당당하게 걸어 다니다가도, 이내 모퉁이에 웅크려 앉아 스스로에 대해 모든 것에 의문을 제기해요.

흔히 정체성 문제는 허영이나 자기애 때문에 생기는 하찮은 일이라고 치부해 버리기 쉬워요. 하지만 자신에게 가지고 있는 믿음은 우리의 정신 풍경을 받치는 기반을 형성해요. 우리가 하는 모든 경험은 정체성이라는 렌즈를 통해 걸러지는데, 이 렌즈가 왜곡되면 다른 모든 것도 왜곡돼요. 불안과 우울과 같은 암울한 증상들은 빈약한 자아상이라는 토지 위에 뿌리를 내려요.[1,3] 정체성이 망가진다는 건 전혀 사소한 일이 아니에요.

우리는 존재의 모든 측면을 수량화하고, 도달해야 하는 기준을 계속 높이기만 하는 시대를 살아가고 있어요. 자신감의 비결을 알려줄 테니, 자신을 구매하라는 사람과 상품이 넘쳐나요. 건강한 자아감을 확립하는 일이 지금처럼 위태로웠던 적은 없어요. 이제는 잘한다거나 좀 더 나아졌다는 것만으로는 충분하지 않아요. 언제나 생각해 낼 수 있는 모든 방법을 동원해 완벽하게 최상인 상태에 도달해야 해요. 자기계발이라는 과제는 개인의 성장이라는 단순한 노력에서 광기에 가까운 생산성과 완벽함의 추구로 변형되었어요.

하지만 이러한 최적화의 시대에도 조용한 반란은 일어나고 있어요. 이 반란은 용기를 내 지가직-아 zigazig-ah 라고 속삭이면서 우리에게 진정한 자아의 뿌리로 돌아가라고 요구해요. 어쩌면 이제는 사회적 기대라는 족쇄를 떨쳐버리고 정체성의 핵심을 다시 찾아야 하는 때가 되었는지도 몰라요.

자신감이라는 문제의 해답이, 우리가 자아를 탐색하게 만드는 바로 그 신체 기관에 달려 있다면 어떻게 될까요?

## 또 다른 위기를 동반한 정체성 위기

대부분 사람들은 자신을 알아가는 서투른 여정을 십 대 때 시작하는데, 딱 맞는 모습을 발견할 때까지 여러 개성을 몸에 걸쳐 봐요.[4] 펑크록 가수가 되었다가, 자유분방한 시인이 되기

- 스파이스 걸스의 노래 가사

도 하며, 새로운 개성을 장착할 때마다 흑역사가 될 머리 스타일을 추억으로 남기기도 해요. 나이가 들면 성격과 가치관이 확고한 경계선 안에서 형성되기 때문에 시간이 흐른다고 해서 정체성이 마구 바뀌지는 않아요. 하지만 자아를 발견하는 여정은 어떻게 해도 완전히 끝나지 않아요.

우리는 어른이 되면 정체성을 찾는 문제에 해답을 알게 되고, 마침내 고민을 끝내고 **진정한** 자신을 알게 되리라고 기대해요. 하지만 정작 찾게 되는 것은 이직이나 이별, 욕실 거울 앞에서 속절없이 무너지게 하는 좌절이죠. 그리고 커다란 사건을 겪을 때마다 새로운 방식으로 자신에 대해 질문하고 다시 규정하곤 해요. 이런 상황은 정말 난감하고 혼란스러워요. 응용신경과학과 심리학이 사람들의 마음을 그토록 강렬하게 사로잡는 이유는 이 때문이기도 해요. 과학이 알려준다면 스스로 어려운 결정을 내려야 하는 부담을 덜 수가 있으니까요.

과학은 특정 인구 집단에서 일반적인 패턴을 알아내려고 중간값과 평균을 구할 때가 많아요. 사람들이 상당히 유사한 특성을 많이 공유하고 있음을 생각해 보면, 충분히 이해할 수 있는 일이에요. 사람은 누구나 체온 조절, 배고픔, 수면 같은 기본적인 생리 과정을 수행하며 살아가죠. 뇌가 인정해 줄 수밖에 없는 일관성을 유지하면서 저마다 자신의 역할을 해내는 대뇌, 소뇌, 뇌간, 변연계라는 기본 구조로 이루어져 있다는 것도 사람이 가진 공통점이에요. 그리고 우리 모두 동일한 끔찍한 위험에 직면해 있는데, 이 주제는 '오래 살고 싶다면 절대로 먹지 말아야 할 10가지 해로운 음식' 같은 미끼성 광고의 제목에 아주 잘 어울려요. 물론 이런 문장을 보면 '도대체 얼마나 먹으면 죽는 건데?'라며 비웃는 독극물학자들의 웃음소리가 귓가에 들리는 것 같지만요.

사람들이 모두 이렇게나 비슷한 이유는 유전적으로 유사하기 때문이에요. 사람은 누구나 DNA의 99.9%를 다른 모든 사람과 공유하고 있어요. 물론 유전자 청사진이 완전히 동일한 일란성 쌍생아도 각자의 개성을 지닌 독특한 사람으로 자라기는 하죠. DNA가 기본 토대를 세우지만, 경험과 살아가는 환경, 그리고 사람들과의 상호 작용이 우리의 성장과 발달에 큰 영향을 미쳐요. 육체와 정신 모두에요.

지문을 생각해 보세요. 지문은 우리 모두가 저마다 독특한 존재임을 뚜렷하게 보여주는 증거예요. 나선이나 고리, 아치 형태로 이루어진 지문의 기본 패턴은 보통 유전자가 결정하지만, 무늬의 세세한 특징은 우리가 자궁 안에서 보냈던 시간을 기록하고 있어요.[5] 꼼지락대고 꿈틀거리고 발로 차고 태반이 전해주는 야식을 먹는 모든 순간이 지문의 독특한 형태를 결정하는 데 공헌하거든요. 그러니까 태어나기 전에 수행한 여행 지도를 손가락 끝에 달고 다니는 거예요.

뇌가 작동하는 원리는 모두 유사해요. 경험에 반응해 끊임없이 변하고 재배선 되고 이런 변화는 우리가 죽어야만 끝이나요. 어렸을 때 받았던 보살핌, 지난 주말에 보았던 TV쇼, 일곱 시간의 비행을 장과의 대전쟁으로 바꾸어 버린 공항에서 사 먹은 부리토. 이 모든 경험이 당신을 바꾸는 거예요. 아무리 하찮아 보인다고 해도 당신이 한 모든 경험은 당신이라는 존재의 용광로 속으로 던져져 부글부글 끓이고 한데 섞인 뒤에 당신이라는 전적으로 독특한 실재를 만들어요. 유전자는 복제할 수 있지만, 경험은 복제할 수 없어요. 과학이 제시하는 해답이 단편적일 때가 많은 것도 부분적으로는 그 때문이에요. 과학은 우리가 원하는 간결하고도 명확한 해답을 제시할 때가 거의 없어요. 하지만 그 한계만 명확히 알고 있다면 개인의 성장에 관한 증거를 기반으로 하는 안내서를 살펴보는 것은 아주 근사한 시작점이 될 수 있어요.

책은 독자와 저자를 직접 연결하는 보기 드문 마법을 부려요. 책장을 넘기는 모든 순간에 이 글들이 당신을 위해 쓰였다는 느낌을 갖기를 바라요. 하지만 그에 앞서 잠시만 그 마법을 깨뜨릴게요. 이 책은 전적으로 당신만을 위한 것은 아니에요. 내가 당신이 바라는 것이나 처한 환경을 아는 것은 불가능하니까요. 과학과 과학자들, 그리고 과학에 기반한 통찰력은 가야 할 방향을 알려줄 수는 있지만, 당신이라는 독특한 존재를 만드는 비법은 오직 당신에게만 보이는 맹점blind spot을 만드니까요.

신경과학을 개인의 성장에 적용할 때는 그 제안을 받아들일 것인지 또는 폐기할 것인지를 결정할 수 있는 실험 과정이 필요해요. 이런 시행착오 과정은 받아들일 수 있을 뿐 아니라 권장되기도 해요.[6] 이 과정은 당신이 과학자인 동시에 실험 쥐인 연구랑 같아요. 연구를 해나가면서 효과가 있는 것과 없는 것을 기록하면서 계속 자신의 경험을 추적해 나가는 거예요. 반복되는 이런 과정은 현실 세계가 보내오는 피드백에 기반해 자신의 접근법을 조정할 수 있게 해주어, 일반적인 과학 원리와 개인의 상황 사이에 생긴 틈을 이어주는 다리가 될 거예요.

이런 미묘한 차이는 중요해요. 아무리 잘 뒷받침된 연구 결과라고 해도 언제나 보편적으로 적용할 수 있는 것은 아니니까요. 예를 들어 명상이 스트레스를 완화하는 데 도움이 된다는 사실은 널리 인정받고 있어요.[7] 하지만 아주 드물게도, 명상이 공포와 고통을 불러일으키기도 해요.[8] 많은 사람에게 효과적인 방법이 당신에게는 맞지 않을 수도 있다는 사실은 일반적인 조언을 누구에게나 적용하는 것이 내재적으로 불안정할 수 있다는 걸 보여줘요.

과학에 내재한 이런 모호함은 '한 번만 먹어봐요. 나쁜 생각이 영원히 사라져요', '이 기적의 약을 먹으면 세로토닌이 솟구쳐요', '의사들은 절대로 말해주지 않는, 뇌 기능을 획기적으로 향상하는 기술이에요'와 같은 현란하지만 근거 없는 장담을 하면서 사기꾼들과 가짜 약장사들이 침입할 수 있는 넓은 틈을 만들어요. 그런 선전 문구들은 아주 쉽고도 확실한 방법으로 당신이 언제나 되기를 바랐던 사람이 될 수 있다고 약속해요. 가짜 약장수들이 제시하는 이런 해법들은 과학이라는 가면을 쓰고 물건을 구매하라고 강요해요. 특히 온라인에서요. 이런 상술에 넘어간다고 해서 당신이 순진하다는 뜻은 아니에요. 그저 당신에게는 세상을 이해하도록 만들어진 정상적이고도 기능적인 뇌가 있다는 뜻이에요.

삶과 정체성을 구축해 나가는 동안 혼란을 느낄 때면 우리는 왠지 명료해 보인다고 생각되는 것이라면 무엇이든 매달리고 싶다는 유혹을 느껴요. 나를 괴롭히는 귀찮은 존재론적 문제를 해결하고 싶다는 생각으로 앞뒤 가리지 않고 달려들어 정체성이라는 달걀들을 한 바구니에 쏟아붓는 거예요. 문제는, 이런 식의 얽힘은 필요한 변화와 성장이 일어나는 일을 극도로 어렵게 만든다는 거예요. 생활방식과 이데올로기, 유행이 정체성과 한데 얽히면 변화가 필요한 순간에도 변화를 거부하게 돼요. 낡은 관점이나 해로운 습관을 놓지 못하게 되는 거죠. 그런 것들을 놓치면 왠지 자신의 일부를 잃는 것처럼 느끼거든요.

정체성이 특별한 믿음이나 관습에 너무 강하게 묶여 있으면 자신과 다른 관점에 대해 새로운 것을 배울 기회가 아니라 존재에 해를 가하는 위협으로 보게 돼요. 온라인에서 유행하는 사기성 건강 정보 중에는 절대로 공격하면 안 되는 유형이 있음을 알게 되었어요. 자신의 선택이 옳았음을 입증해 보이려고 수단과 방법을 가리지 않고 방어할 준비가 된, 그 방법이 효과가 있었다고 믿는 자칭 성공자들 수백만 명의 분노를 사고 싶지 않다면 말이에요. 이것은 감정이 자아를 발견하는 여정과 정체성에 크게 영향을 미칠 수 있음을 보여줘요. 자신과 반대되는 견해는 정말로 자신을 공격하는 것처럼 느낄 수 있어요.

누구나 거짓 정보를 접하면 그것이 거짓임을 알 수 있을 만큼은 자신이 똑똑하다고 생각해요. 하지만 우리는 그런 식으로 만들어지지 않았어요. 지구에서 가장 똑똑한 사람의 뇌도 너무나도 쉽게 말도 안 되는 상상을 하고 잘못 판단할 수 있어요. 아이러니하게도 자신의 판단력을 굳게 믿는 사람일수록 뇌가 하는 실수를 만회할 수 있는 방어력은 낮아요.

일반적으로 사람은 무언가를 **선택하는** 순간 그전까지 지녔던 회의주의를 버리게 돼요. 시행착오라는 방법을 택하는 것이 거짓 주장에 속지 않을 수 있는 강력한 길인 이유는 이 때문이에요. 처음 보기에 아무리 확실한 것처럼 보인다고 해도 새로운 개념은 모두 시험해 봐야 해요. 당신의 사적인 필요에 도움이 되지 않는 개념은 무엇이건 폐기 처분할 수 있는, 현실과 증거에 기반을 둔 통찰력을 기를 수 있게 해준다는 것도 이 시행착오 방법이 갖는 장점이에요.

'규칙적으로 운동하면 몸에 좋다'거나 '충분히 자야 한다'는 말처럼 우리가 의지해도 되는 분명한 과학 정보라고 해도, 이런 원리들을 일상에 적용하는 가장 좋은 방법은 각 개인의 필요와 특성에 따라 크게 달라질 수 있어요. 누구에게나 적용할 수 있는 최상의 운동 다이어트 방법도 없고, 누구나 푹 잘 수 있는 명백한 원리도 없어요. 건강하고 행복한 삶을 살 수 있는 방법을 묻는 모든 복잡한 질문들은 예외 없이 동일한 모호함을 품고 있어요. 관련 전문가들에게 비결을 물어보면 대부분 상황에 따라 다르다고 대답할 거예요. 맥 빠지는 대답이라는 거, 잘 알아요. 하지만 눈을 흘기고 가까이 있는 쓰레기통에 이 책을 던져 넣기 전에 최소한 **'상황에 따라 다르다'**라는 말이 어떤 의미인지는 설명할 시간을 주세요. 이런 기초적인 구성 요소들을 이해하면 추론을 줄이고, 과학에 기반을 둔 단단한 토대 위에서 살아갈 수 있을 거예요.

   신경과학과 심리학은 당연히 우리에게 건강과 행복을 향해 갈 수 있는 지도를 제공해 줄 수 있어요. 하지만 그 지도는 GPS가 알려주는 정확한 길 안내 지도가 아니라 해적의 보물 지도와 같아요. 지도 한가운데 목적지를 표시한 X자가 있지만, 그 목적지까지 가는 방법은 안 나와 있어요. 바로 그 길을 찾고자 시도하는 마음이 우리 여행의 출발점이에요.

## '자아'가 사라지지 않도록

아침에 침대에서 일어나 흐릿한 눈으로 어기적어기적 욕실로 걸어가는 순간을 상상해 보세요. 욕실 전등을 켜고 거울을 보는 순간, 어안이 벙벙해지는 거예요. 거울에 비치는 존재가 무엇인지 정체를 파악하려고 조금 더 거울을 들여다보지만, 여전히 어리둥절함은 사라지지 않아요. 거울 속에서 당신을 바라보는 사람이 누군지 모르는 낯선 사람임을 깨달아가는 동안 당신의 당혹감은 점점 더 커져요. "도대체 저건 누구야?" 당신이 묻지만, 거울 속 낯선 사람도 같은 질문을 해요. 지금 당신은 꿈을 꾸고 있는 걸까요? 몽유병 환자처럼 잠을 자는 동안 낯선 사람의 집에 들어온 것일까요? 누군가 아주 짓궂은 장난을 하는 것이 분명해 보여요. 하지만 거울에 비치는 사람은 분명히 당신이에요. 아니, 당연히 당신이어야 해요.

거울을 보며 서 있는 시간이 길어질수록 점점 더 큰 거리감이 느껴져요(어딘가에서 분리되어 있다는 느낌이 점점 더 강하게 드는 거예요). 그런 느낌이 드는 이유는 거울 속에 비친 모습이 낯설기 때문일 뿐 아니라 전체로서의 **당신이라는** 개념이 사라졌기 때문이에요. 이름이나 과거를 잊은 건 아니에요. 기억은 그대로 존재하지만, 왠지 당신이 아니라 다른 사람에게 속한 것처럼 느껴지는 거예요. 칫솔을 잡으려고 손을 뻗지만, 당신의 의지가 아니라 누군가가 당신을 조종하고 있는 것만 같아요. 어떻게 이런 일이 일어날 수 있을까요?

흔히 자아라는 개념은 당연히 존재한다고 생각하기 쉽지만, 사실 자아는 뇌가 힘겹게 애써야만 유지할 수 있는 특성이에요. 우리가 세상에 태어나 첫 숨을 들이쉬는 순간부터 당신의 뇌는 경험하는 모든 감각과 감정, 기억을 면밀하게 조사하고 살펴서 자아라는 환상을 만들어내기 시작해요. 내가 '환상'이라는 용어를 사용한 건 당신이라는 존재는 실체가 없다고 말하고 싶어서가 아니에요. 의식적인 경험은 한 조각 한 조각 쌓아 올려야 한다는 걸 말해주고 싶었기 때문이에요. 당신은 의심할 여지없이 경이로운 실체임이 분명하지만, 실재로서 존재한다는 사실이 곧 지각이나 의식이 생성된다는 뜻은 아니에요.

자기력magnetic force을 예로 들어볼게요. 자기력은 우리가 의식적으로 지각할 수 있는 힘은 아니에요. 지금 당신은 이런 생각을 하고 있을지도 모르겠어요. "당연히 자기력은 느낄 수 없지. 자기력을 느끼다니, 말도 안 돼." 하지만 자기력을 느낀다는 건 생각만큼 터무니없지는 않아요. 철새에게는 '자기 감각magnetoreception'이라고 부르는, 자기력을 감지하는 능력이 있어요. 철새가 이동하는 동안 자기 감각은 구글 지도를 무색하게 만들 정도로 정확한 지도를 제공해 철새가 먼 길을 제대로 찾아갈 수 있게 해줘요. 자기 감각은 사람에게도 유용한 도구가 되어 줄 수도 있었지만, 사람의 진화 과정은 이 특별한 능력을 잠재우는 방향으로 진행되어서 인류의 계통 발생 계보에서는 이 능력을 찾을 수가 없게 되었어요. 내 생각에 우리 조상은 자연선택의 과정에서 자신들의 주의력을 자기 인식이나 정체성 같은 다른 곳에 집중할 수 있도록 길을 찾는 감각은 별을 보거나 주변 지형을 활용하는 정도로 만족한 것 같아요.

보통 우리는 자기 감각이 없다는 사실을 걱정하거나, 뇌가 자아감을 어떻게 형성하는지를 생각하며 많은 시간을 보내지 않아요. 그저 거울 속에서 우리를 바라보는 존재를 알아볼 수 있기를 기대할 뿐이에요. 자아감 없이는 의식을 상상하기가 거의 불가능하지만, 자아감과 의식이 상호 포용적이라고 할 수는 없어요. 이 세상에는 실재가 있고, 그 실재를 해석하려는 당신의 뇌가 있어요. 당신의 뇌가 하는 유일한 임무는 이 세상을 대략적인 근사치로 파악하는 것이에요. 자아감이 당연히 존재한다고 여길 의무는 없지만, 다행히도 보통 존재하기 때문에 잠에서 깨어난 우리가 거울을 보면서 거울에 비친 모습을 낯설어하지 않을 수 있는 거예요.

이런 일이 가능한 이유는 뇌의 여러 지역이 함께 협력하기 때문이에요. 아마도 그런 뇌 지역 가운데 가장 중요한 곳은 통상 mPFC라고 부르는 내측전전두엽피질medial prefrontal cortex인지도 몰라요. 뇌 중심부에 위치한 mPFC는 당신 인생의 이야기를 진두지휘하고 편집하는 편집장 역할을 해요. mPFC가 감각 자극과 기억, 폭발하는 감정 들을 샅샅이 검토해〈당신〉이라는 최신 계간지에 실을 최종 원고를 완성한다는 상상을 해 보세요. 잡지에 실을 기사들은 지치지 않고 움직이는 여러 인턴과 직원이 부지런히 뇌의 다른 지역에서 가져와요. 기억의 중추인 해마hippocampus도 그런 지역 가운데 하나예요. 하지만 일관적이고도 세련된 자아감을 유지할 수 있는 건 mPFC라는 날카로운 편집자의 눈 덕분이에요. 한마디로 mPFC는 당신이 짜는 여러 실타래가 한데 엮이는 곳이에요.

한편 ACC라고 부르는 전대상회피질anterior cingulate cortex은 mPFC의 오른팔 역할을 하는 곳으로 날카로운 매의 눈으로 당신의 믿음과 행동에 내포된 오류를 적발해 제거해요. 일종의 내면의 거짓말 탐지기 같은 역할을 하는 건데, ACC가 적발하는 거짓말들은 다른 사람들이 하는 거짓말이 아니라 우리가 우리 자신에게 하는 거짓말이에요. 자신을 낮추는 문자를 무심한 썸남(혹은 썸녀)에게 보내기로 결정하는 순간을 생각해 보세요. 그것도 지난 몇 주 동안 만나는 누구에게든 당신은 엄청난 독립심과 깊은 자부심 덕분에 인생의 새로운 국면에 도달했다고 말하고 다닌 뒤에 말이에요. 당신이 문자를 보내는 순간, ACC가 손에 붉은 깃발(위험 신호)을 들고 재빨리 등장해요. ACC는 심지어 고통을 담당하는 뇌 부위를 소환해 이런 —인지부조화cognitive dissonance라고 부르는— 정신적 단절 상태를 '불편함'이라는 형태의 신호로 전달할 수 있게 돕는 거예요. 오, 이런……, 어, 고마워요, ACC. 정말로……, 도움이 됐어요. (콜록).

섬엽insula이라고 부르는 전방대뇌섬피질anterior insular cortex은 인지부조화로 생기는 **엄청나게도 고맙고** 어마어마한 불편함을 처리하기 위해 당신의 ACC가 소환하는 뇌 부위 가운데 한 곳이에요. 내부에서 일어나는 모든 감각과 감정 변화를 분명하게 인지할 수 있도록 처리하는 내부 문제 담당 편집자라고 생각하면 좋겠어요. 섬엽은 끊임없이 쏟아져 들어오는 신체의 최신 생리 상태를 자세하게 기록한 메모를 점검하고 검토해요. 갑자기 심장이 뛰는 건 흥분했기 때문일까, 아니면 불안하기 때문일까? 위가 불편한 건 배가 고프기 때문일까, 스트레스를 받았기 때문일까? 그 이유를 아는 섬엽은 내부 사항을 반영하려고 편집 방향을 조정해요. 당신의 감정은 당신과 당신이 한 선택에서 커다란 부분을 차지하고 있음을 잊지 마세요. 그건 당신이 거주하고 있는 몸도 마찬가지랍니다.

우리 몸을 관할하는 뇌 부위는 짧게 TPJ라고 부르는 측두두정접합부temporo-parietal junction예요. TPJ는 아는 사람이 어마어마하게 많아서 소도시의 모든 시민에게 일어나는 온갖 일을 완벽하게 파악하고 있는 가십 칼럼니스트라고 할 수 있어요. 감각 피질, 운동 피질, 시각 피질, 청각 피질에서 받는 정보, 감각 기관이 보내오는 모든 최신 소식을 한데 모아요. 심지어 이 과정에는 근육도 참여해 각 신체 부위의 위치를 계속 알려와요. 이것이 당신의 여섯 번째 감각인 '고유수용감각proprioception'이 하는 일이에요. **여섯 번째 감각**이라고 해서 영화 〈식스센스〉의 그 식스 센스하고 혼동하시면 안 돼요. 고유수용감각을 설명하는 측면에서 보면 이 영화는 정말 끔찍한 악몽이었으니까요. 내부자로서 갖추어야 할 모든 지식을 갖춘 TPJ는 당신이 거주하는 몸의 모든 세부 사항을 포함한 당신만의 이야기를 끊임없이 업데이트해요.

그런데 TPJ의 사교력은 감각 기관이 보내오는 소식을 취합하는 것에서 끝나지 않아요. 이 뇌 부위는 예절의 대가이기도 해서 사회적 상호 작용을 풀어 나갈 때도 도움을 줘요.[9] 저녁 식사 모임에서 마지막 남은 소시지를 먹어도 될지를 고민하는 상황이 되면 당신의 TPJ는 사회 규범을 담은 정신 규칙서를 미친 듯이 뒤적여 적절한 결정을 내릴 수 있도록 도와요.

이런 뇌 지역들이 당신에게서 자아라는 개념이 완전히 사라지게 내버려둘 것 같지는 않아요. 하지만 이런 뇌 지역들도 행복하고 건강한 자아상self-concept을 유지하기 어려운 위협에 처할 수도 있고, 실제로 처하기도 해요. 우리는 생각보다 자주 그런 위협을 제대로 통제할 수 없게 되곤 하는데, 안타깝게도 나는 그런 위협을 막는 '새로운 뇌 관련 기술이나 방법'을 당신에게 알려줄 수도 없어요.

지금, 이 시점에서 내가 해줄 수 있는 유일한 조언이 있다면, 그것은 당신의 뇌에는 고유한 개성이 있다는 거예요. 우리는 스스로가 결정권자라고 생각하지만, 사실은 뇌가 막후 조종자예요. 다행히 우리가 전혀 의식하지 못하는 동안 뇌는 생각과 행동이라는 무대 장치를 바꿔요. 계속 바뀌는 자신의 기분대로 뇌는 부드럽지만 단호하게 우리의 행동을 조종해요. 이런 식의 은밀한 조종은 우리가 생각하는 것보다 훨씬 더 크게 인생에 영향을 미치는데, 우리가 이런 상황을 바꿀 방법은 많지 않아요. 하지만, 이 괴물에게 먹이를 주는 **방법은** 조절할 수 있어요.

적절하게 주의를 기울이고, 주변 환경을 신중하게 선택하고, 노출된 정보를 현명하게 고르는 것을 통해 도움이 되는 방향으로 만들어 나갈 수 있어요. 어쩌면 당신은 분노만 유발하는 가치 없는 SNS 글을 두 시간 동안 아무 생각 없이 쳐다보고만 있었다고 생각할 수 있지만, 뇌는 언제나 기록해요. 앞으로 발생할 자발적인 변덕이나 충동을 위한 자료를 수집하려고 모든 세부 사항을 무차별적으로 흡수해요. 따라서 우리가 뇌에 노출되는 정보를 조절한다면, 뇌가 우리의 의도에 적확한 방식으로 행동할 가능성은 훨씬 높아져요.

이 1장의 나머지 부분에서도 나는 mPFC, 해마, ACC, 섬엽, TPJ를 여러 번 언급할 거예요. 현재 인류가 살아가는 세상이 이러한 여러 뇌 지역의 기능을 어떤 식으로 방해하는지를 알려주고, 이들이 좀 더 조화롭게 당신을 돕게 하려면 세상에 어떤 식으로 노출되어야 하는지를 말해줄 거예요. 하지만 지금은 그저 체호프의 '뇌 해부학'에서처럼 뉴런은 2막에서 모두 발화할 준비가 되어 있다고만 해둘게요.

## 사회적 정체성이라는 괴물

집단으로서 정체성에 집착하는 인류라는 특성은 현대인의 전유물이 아니에요. 이는 대초원을 배회하던 우리의 조상들에게까지 거슬러 올라가는 본능이에요. 초기 호모 사피엔스들도 자신들의 정체성을 형성하고 유지하는 방법을 찾으려고 애썼어요. 고고학 발굴을 통해 그들이 개인의 정체성과 사회적 위상을 나타내려고 사용했을 것처럼 보이는 놀라운 장식품들을 발견했고, 그들이 구축한 놀라울 세상을 살짝 보여줘요.[10] 자신이 잡은 사냥감의 이빨을 목걸이로 만들어 걸고 있는 사냥꾼을 떠올려보세요. 사냥꾼이 걸고 있는 목걸이는 그저 패션소품일 뿐 아니라 선언서이기도 해요. '이 이빨들을 보라. 내가 얼마나 유능한지 알겠지? 나는 맛있는 매머드 스튜를 만들 재료를 줄 수 있다. 왜냐고? 용감하고 뛰어나니까!'

이처럼 고대 사회에서는 자신들의 정체성을 어깨에 둘렀는데 —더 정확하게는 목이나 머리에 두르거나 피부에 새겼는데— 그런 행위를 한 데에는 사회적으로 뚜렷한 목표가 있었을 거예요. 이런 장신구는 흘끔 쳐다보기만 해도 복잡한 사회에서 한 사람의 위상을 알게 해주는 시각 언어이자 드레스 코드라고 생각하면 될 것 같아요. 그때는 부족 안에서 인정받지 못하거나 부족에게 받아들여지지 않는다면 사형을 선고받는 것과 같았어요. 부족의 일원이 된다는 것은 보호를 받고, 자원을 활용할 수 있으며, 들소 떼에게 밟혀 죽을 확률을 조금쯤은 낮출 수 있음을 의미했으니까요. 우리 조상들에게 정체성이란 빼어난 능력으로 눈에 띈다가 아니라 집단에 속한다, 인정을 받는다는 뜻이며, 아마도 호감을 얻는다는 뜻이었을 거예요. 어딘가에 소속되지 못하고 홀로 남는 것은 곧 죽음을 뜻할 수도 있는 세상에서 우리 조상들은 자아라는, 그리고 더 중요하게는 타인들이라는 예리한 감각을 발전시켰어요.

오늘날의 디지털 세상에서는 조상들이 처했던 위험은 훨씬 안전해졌어요. **지금은 들소에게 밟혀 죽을 가능성은 거의 없어요.** 하지만 현대 인류도 여전히 우리 조상들이 느꼈던 충동에 휩싸여요. 인정받고 싶고, 어딘가에 소속되고 싶고, 자아감을 지키고 싶어 해요. 창이 아니라 스마트폰을 휘두르는 우리의 정체성은 부족 세계 밖으로 뻗어나갔어요.

분명한 사실 한 가지는 사람은 구제 불능일 정도로 사교적인 생명체라는 거예요. 자궁에서 나오는 순간부터 옳은 행동 방식을 파악하려고 단서를 찾아 두리번거리기 시작해요. 주변에 있는 큰 사람들을 관찰하고 흉내내면서 걷는 법, 말하는 법, 식기를 사용하는 법을 배워요. 어른이 된 뒤에도 사회적 학습은 삶에서 빠질 수 없는 필수 요소로 남아요. 우리는 언제나 타인이 말하고 행동하는 방식을 관찰하며, 어쩔 수 없이 그런 방식에 영향을 받아요. 이런 관찰과 흉내가 의식적인 경우는 거의 없어요.[11] 카멜레온이 무의식적으로 주변 환경에 몸의 색을 맞추는 것처럼 우리도 그저 속한 공동체 안에서 적응하고자 하는 것뿐이에요.

사회적인 공간은 거울로 둘러싸여 모든 행동이 계속해서 반사되고 증폭되는 방과 같아요. 사회 속에서 벌어지는 사람들의 행동을 지배하는 불문율—모두 합쳐 사회 규범이라고 부를 수 있는—을 만들고, 배우고, 조정하는 방식이 바로 서로를 관찰하고 흉내내는 거예요. 사람들은 낯선 사람에게 길을 물어봐도 되지만, 낯선 사람이 들고 있는 아이스크림을 핥아 먹는 건 금지된 행동임을 알아요. 어째서 어떤 행동은 해도 되고 어떤 행동은 하면 안 되는지를 명확하게 설명할 수는 없어요. 이런 사회적인 불문율들은 그저 직감으로 배우고 따르는 거예요. 그걸 가능하게 해주는 뇌 부위가 앞에서 말했던 측두두정접합부, 즉 TPJ예요. TPJ는 사회적 상호 작용의 패턴을 감지해 사회에서 기대하는 방식으로 우리의 행동과 자아감을 형성해 나가요.

타인의 행동을 따라 하고자 하는 이 본능적인 충동은 살아가는 데 필요한 기본 기술을 획득할 때는 필요한 장점으로 작용하지만, 좀 더 복잡한 상황에 적용할 때면 문제가 생길 수도 있어요. 온라인이라는 세상에서 우리는 사교 공간으로 가장한 광고 시장에 노출되어 있어요. 상품을 사회적 상호 작용과 한데 엮는 방법은 아주 효과적으로 우리 돈을 가져갈 수 있죠.

이제 다시 사냥감의 이빨로 만든 목걸이를 자랑스럽게 걸고 다녔던 구석기 사냥꾼에게로 돌아가 봅시다. 그의 성공을 본 부족 구성원들은 이빨 목걸이와 사냥 능력을 연결할 거예요. 시간이 흐르면서 이 결합은 더욱 공고해질 테고요. 부족원들은 거듭해서 가장 뛰어난 사냥꾼은 이빨 목걸이를 하고 있는 모습을 보게 될 거예요. 어린 사냥꾼들도 어른이 되면 당연히 이빨 목걸이를 할 거예요. 아이들이 보기에는 사냥꾼이라면 이빨 목걸이를 차는 것이 당연할 테니까요. 아이들은 어떤 의도가 있어서 이빨 목걸이를 선택하는 게 아니에요. 그저 자신들이 해내고 싶은 역할을 분명하게 해냈음을 상징하는 증표를 갖고 싶다는 본능적인 마음에 끌린 거예요.

사람의 정체성을 특별한 물건이나 상표와 연결하는 현대인의 속성도 같은 이유로 설명할 수 있어요. 당신이 팔로우하는 인플루언서가 언제나 같은 물병을 들고 있는 모습을 거듭 본다면 당신은 그 물병의 브랜드를 건강하다는 개념과 연결 짓기 시작할 거예요. 물병에 처음부터 그 개념이 내포된 것이 아니라 공동체 안에서 살면서 새롭게 부여한 의미가 생겨나는 거예요. 건강을 중요하게 생각한다면 인플루언서가 사용하는 멋진 물병을 구매하는 것은 당연한 선택이라는 마음이 생겨나는 거죠.

이런 현상이 일어나는 이유는 우리 사회에는 보편성과 반복성이 있기 때문이에요. 이 두 가지 특성이 널리 받아들여지면서 사회적 규범이라는 환상을 만들어 내게 되죠. 특정 상품이 특정 유형의 사람이나 삶과 결합한 모습을 반복해서 보게 된다면 뇌는 두 요소를 연관 짓고, 상품이 보여주려는 가치와 상업 신호를 연결해요. 이런 연결은 사회적인 공간에서 일어나기 때문에 왜 그래야 하는지를 묻지도 않은 채 그저 모방하게 되는 거예요. 사람의 인지력이 갖는 이런 특징을 이용해 기업들은 특별한 정체성을 표방하는 상품들로 가득 찬 생태계를 만들어 냈어요. 이제는 그저 제품만이 아니라 삶의 형식과 특정 집단, 나아가 개성까지 판매해요. 이 생태계의 영리한 점은 너무나도 자연스럽게 받아질 때가 많다는 거예요. 교묘하고 점진적으로 시장의 보이지 않는 손은 우리가 정체성을 이해하는 방식을 새롭게 써나가요.

구매가 **존재를** 대체하는 곳에서는 클릭을 할 때마다 정체성이라는 새로운 교훈이 생겨나요. 사실상 필요도 없는 쓰레기를 왕창 사 모으는 것은 이 같은 상황에서 나올 수 있는 가장 무해한 결과일 뿐이에요. 시장이 사회 규범을 만들어 내는 곳에서는 그 영향력이 그저 당신의 지갑에서 끝나지 않고 당신의 자아감 깊숙한 곳까지 파고들 테니까요.

과거에는 수많은 경험이 정체성을 형성했어요. 오랜 시간의 실행 결과가 정체성을 만들고 수없이 반복되는 실패와 성공이 모두 확장되어 가는 경험에 공헌했어요. 자아감은 우리가 시간을 쓰는 방법과 그 덕분에 능숙해져 가는 능력과 밀접하게 연결되어 있었어요. 사냥꾼은 그저 목걸이를 두른 것이 아니에요. 목걸이를 만들어 낼 수 있었던 인생을 살아낸 거죠. 사냥꾼의 목걸이에 걸린 이빨들은 그저 사냥에 성공했음을 나타내는 것이 아니라, 그가 사냥감을 추적하고 쫓으며, 자신이 먹잇감이 될 뻔한 포식자들을 가까스로 피해 나간 시간을 반영했어요. 때로는 목숨을 걸어야 했던 이런 모든 과정이 그를 탁월한 사냥꾼으로 만들었을 거예요. 무엇보다도 중요한 것은 그런 경험들이 그가 자신이 사냥꾼임을 **느끼게** 해주었을 거라는 거예요. 해마는 그가 사냥을 하면서 축적한 기억들을 그저 먼지 쌓인 신경세포 서류함에 넣어만 두지 않아요. 엄청나게 빠른 속도로 '정체성 관련 중요 업데이트 요망. 가능한 한 빨리 기존 정체성에 통합해 넣을 것'이라는 작은 쪽지와 함께 그 기억들을 곧바로 내측전전두엽피질, 즉 mPFC로 보내요. 정체성을 관리하는 mPFC는 이 새로운 기억을 받아 자아감을 새롭게 엮어요. '아, 우리가 정말로 헌신적인 사냥꾼임을 입증하는 새로운 증거가 왔군!'이라고 생각하는 거예요. 각자의 신념과 원칙에 맞는 삶을 살아갈 때, 우리의 경험은 mPFC가 정체성을 만들 수 있게 해주는 강력하고도 명확한 신호가 되어 줘요.

하지만 현대인은 이제 이빨 목걸이를 간단하게 구매할 수 있게 되었어요. 비싼 물병이나 시계처럼, 이빨 목걸이를 대신할 수 있는 제품들을 간단하게 돈을 주고 살 수 있어요. 개인의 정체성을 나타내는 이런 제품들은 당연히 우리가 구축하고자 하는 삶의 가치와는 거의 상관이 없을 때가 많아요. 스스로 생각하는 정체성과 실제 행동에 괴리가 생기면 mPFC가 논리정연한 일관적인 이야기를 구축할 수 없는 상태가 되어 존재론적 현기증을 느낄 수 있어요. 이제 ACC로 불리는 전대상회피질로 들어가 봐요. ACC는 이 같은 모순을 포착하고 이야기 속에서 상충하는 부분을 해결하려고 애쓰는데, 이건 정말로 쉽지 않은 일이에요. 살아오면서 경험한 기억들을 외부에서 들어온 이런 신호들과 비교하기 시작할 때면 경고음이 울리기 시작해요. "잠깐만." 커피를 홀짝이며 왠지 점점 더 걱정이 커져가는 ACC는 중얼거려요. "이 두 이야기가 전혀 일치하지 않잖아. 이런, 우리에게 인지부조화가 들어왔어!"

이야기가 어긋나는 부분을 보는 데만 너무 집중하면 실행하는 걸 잊을 수 있어요. 하지만 그게 우리 잘못만은 아니에요. 뇌는 우리를 안전하게 지키려고 소위 사회적 공간이라고 하는 것을 이해하려고 애쓰며, 자신의 정체성을 '공동체'에 알리려고 최선을 다해요. 하지만 그 때문에 사라지지 않는 공허함과 딱히 꼬집어 말할 수 없지만 무언가를 놓쳤다는 모호함만 남을 수도 있어요. 이런 상태를 심리적 환지통*이라고 하는데, 여기서 사라지는 것은 팔이나 다리가 아니라 진정한 정체성이에요.

심리적 환지통은 두 가지 비극을 불러와요. 첫째는 기술을

---

• 절단되어 사라진 팔다리 부분에 감각을 느끼는 증상

습득하고 생생한 경험을 하면서 얻게 되는 자신감을 빼앗겨요. 둘째는 진정한 자신을 찾을 수 있는 기회를 놓친다는 거예요. 과정을 건너뛰고 곧바로 타인이 엄선한 목표 지점으로 날아가면, 예기치 못했던 우회로를 돌아갈 수 있는 기회도, 그 길에서 발견하게 될 새로운 경험들도 모두 놓치게 돼요. 인생의 여정에서 돌아가게 되는 우회로들은 정체성에 깊이와 개성을 더할 수 있는 기회를 줘요. 구석기 사냥꾼은 매머드를 사냥하려고 길을 나섰을 테지만, 매머드를 쫓는 동안 그보다 더 작은 사냥감을, 그보다 포착하기 힘든 사냥감을 잡는 방법을 알게 됐을지도 몰라요. 우연히 지금까지는 알지 못했던 과일나무를 발견하고 부족 최초로 식물학자가 되었을 수도 있어요. 우리가 선택한 정체성을 깊이 탐색하는 과정이 없다면 그 안에서 성장하고 발전할 수 있는 기회는 얻지 못할 거예요.

실제 경험은 있지만 그 결과물은 없는 세상에서는 그와는 정반대의 문제에 직면할 수 있어요. 바로 이것이 모든 소비자 정체성 문제가 갖는 가장 보편적인 문제라고 생각해요. 우리가 이빨 목걸이가 아닌 특정 종류의 보석을 소유하는 것이 사냥 능력을 나타내는 세상에서 살고 있다고 상상해 보세요. 보석은 실제 사냥에 필요한 기술과는 전혀 상관이 없어요. 어쩌면 당신은 인류의 역사에서 가장 뛰어난 사냥꾼으로 사냥감을 쓰러뜨릴 수 있는 능력이 있는지도 몰라요. 하지만 사람들이 인정하는 보석을 지니지 못했다면, 인정받지 못할 거예요.

일단 TPJ가 이 새로운 사회 규범을 정식 규범으로 받아들이면, ACC는 경험을 기반으로 한 정체성과 새롭게 사회가 부과한 **적절한 보석 없음이라는** 정체성 사이에 충돌이 일어났다는 신호를 보낼 수밖에 없어요. 그때부터는 갑자기 당신의 정체성에 의문이 생길 테고, 그 의문은 적절한 보석을 가진 사냥꾼을 만날 때마다 거듭 당신을 괴롭힐 거예요.

무슨 말도 안 되는 소리냐고 생각할지도 모르겠어요. 하지만 우리는 본질적으로 동일한 기능을 수행하는 상업에 종속되어 버린 정체성 신호에 둘러싸여 있어요. 잠깐만 읽기를 멈추고 건강 관리를 열심히 하는 여자를 떠올려보세요. 어떤 모습을 하고 있나요? 내가 한 번 말해볼게요. 비싼 레깅스를 입고, 십 대 소년들이 열광할 것 같은 아름다움에, 그리스 여신 같은 몸매, 자신만 다른 중력을 받고 있는 것 같은 풍성한 엉덩이. 여러분도 바로 이런 모습을 떠올리지 않았나요? 피트니스 인플루언서들은 당연히 매력적이고, 멋진 육체를 유지하려고 엄청나게 노력해요. 하지만 열심히 운동하는 선수들 중에는 그렇게 보이지 않는 사람들도 아주 많아요. 아름다움을 유지하는 일은 많은 시간을 투자해 매달려야 하는 일이에요. 피트니스 인플루언서들에게는 성공에 필요한 시간과 돈과 자원이 있어요. 하지만 그보다 더 중요한 점은 몸을 만드는 것이 그들의 사냥감이며, 콘텐츠를 제작하는 것이 그들의 생계 수단이라는 거예요. 만약에 내가 체조선수거나 럭비 선수인데,

일주일에 40시간 이상을 책상에 앉아 있는 일을 해야 한다면 나는 아주 다른 목표를 달성하려고 애쓰게 될 거예요. 내가 그 목표를 달성하면 이빨 목걸이를 갖게 될 테지만, 볼록하게 솟은 엉덩이, 비싼 레깅스, 투명한 피부를 갖지 못한다면, 그 성공은 불완전하게 느껴질 거예요. mPFC는 대담하게 주장할 거예요. "오늘 아침에 해낸 훈련, 기억 안 나? 지금까지 향상시킨 근력을 생각해 봐."라고요. 하지만 사회가 보내오는 기대를 늘 살펴보는 TPJ가 한마디 하겠죠. "기분 상하게 하고 싶지는 않지만, 오늘날의 사회 규범에 따르면 배에 식스팩이 없고, 활짝 웃는 매력적인 얼굴이 없다면, 네가 한 일은 아무짝에도 쓸모가 없어." 우리는 가치를 실제로 구현하는 것보다 사람들이 인정하는 외모가 더 중요한 세상을 만들어 냈어요. 현대인이 노력 없이 빠르게 정체성을 얻고 싶어 하는 것은 모두 그 때문이에요.

  괴물이 먹는 것은 스스로 조절해야 한다는 걸 잊지 말아야 해요. 시장이 보내는 신호에 최대한 적게 노출되도록 당신의 디지털 환경을 조성하세요. 그런 신호를 적게 접할수록 당신의 뇌가 만들어 가는 사회 규범에 시장이나 돈의 논리가 침투할 수 있는 힘이 약해져요. 도저히 그런 신호에서 눈을 뗄 수가 없다면 좋아요나 댓글, 공유 같은 적극적인 참여는 자제하도록 노력하세요. 선택적으로 참여하는 것은 당신의 뇌뿐만이 아니라 당신에게 맞춘 개별 알고리즘에도 영향을 미쳐서 쇼핑이 아닌 의미 있는 상호 작용(연결)에 주의를 기울일 수 있게 해줄 거예요.

　친구와 가족, 그리고 상업 광고를 싣지 않는 사람들만을 팔로우하는 두 번째 계정을 만드는 것도 고려해 보세요. 물론 친구와 가족도 상업이 이끄는 생태계의 일부이니 그 가운데 몇 사람은 계속 의미 없는 상업 광고를 게시할 수도 있어요. 이런 상황에서 할 수 있는 가장 단순한 해결책은 그들의 게시글 가운데 정말로 의미 있는 글에만 열정적으로 반응하는 거예요. 정말로 가치 있는 삶을 살고 있음을 보여주는 글에만 성원해 주는 거예요. 좋아요와 댓글, 웃는 이모티콘과 응원은 모두 좀 더 진짜인 세상을 만들 수 있는 캐스팅 보트예요.

　모든 것이 성명서처럼 느껴지는 시대에 우리가 할 수 있는 가장 강력한 행동은 잠시 멈춰 서서 정말로 말하고 싶은 것이 무엇인지를 파악하는 것이에요. 나에게 정말로 중요한 것이 무엇인지를 물어보고, 그 가치를 위해 살아가는 데 에너지를 집중해 보세요.[12] 당신의 자존감에 의문을 품게 하거나 신용카드에 손을 뻗게 만드는 정체성 신호를 받을 때면 멈추고 물어보세요. '이게 정말 나의 가치관과 일치하는 걸까? 이 메시지 뒤에 숨은 진짜 의도는 뭐지?'라고요. 섣불리 판단하라는 것이 아니에요. 이런 신호를 당신의 뇌가 내면화하지 못하도록 보호벽을 세워야 한다는 거예요.

　'나는 누구지?'라는 질문은 사는 내내 나와 함께 할 거예요.

그런데 이 질문이 존재론적 현기증을 동반하는 이유는 사실 '나는 다른 사람들에게 어떤 존재이지?'라는 것이 우리가 묻는 진짜 질문이기 때문이에요. 개인의 정체성에 관한 질문은 상당 부분 사회라는 직물 속으로 매끈하게 스며드는 걸 도울 수 있도록 설계된 진화의 속임수일 뿐이에요. 이빨 목걸이와 비싼 레깅스 외에도 우리를 둘러싸고 있는 사람들은 내가 받아들일 수 있는 것보다 훨씬 더 강하게 자아라는 개념을 형성하는 데 영향을 미쳐요.

## 거울아 거울아, 지금도 내가 좋니?

보통 자부심은 혼자서 수행하는 단독 프로젝트로 시장에 나와요. 삶이 가하는 맹폭에 맞설 수 있는 방패가 자부심이라고 선전하면서 말이에요. 하지만 자부심은 실제로는 사회가 보내오는 반응을 살피고, 새롭게 받은 정보를 결과에 반영하는 미세 눈금 조정이 가능한 사회성 계량기 같은 기능을 해요.[13,14] 자부심을 만화로 그린다면, 망토를 휘날리며 가슴을 앞으로 힘껏 내밀고 있는 영웅의 모습을 하고 있을 것 같지만, 실제로는 안심시켜 달라고 계속해서 칭얼거리는 반려동물에 가까워요. 간식은 칭찬으로, 코를 때리는 돌돌 만 신문은 비난으로 여기는, 그런 반려동물 말이에요.

자부심이 형성되는 과정은 지금까지 정체성 이야기를 하면서 살펴보았던 많은 뇌 지역이 관여해요. 칭찬을 받거나 비난을 들을 때면 mPFC가 개입해 순간순간 변하는 자부심을 다시 조정해요. 충돌을 감시하는 ACC는 예측과 실재 사이에 존재하는 차이를 살피고, 섬엽은 정서적인 충격을 조절해요.[15] 말하자면 당신이 쓴 재치 있는 글을 누군가가 리트윗할 때 느끼는 번쩍이는 자신감은 당신을 향해 엄지를 높이 들어 올리는 뇌 덕분에 느끼는 감정이라는 거죠. 하지만 썰렁한 농담을 하면 당신의 뇌는 자부심에 종말을 고할 준비를 해요. ACC는 당신의 기대와 주위의 반응이 일치하지 않음을 기록해요. 격렬하게 재잘거리면서 기록해 나가요. '불일치 발생! 농담을 하는 순간 어색한 침묵이 흘렀음!' **그래, 알았다고. 알려줘서 고마워.** ACC의 보고를 받은 섬엽은 불편한 감정을 느끼고, 재빨리 그 느낌을 우리의 생애 이야기에 포함할 수 있도록 mPFC에게 전달해요.

사회적 상호 작용에 따라 흥망성쇠를 거듭하는 자부심은 정신 건강에 커다란 영향을 미칠 수 있는데, 우리 중에는 이 내면의 사회성 계량기에 좀 더 민감하게 반응하는 사람들이 있어요. 민망한 실수를 쉽게 마음에서 털어 버리는 사람도 있지만, 자존감이 급락하는 사람도 있는 거예요. 하지만 이곳은 신경생물학의 관점에서 보면 너무나도 탐구하기 힘든 영역이에요. 무엇보다도 뇌는 뼈와 체액과 막으로 이루어진 요새 깊숙한 곳에 숨어 있어 접근하기가 쉽지 않아요. 게다가 혈액-뇌 장벽으로 몸의 나머지 부분과 분리되어 있어요. 혈액-뇌 장벽은 초대받지 않은 분자는 가상의 팔을 흔들어 쫓아내 버리는 생화학 경비원이라고 할 수 있어요. 심지어 진짜 혈액도 혈액-뇌 장벽을 통과하려면 신분증을 보여주고 들여보내 달라고 부탁해야 해요. '저, **제가 누군지 아시잖아요?**'

여기서 소란을 피워봐야 안 되는 거 알잖아, 혈액. 규칙은 규칙이니까. 진화가 뇌에 이런 보호층을 여러 겹 만든 이유는 우리가 뇌를 연구하기 힘들게 만드는 단점 때문이에요. 그러니까, 너무나도 연약하다는 단점 말이에요. 사람의 뇌는 두개골을 열어서 그 안을 들여다본 뒤에 아무 일도 없었던 것처럼 다시 닫을 수 없어요. 아주 적은 양의 생검biopsy만으로도 한 사람의 뇌 기능은 물론이고, 더 나아가 그 사람 자체가 바뀔 가능성이 있어요. 살짝 손을 대는 것만으로도 뇌 조직은 손상될 수 있어요. 뇌 부위에 따라서는 거의 커스터드처럼 농도가 묽은 곳이 있으니 그럴 수밖에요. 뇌는 그 누구도 방어벽을 뚫고 들어오지 않기를 바라며 뼈로 둘러싸인 공간 속에서 불안한* 해파리처럼 흔들리고 있어요.

그렇기 때문에 신경과학자들은 오직 절반의 정답만을 알 수 있는 도구를 이용해 멀리 떨어져 사람의 뇌를 들여다봐요.

---

• nervous_ '신경으로 이루어진'이라고 해석할 수도 있다.

직접 관찰하지 못하기 때문에 생기는 틈은 컴퓨터 모형이나 동물이나 시신을 연구한 내용으로 채우고요. 살아 있는 건강한 뇌를 직접 관찰할 때는 혈류의 변화를 감지해 뇌 활동을 측정하는 기능성 자기공명영상법fMRI이나 두피에 전극을 가해 뇌의 전기 활동을 기록하는 뇌전도EGG 같은 비침윤성 방법을 사용해요. 이런 기술들은 아주 흐릿하기는 해도 뇌 활동을 보여주는 스냅 사진 같은 역할을 해요. 살아 있는 뇌를 찌르거나 자극하는 방법을 시행할 때도 신중해야 해요. 실험은 기본적으로 대상을 측정하고, 철저히 계산하고 통제하는 개입을 한 뒤에, 그 과정에서 변화가 있었는지를 다시 측정해요. 수많은 화학 물질, 전기 탐침, 작은 집게, 핀셋, 족집게처럼 생물학의 세계에서는 실험에 사용할 수 있는 도구가 아주 많지만 뇌에 피해를 주지 않고 사용할 수 있는 도구는 거의 없어요. 결국 살아 있는 뇌를 조작할 수 있는 방법은 단 하나가 남아요. 뇌를 품고 있는 사람과 상호 작용하는 거예요(당연히 심리적으로 피해를 주지 않는 방법으로 상호 작용한다는 걸 말해 둘게요).

예측 오류prediction error라고 알려진 이런 제약 조건들을 기가 막히게 충족하는 신경 과정이 하나 있어요. 뇌는 비유하자면 은밀하게 시뮬레이션해 보는 고성능 예측 장비예요. 뇌는 그 순간에 일어나는 일만 바탕으로 현실을 처리하지 않고, 과거의 경험과 패턴, 그리고 가끔은 완전한 억측을 가지고 외부 세계를 역동적으로 예측하곤 해요. 당신의 뇌가 이런 예언들이 의식적인 인식이 되도록 속삭이는 동안 당신이 경험하는 모든 시각, 청각, 감각 자극은 이런 예측을 통해 걸러져요. 이 체계가 아름다운 이유는 너무나도 효율적이라는 데 있어요. 예측에 의존하기 때문에 인지 자원을 보존할 수 있으며, 모든 세부 사항을 처음부터 처리해야 할 필요도 없어요. 예측이 실재와 일치하면 뇌는 만족하며 흥얼거려요. 하지만 예측이 어긋나면 즉시 행동에 나서고, 세계 모형을 수정해 실수를 바로잡아요. 예측 오류 신호는 세계 모형을 새로 수정할 때 뒤에 남는 빵 부스러기 같은 것으로, 이런 빵 부스러기는 뇌에 직접 들어가지 않고도 뇌의 작동 방식을 들여다볼 수 있는 독특한 렌즈를 제공해요.

　예측 오류 신호는 다양한 형태로 오는데, 각 신호가 독특한 기능을 하며, 특별한 상황에서 작동해요. 운동 예측 오류 신호는 몸의 움직임을 조정하는 일을 돕고, 인지 예측 오류 신호는 의사 결정 과정을 지도해요. 예측 오류 신호는 각 메시지에 독특한 신경 활동 패턴을 담고 있는 모스 부호라고 생각하면 될 것 같아요. 뇌 검사나 뇌전도 검사 때 관찰할 수 있는 그런 신경 활동 패턴 말이에요. 이런 예측 오류 신호를 이용하면 뇌가 실시간으로 외부 정보를 처리해 지각하고 의사를 결정하고 행동을 조정하는 역동적인 과정을 확인할 수 있어요. 행동과 뇌 활동이 맺고 있는 관계를 직접 관찰할 수 있는 거죠.

　특히 사회적 상호 작용은 예측과 반응이 함께 추는 춤이에요. 웃음 하나, 고갯짓 하나, 손짓 하나가 모두 뇌의 예측을 흐트러뜨리는 신호로 작용해 당신의 사회적 가치를 결정하는 정신 모형을 다시 조정하게 해요. 당신의 사회적 가치를 결정하는 정신 모형을 기술 용어로 표현하면 자부심이라고 해요.

우리가 저지른 실수를 얼마나 잘 처리할 수 있는가는, 부분적으로는 뇌가 이런 사회적 예측 오류를 얼마나 잘 처리할 수 있는가에 달려 있어요. 실패한 농담을 다시 생각하는 과정도 ACC와 섬엽, mPFC가 한 팀이 되어 피드백을 처리해요. 하지만 섬엽이 지나치게 오랜 시간 일을 해야 한다면, 거절의 아픔은 훨씬 더 통렬하게 느껴질 수 있어요.[16] 아픔의 강도는 그저 오류 신호의 세기만이 아니라 뇌가 그 반응으로 정신 모형을 어떻게 바꾸느냐에 따라서도 달라져요. 예를 들어, 이 단계에서 섬엽과 mPFC가 연결되는 강도는 자부심에 아주 크게 영향을 미칠 수 있어요.[17,18] 뇌가 피드백에 맞춰 재조정되는 동안 강하게 연결된 섬엽의 감정적인 반응과 mPFC의 자기 지시적인 사고 self-referential thinking 는 거절에 극도로 민감하거나 자부심이 낮은 사람에게는 아주 깊은 흔적을 남길 수 있어요.[19-21] 그와 마찬가지로 뇌는 부정적인 피드백에 적응하려고 더 열심히 애를 쓰고, 긍정적인 예측 오류를 통합하는 데는 에너지를 덜 사용할 수도 있는데, 이를 왜곡된 학습 편향이라고 해요.[22,23] 그런 경우 거절은 증폭되어 크게 느껴지는 반면에, 지원과 승인은 거의 인지하지 못할 수도 있어요.

이런 반응 차이는 사람이 아니라 상황에 따라서도 크게 달라져요. 동일한 사건이라고 해도 뇌의 상태, 환경, 시간 같은 다양한 변수에 의해 크게 다르게 인지할 수 있는 거예요. 유전과 경험이 조합된 방식에 따라 어떤 사건에 뇌가 반응하는 방식이 조금 더 긍정적, 혹은 부정적일 것인가를 예측할 수 있는 사람도 있지만, 사실상 뇌가 거절에 어떻게 반응할지를 정확하게 아는 건 불가능해요. 어쩌면 당신이 인류의 역사에서 가장 탄력적인 사회적 예측 오류 반응을 할 수 있는 사람일지도요. 이렇게 말할 수 있는 이유는 당신—과 당신의 뇌—는 상상한 현실을 실재로 만들 수 있기 때문이에요. 그게 바로 내가 비관주의, 결정론, 그밖에 생각하지 못하는 여러 우울한 주의들을 마음속에서 누그러뜨리는 것이 중요하다고 믿는 이유입니다.

우리의 반응이 아주 다양할 수 있음을 안다는 것은 현명하게만 접근하면 큰 힘이 될 수 있어요. 모두가 같은 현실을 공유하는 것은 아님을 인정하는 것도요. 특히 자신을 용서하려고 애를 쓰는 힘든 기간에는 더더욱요. 하지만 뇌는 사람이 그렇듯이 최악의 상황을 기대하지 않을 때 좀 더 밝게 빛나는 경향이 있어요. 그래서 섬세하게 균형을 유지해야 하는 거예요. 생리학이 당신의 정신 건강에 영향을 미치는 것을 인정하면서도 당신이 변화를 통제할 수 있다는 긍정적인 믿음을 가져야 해요. 쉽지 않은 일이지만, 나는 인생의 다른 모퉁이로 나아가고자 하는 당신이 그런 관점을 가지면 좋겠어요.

자부심은 본질적으로 불안정하며, 우리의 기분과 사회적 위치, 영향력을 넘어서는 수많은 요인에 따라 끊임없이 변한다는 점을 이해하는 것도 중요해요. 자부심은 우리의 영혼을 고양하지만, 끊임없이 변한다는 특성은 오늘이 지나 내일이 되어도 변하지 않는 무언가를 끊임없이 바라게 해요. 지금부터는 자부심의 사촌을 소개해 주려고 해요. 좀 더 믿을 수 있고, 차분한 이 친구는 자기연민self-compassion이라고 불러요.

## 너 자신을 알라. 그리고 너에게 친절하라

왠지 이상한 소리만 잔뜩 늘어놓는 것 같다고요? 하지만 지금까지 내가 한 말은 상투적인 이야기가 아니라, 단단한 연구를 기반으로 하는 심리학 이론이에요. 성공했느냐 실패했느냐에 따라 이리저리 휘둘리는 연약한 자부심과 달리 자기연민은 현대 세상에서 정체성을 형성하려면 반드시 필요한 안정적인 피난처를 제공해 줘요.

자기연민이 정서적 회복 능력과 지속적인 자존감과 관계가 있다는 연구 결과는 계속 나오고 있어요.[24-29] 자기연민은 안 좋았던 상황을 곱씹으며 부끄러워하는 마음을 줄이고 거절의 충격을 완화하는 역할을 해요.[30] 그저 단순한 대응 기제로만 작동하는 것이 아니라, 건강하게 사는 방식을 택하게 하고, 통제 불능 상태에 빠지기 전에 스트레스를 관리하는 등, 잘 살려면 반드시 해야 할 행동 방식을 기를 수 있게 해줘요.[31]

자기연민은 그저 기분이 나아지게 해주는 데 그치지 않아요. 우리 뇌가 실패와 거절에 반응하는 방식을 본질적으로 바꿔줘요. 기능성 자기 공명 영상 연구에 따르면 자기연민 기술을 익히면 과도하게 활성화된 섬엽을 진정시키는 것을 비롯해, 사회나 스스로 부과한 위협이 유도하는 신경 반응을 바꿀 수 있어요.[32-34] 어찌 보면 우리가 땅에 발을 딛고 살 수 있게 해주는 감정의 닻이라고 할 수 있을 거예요. 자부심이 비틀거리는 마음이라면, 자기연민은 진흙탕에 엎어져도 굳건하게 설 수 있게 해주는 마음이에요. 정확하게 말하자면, 진흙탕에서 구르고 있을 때 오히려 더 굳건하게 서게 해주는 마음이죠.

어쩌면 자기연민은 자기 동정self-pity이나 나태함을 포장한 말이라고 주장하는 사람도 있을지 모르겠어요. 하지만 진정한 자기연민은 자신의 고통에 잠식되는 것이 아니라, 그 고통을 인정하는 것을 포함해요. 우리의 내적 가치를 인정하면서도 행동에 책임질 것을 요구하는 적극적인 과정이에요. 자기계발을 가능하게 하는 것은 불완전하다는 불안감이 아니라 잘 살고 싶다는 순수한 소망이에요. 이제 곧 알게 되겠지만, 연구 결과에 따르면 실제로 자기연민은 단점을 해결하려는 동기를 강화한다고 해요.[35,36] 어쨌거나 자신에게 가혹하게 굴면 좀 더 강해질 것이라고 믿는 것, 그런 믿음은 우리가 쉽게 빠지는 함정이에요. 실제로 그런 태도는 불안을 조성하고 실패할지도 모른다는 두려움만 키울 때가 많아요. 하지만 자기연민은 우리에게 시도해 보라고, 실패해도 다시 해 보라고 용기를 주고, 크게 다치지 않고 착륙할 수 있는 토대를 마련해 줘요.

이런 생각은 사실 새로운 것은 아니에요. 이 생각의 뿌리는 균형을 유지하며 자기 인식에 접근해야 한다고 주장했던 소크라테스와 스토아학파의 시대까지 거슬러 올라가요. 얼핏 생각하기에 이 말은 너무나도 분명한 의미를 담고 있는 것 같아요. 네가 좋아하는 것과 싫어하는 것을 잘 알아라. 너의 장점과 약점을 잘 알아라. 마치 그런 의미를 담고 있는 것만 같아요. 그렇게만 생각해도 이 경구는 충분히 우리 삶에 도움을 줄 수 있어요. 긍정심리학의 연구 결과에 따르면 단순히 자신의 장점을 발견하는(그와 더불어 장점을 활용할 방법을 찾는) 것만으로도 회복력을 기르고, 정체성이 강화된다고 해요.[37-40] 하지만 이 경구는 그보다 훨씬 깊은 뜻을 품고 있어요. '너 자신을 알라'는 그저 자아 성찰을 촉구하는 말이 아니라 이 세상에서 차지하고 있는 우리의 위치를 좀 더 따뜻한 마음으로 바라보고 이해해야 한다는 부름이에요. 사람들은 누구나 최선을 다해 혼란스러운 삶을 영위하면서도, 조금씩 앞으로 나가고 있는 존재임을 깨달아야 한다는 거예요.

사실 그리스 사람들은 자신들의 신전 벽에 '너 자신에게 친절하라'라는 경구는 새기지 않았어요. 그런 문구는 그리스 사람들이 추구했던 금욕주의 문화에 큰 해악을 끼쳤을 거예요. 하지만 새기지 않았다고 해서 그런 정서가 없었던 건 아니에요. 플라톤의 『대화편』에서 소크라테스는 사람들에게 정직하고 겸손하게 살고 있는지를 자주 물어요. 이런 고대의 지혜 속에는 우리 현대인들이 매달리는 완벽함이라는 집착을 해소할 강력한 해독제가 들어 있어요. 불완전함을 받아들이라는, 자기 자비 self-kindness라고 표현할 수 있는 해독제 말이에요.

결점까지 포함해 그대로의 너 자신을 아는 것이야말로 자기연민의 토대가 되거든요. 솔직한 자기성찰 과정을 통해 매력적인 모습과 그리 멋지다고 할 수 없는 모습까지, 자신의 특성을 마주해야 해요. 그런 특성들 모두가 당신을 이루고 있으니까요. 호기심을 품고, 판단하지 말고, 당신 자신을 있는 그대로 관찰해 보세요. 뿌연 렌즈를 통하지 않고, 자기혐오 없이 당신의 결점을 바라보면, 그 결점들을 있는 그대로의 모습으로 볼 수 있게 될 거예요. 그 결점들이 경멸해야 하는 것이 아니라 이해해야 하는 당신의 일부임을 알게 될 거예요.

무엇보다도 중요한 것은 당신에게 친절하게 말하는 법을 배우는 거예요. 위기의 순간에, 부정적인 목소리가 머릿속에서 들려오기 시작할 때면, 비슷한 일이 당신의 가장 좋은 친구에게 일어났다면 당신은 어떻게 말해주었을지 생각해 보세요. 당신은 어떻게 반응해 주었을까요? 그 친구에게, 너는 그럴 만한 가치가 없는 사람이라고, 너의 꿈은 절대로 실현되지 못할 거라고 말해줄까요? **그럴 리가 없어요.** 분명히 안심시켜 주려고 애쓸 거예요. '사람이니까 그럴 수 있어. 다음번에는 더 잘할 거야.'라고 말해줄지도 몰라요. 자신에게도 이런 말들을 들려주세요. 처음에는 많이 어색하고, 바보처럼 느껴질지도 몰라요. 새로운 습관을 들일 때면 많이 연습해야 자연스러워져요. 그러니까, 새로운 언어를 익히는 일이라고 생각해 보세요. 그 시간이 지나면 가혹한 말들이 당신의 머리를 뚫고 들어오려고 할 때마다 당신은 의문을 제기할 수 있게 될 거예요. 그런 가혹한 말들은 진정한 당신의 목소리가 아니라 다른 사람들이 부주의하게 흘린 무책임한 말들이나 비난임을 깨닫게 될 거예요. 부정적인 생각들이 다른 사람의 생각임을 알게 되면, 그 목소리를 흘려들을 수 있게 되고, 성장하고 있는 당신의 정체성을 보호할 수 있어요.

## 정체성이라는 영원한 과제

● **과학자이자 실험쥐의 마음으로 살기**
성장하고 싶다면 실험하는 마음이 되어야 해요. 실험을 할 때 그렇듯이, 효과가 있는 방법과 그렇지 않은 방법에 주목하며 기록해 나가세요. 당신이 바라는 효과를 내는 방법이라면 채택하고 그렇지 않다면 버리면 돼요.

● **괴물에게 주는 먹이를 통제할 것**
주의를 기울일 가치가 있는 곳에 관심을 두고, 당신이 속할 환경을 신중하게 고르고, 뇌에 전달할 정보를 선택하세요.

● **마케팅 전략에 속지 않기**
소비야말로 근사한 정체성을 구축하는 방법이라고 유혹하는 환경에 무너지지 말아야 해요. 자신이 원하는 진정한 가치관을 형성하고, 그 가치관에 맞는 삶을 살아가야 해요.

● **친절하세요, 결정론자는 되지 말고요**
사람들이 모두 같은 현실을 경험하는 것은 아님을, 당신의 현실은 부분적으로는 당신의 생리학에 영향을 받는다는 사실을 알고 있어야 해요. 이런 건강한 주체성이 긍정적인 변화와 성장이

가능하다는 믿음과 함께 할 수 있게 해줘요.

● **자기연민의 감정**
결점까지 포함해 당신 자신을 잘 알아야 하지만, 그렇다고 해서 판단하고 평가하면 안 돼요. 다만 수많은 기회에 적용할 수 있도록 당신의 장점을 분명하게 파악하고 있어야 해요. 실패를 성장의 원동력으로 보는 사고방식을 장착해, 실패할 때는 친구에게 하듯이 자신에게도 친절하게 말하는 법을 배워야 해요.

2장

# 기쁨의 해부학

삶이 버거울 때는 기쁨을 찾자

서점에서 자기계발서 코너를 걷다 보면 사람의 열망에 대해 생각하게 돼요. 어떤 선반에는 심란하고 정신없는 마음을 가라앉혀줄 책들이 꽂혀 있고, 어떤 선반에는 성공하고 경제적 자립을 이룰 수 있게 해주겠다고 약속하는 책들이 있어요. 자기계발서의 범위는 무궁무진해요. 아침 시간을 효율적으로 사용하고 싶으세요? 은밀하게 공격해 오는 짜증나는 동료를 혼내주고 싶은가요? 그런데 각자의 소망에 맞춰 다른 주제를 다루고 있는 것 같은 이런 책들은 사실 모두 단 한 가지 목표를 추구하고 있어요. 바로 행복을 바란다는 거예요.

우리가 이런 책을 사는 이유는 행복하려면 노력해야 한다는 걸 알기 때문이에요. 행복한 삶이란 보통 구축해내야 하는 것이기에, 우리는 본능적으로 행복을 구축할 수 있게 돕는 도구를 찾으려고 해요. 하지만 흔히 우리는 행복을 장대한 모험의 끝에서 기다리고 있는 보물처럼 생각해요. 그래서 일단 행복을 찾기만 하면, 영원히 간직할 수 있고, 행복의 축복 속에서 살아갈 수 있다고 믿고 싶어 해요. 삶을 완벽하게 만들어줄 방법을 찾기만 하면 행복하게 살 수 있으리라고 생각하는 거예요.

하지만 그 어떠한 지혜도, 신중한 계획도 삶의 피할 수 없는 시련에서 우리를 보호해 줄 수 없어요. 비통함과 고난, 상실은 사람이기에 경험할 수밖에 없는 고통이고, 아무리 간절히 바라고 꼼꼼하게 계획을 세워도 인생은 우리를 산산이 부수는 예측할 수 없는 시련을 겪게 하기 마련이죠. 갑자기 직장을 잃고, 사랑하는 사람과 헤어지고, 생각지도 않았던 병에 걸릴 수 있어요. 시련을 겪을 때면 행복은 우리와 상관없는 저 먼 곳에 있는 것만 같아요. 이런 상황에서 어떻게 살아갈 수 있을까요? 모든 것을 잃은 것만 같을 때, 어떻게 희망을 품을 수 있을까요?

## 어떤 삶에도 기쁨은 존재한다

마음에 차지 않았던 여러 일자리를 전전했던 저는 더 많은 갈망을 품은 채로 같은 조금 늦은 나이로 대학에 진학했어요. 그러니까 완벽하게 새로 시작하게 된 거예요. 하지만 대학 생활을 시작하자마자 진로를 잘못 선택했다는 걸 알았어요. 스포츠과학은 나에게 맞는 학문이 아니었어요. 그래도 어쨌든 공부를 했어요. 친구들을 사귀려고 노력했고, 은행 잔고가 0이 되지 않도록 애쓰면서 어쨌거나 졸업도 했어요. 대학교를 졸업한 뒤에는 뒤늦게 자신의 진짜 관심과 재주를 알게 된 사람들이 으레 그렇듯이 새로 생긴 자신감을 장착하고 분자신경과학으로 석사 학위를 받겠다며 대학원에 진학했어요. '스포츠 코칭을 하면서 하루 종일 사람들을 만난다고?' 절대로 그렇게 살 수는 없을 거라는 생각이 들었어요. 하지만 과학 연구 결과를 읽고 연구하는 건, 해 볼 만할 것 같았어요.

앞으로 닥쳐올 고난을 전혀 눈치채지 못한 채 씩씩하게 대학원 첫 수업에 참여했어요. '어려우면 얼마나 어렵겠어?' 강의실에 자리 잡고 앉아 자기소개를 하는 시간에 나는 그런 생각을 했어요. 하지만 이내 현실을 깨달았죠. "4년 차 정신과 의사입니다. 신경생물학을 좀 더 알아야 할 필요가 있어서 왔습니다." 한 학생이 말했어요. "저랑 비슷하네요. 몇 년 전에 전문의 자격증을 땄지만, 집중치료실에서 근무하려면 좀 더 전문적인 지식을 알아야 해서 다시 공부하기로 했어요." 잠깐만, 뭐라고? 정신과의사? 전문의? 실제로 강의실에 있던 학생들은 나를 제외하고 모두 엄청난 학력과 경력의 소유자들이었어요. 결국 나를 소개할 때는 얼굴이 붉어지지 않도록 엄청나게 노력해야 했죠. "음……." 내 소개를 들은 한 학생이 물었어요. "스포츠과학을 공부했는데, 어쩌다가 신경과학으로 석사 학위를 받는다는 생각을 하게 된 거예요?" 그 말에 내 심장은 무너져 내렸어요.

그리고 강의가 시작됐어요. 나에게는 신경과학에 관한 기본 지식은 물론이고, 내가 듣고 있는 내용을 이해할 수 있는 언어조차 없었어요. 세 시간 동안 내가 들은 것은 마치 외계어처럼 들리는 축약어들뿐이었고, 내가 본 것은 짝이 맞지 않는 퍼즐 조각을 되는 대로 모아 놓은 것 같은 도표들뿐이었어요. 그때야 내가 처한 현실을 분명하게 느낄 수 있었어요. 그건 이제부터는 전혀 준비되지 않은 과정 위를 엉금엉금 기어가면서 내 자신감을 산산이 부수는 여정을 시작해야 한다는 뜻이었어요. 나에게 자폐증과 ADHD가 있다는 걸 알게 된 건 그로부터 몇 년 뒤의 일이에요. 전통적인 학습 전략은 나에게 혼돈만을 불러일으켰지만, 내 상황을 몰랐던 나로서는 그 이유를 도무지 이해할 수 없었어요. 수업을 따라가는 것에 나의 모든 시간과 에너지를 소진해야 했어요. 그것만으로도 이미 내 한계를 훌쩍 넘은 상태였지만, 학비와 생활비를 마련하려고 아르바이트도 해야 했죠. 재정 상태가 너무 암울해서 비용을 지출해야 할 때는 신경이 바짝 곤두섰어요. 신용카드를 쓸 때마다 바짝 긴장한 채 제발 승인이 거절되지 않기만을 속으로 작게 기도했어요.

사생활도 피난처가 되어 주지는 못했어요. 당시 인간관계는 나의 외로움과 낮은 자신감을 이용하는 사람과의 만남과 이별의 반복이었어요. 가스라이팅, 바람, 경멸, 무시. 모든 걸 정리하고 고향으로 돌아갈까 생각도 했지만, 그때는 고향의 가족도 엉망이기는 마찬가지였어요. 그전에도 엄마의 정신 건강은 엉망이었지만, 그 무렵에는 알코올 중독임이 분명하다는 신호가 나타나기 시작했죠. 빠르게 무너지는 엄마를 보는 건, 물리적인 거리가 아무리 멀어도 견디기 힘든 일이었어요. 그때 나에게 집으로 돌아가는 건 혼란의 구렁텅이에서 빠져나와 또 다른 혼돈의 도가니로 들어가는 일이었어요.

대학원을 졸업한 후에는 직장을 잡지 못해 고생했어요. 리즈의 한 교수님에게 스포츠과학과 신경과학을 결합한 연구로 박사 학위를 받고 싶다는 부탁을 여러 달 했어요. 두 분야를 결합하는 것이야말로 내가 해야 할 일이라는 확신이 있었거든요. 하지만 마침내 교수님이 내 부탁을 받아들여 대학원에 면접을 보러 오라고 했을 때는 사람들 앞에서 얼어버리는 나의 습관이 드러났죠. 간신히 내 이름을 말했지만, 병적인 경험과 목표를 묻는 날카로운 질문들에 거의 제대로 대답하지 못했어요. 그래 이게 나지. 그때 나는 생각했어요. 이렇게 쓸모없는 인간이 바로 나야.

외로움과 심장이 끊어질 것 같은 아픔, 앞이 전혀 보이지 않는 불확실성만이 존재하던 시간이었어요. 내게 행복이 찾아온다고 해도, 그건 아직은 조금도 가까이 가지 못한 먼 미래에나 가능한 일이라고 생각했어요. 서점에 서서 직원들이 나를 오랫동안 무시해 주기를 바라며 급하게 책을 읽어나갔어요. 그 책들은 '성취할 수 있는 작은 목표를 세워라', '집중력을 향상하고 싶다면 포모도로 기법을 활용하라', '동기부여를 하고 싶다면 성공을 시각화하라' 같은 충고를 했어요. 계속해서 충분히 열심히만 한다면 결국 행복한 미래에 닿을 수 있을 거라고 생각하며 살던 시기였어요. 그런 노력들이 결국 나를 어딘가로 데려다주기는 했지만, 그때 내가 겪었던 고통을 줄여주지는 않았어요.

지금 와서 돌이켜 보면, 그렇게 힘든 시간에 나를 지탱해 준 것이 무엇이었는지를 분명하게 알 수 있어요. 스트레스와 고난의 시간이었지만, 그때를 기억하면 분명히 좋았던 것들이 있었다는 생각을 해요. 그건 행복은 아니었어요. 분명히 행복과는 거리가 멀어요. 하지만 행복만큼이나 풍요로운 감정이었어요. 아무리 비참해도 절대로 사라지지 않는 잠깐의 위로, 그건 바로 **기쁨이었어요.**

돈을 벌려고 아등바등하거나 강의실에서 배우는 내용을 이해하려고 애쓰지 않을 동안은 자주 유앤미아오You&Meow라는 이름의 카페에 가 있었어요. 한 시간에 5파운드만 내면 차를 마시면서 고양이들에게 브라우니를 빼앗기지 않으려고 애를 쓰는 시간을 보낼 수 있는 곳이었어요. 그곳 고양이들에게는 저마다 나를 기쁘게 해주는 전략이 있었어요. 주황색과 흰색이 섞인 건장한 고양이 카사노바는 손님들 어깨 위로 펄쩍 뛰어 올라 큰 소리로 가르랑거리며 유혹했죠. 흰 몸에 분홍색 장미 같은 코를 한 토머스는 나비넥타이로 우리를 유혹했어요. 털이 긴 연갈색 아야는 굳이 불편한 곳에 자리 잡고 앉아서 자기 옆을 지나가려는 사람에게 거칠게 하악질을 했어요. 절대로 만질 수 없었지만 그래도 다정한 말이나 간식은 거부하지 않았어요. 유앤미아오 카페는 나에게 **너무나도 즐거운** 기쁨의 장소였어요. 이 글을 쓰고 있는 이 순간에도 그곳을 생각하니 저절로 미소가 떠올라요.

밤에도 기쁨을 찾고자 했던 탐사 여정은 나를 더캔틴The Cateen이라는 바로 이끌었어요. 그곳은 브리스톨의 예술가 마을(스토크스 크로프트)에 있던 뱅크시 벽화 근처 술집이에요. 그곳에서는 언제 가든 거의 공짜에 가까운 돈으로 수프를 먹고 밤새 라이브 재즈를 들을 수 있었어요. 그곳이 아니라면 인물화를 그릴 수 있는 카페 키노에 갔어요. 그림을 그리는 행위 자체보다는 그곳에 있는 모든 사람에게서 1파운드씩을 받은 뒤에 자의식은 조금도 드러내지 않은 채 무심하게 옷을 벗는 두 여인을 보는 것이 즐거웠기 때문이에요. 타인을 의식하지 않는 누드모델을 보는 기쁨은 정말 컸어요. 여름이면 주말마다 거리에서 축제가 열렸는데, 그때 나를 유혹하던 바비큐 노점상이 팔았던 치킨도 정말로 큰 기쁨을 주었어요(그 치킨은 지금까지 내가 먹었던 최고의 음식 가운데 하나예요!).

그곳에서 지냈던 시간 동안 내 모든 것이 엉망이고 힘이 들었지만, 그럼에도 그 동네, 브리스톨을 생각하면 기쁨이 느껴져요. 기쁨은 인생의 힘든 시기를 헤쳐 나갈 수 있게 도와줄 뿐 아니라 그 시절을 돌아볼 때마다 마음이 포근해지게 해요.

기쁨은 우리의 인생사를 풍요롭게 해주는 방식으로 기억 속으로 스며들어요. 이렇게 중요한 기쁨인데도, 우리가 인생이나 일상을 이야기할 때, 기쁨을 언급하는 일은 이상하게도 많지 않아요. 우리는 사람의 경험에 존재하는 여러 다른 본질적인 주제들, 성공과 고난, 야망 같은 것들은 깊이 고민하고 숙고해요. 하지만 어째서 잘 살려면 반드시 필요한 기쁨은 탐구하지 않는 걸까요?

## 현대판 호랑이를 피하는 법

과잉 활동의 시대인 요즘 세상에서는 기쁨이 설 자리가 없어요. 왠지 해야 할 일을 처리하는 것만으로도 늘 시간이 부족하다는 느낌이 들어요. 정말로 필요하다고 생각하는 일들을 처리해 나가려고 애쓰다 보면, 기쁨은 우리가 누릴 수 없는 사치처럼 느껴져요. 잠시 멈춰 서서 새 모이통을 약탈하려는 다람쥐를 구경하거나, 밤새 별 의미 없는 대화를 즐기며 시간을 보낼 수 있는 현대인이 몇이나 될까요?

바쁜 일상을 살아가는 우리에게 그런 일들은 급하게 해야 할 일 목록에서 맨 끝자리를 차지할 거예요(사실 목록에 포함되지 못할 가능성이 더 크죠). 팬데믹 이후의 세상에서는 ─아마도 잃어버린 시간을 만회하고 싶겠지만─ 그 어느 때보다도 강렬하게 일에 자신을 갈아 넣고, 몰두하며 자신을 드러내기 위해 노력하고 있어요. SNS와 서점의 선반에는 안 그래도 지친 몸과 마음에서 더 많은 에너지를 뽑아낼 수 있는 전략을 다룬 글들이 넘쳐나요. 이런 상황에서 기쁨의 중요성을 무시하는 것은 스트레스와 긴장에서 우리를 보호해 줄 수 있는 방어막을 스스로 제거해 버리는 거예요.

기쁨을 느끼고 예민하게 반응하는 감각을 기르면 부정적인 마음으로 기울어지려는 뇌의 내재된 성향을 막을 수 있어요.[1] 사람은 누구나 긍정적인 경험보다는 부정적인 경험에 더 많은 영향을 받고 주목하며, 그런 경험을 훨씬 잘 기억하는 존재로 태어났어요. 심리학에서 부정성 편향negativity bias이라고 부르는 본성을 타고난 거예요.[2] 사실 이 성향은 위험과 파멸에 집중할 수 있는 능력이 생존을 결정했던 조상들이 물려준 선물 같은 생존 수단이에요. 하지만 현대인은 이 도구 때문에 절망에 빠질 수도 있어요.

거울을 볼 때마다 보기 싫은 엉덩이에 눈길이 가는 것도 부정성 편향 때문일 수 있어요. **물론 나는 당신의 엉덩이가 사랑스러울 거라고 확신하지만요.** 그곳에 갔었다는 사실조차 가물가물하지만, 아주 창피했던 순간만은 잊히지 않는 2년 전 파티 때문에 괴로워하는 것도 부정성 편향 때문이에요. 많은 일을 이루어내고, 축하해야 할 순간에도 실수를 되새기며 괴로워하는 이유도 부정성 편향 때문이에요. 이미 물리적으로

나 시간적으로 너무나도 멀리 떨어진 일인데도 8년 전에 망친 박사 과정 면접을 떠올리고 또 떠올리는 것도 부정성 편향 때문이겠죠. 음, 마지막 문장은 내가 조금 감정적으로 쓴 것 같기는 하네요.

우리는 주위에서 일어나는 온갖 음울한 일에 휩쓸릴 수밖에 없어요. 이러한 일들은 우리 자신과 삶에 내릴 평가에 막대한 영향을 미쳐요.[3] 그렇기 때문에 당신의 부정성 편향을 바로잡을 수 있는 전략을 갖추는 일이 정말 중요한데, 기쁨이 바로 그런 역할을 해줄 수 있어요.

신경생물학의 관점에서 보면 기쁨의 순간을 적극적으로 찾는 행위는 만성 스트레스를 막아 주는 방패 역할을 해요. 신체 생리 상태가 정상적으로 작동할 때 스트레스는 해마의 수용체들이 억제하는데, 이 수용체들은 스트레스 호르몬인 코르티솔cortisol에 반응해요.[4] 이 수용체들의 임무는 스트레스 반응이 임무를 마쳤음을 인지하고, 무장해제를 지시해 뇌와 몸을 다시 평온한 상태로 되돌리는 거예요. 그러니까 해마의 수용체들은 속도가 아주 빨라지면 속도를 줄여 안전하게 달릴 수 있도록 설계된 자동차의 제동장치와 같아요. 브레이크를 너무 자주 밟으면 브레이크 패드가 닳는 것처럼 이 수용체들도 만성 스트레스 때문에 너무 많이 반응하면 문제가 생겨요.[5,6] 너무 심하게 마모되면 코르티솔을 가득 채운 채 멈추지 않고 계속 도는 회전목마에 갇혀, 스트레스 때문에 더욱더 스트레스에 취약해지는 상태가 되고 말 거예요. **그게 바로 진화가 해낸 업적이에요.**

오전 9시부터 저녁 5시까지 검치호랑이를 피하면서 시간을 써야 하는 현대인은 거의 없기 때문에 이런 상황은 특히 문제가 돼요. 살기 위해 달리는 건 적어도 여분의 코르티솔을 모두 막아낸다는 유용한 부작용을 갖게 될 거예요. 하지만 현대인들에게 스트레스를 유발하는 원인은 진료일을 잡으려고 실랑이를 벌여야 하는 병원 예약이나 고객이 보낸 이메일을 SOS 구조 신호인 것처럼 생각하는 직장 상사예요. 사람의 스트레스 반응계는 싸우거나 도망칠 준비를 하기 위해 구축된 도구예요. 하지만 이제는 더는 싸우거나 도망칠 필요가 없기 때문에 그저 책상에서 몸을 웅크리고 앉아서 해마가 소매를 걷어 올리고 '어이, 부신. 코르티솔 좀 진정시켜 볼래?'라고 말해 주기만을 바라는 거예요.

스트레스를 감지하는 수용체가 혹사를 당하고 과도한 업무에 시달리기 때문에 해마는 경계를 지키는 일을 제대로 해내지 못할 수도 있어요. 내부 스트레스 제동장치가 제 기능을 하지 못하면 우리가 직접 브레이크를 당겨서 멈춰야 해요. 이제 더는 위험하지 않으니 코르티솔을 계속 분비할 필요가 없음을 몸이 알게 해주어야 해요. 주말을 이용해 휴가를 가고 온천욕을 즐기는 것은 근사한 방법이지만, 아주 가끔 즐길 수 있는 이런 이벤트에만 전적으로 의지해 휴식을 취하는 것은 일상의 대부분을 사라지지 않는 스트레스와 함께 해야 한다는 뜻과 같아요. 스트레스가 지속되는 상태를 너무 오래 방치하면 정신과 신체 건강에 문제가 생길 가능성이 아주 높아져요.[7,8]

기쁨은 필요한 몇 초만 있다면, 언제 어디서든 필요할 때마다 당신의 인생에 살짝 첨가할 수 있어요. 너무나도 바쁜 날에는 시간이 없다는 이유로 안 그래도 없는 기쁨을 꽉 들어 찬 업무 목록의 맨 밑에 쑤셔 넣어버리기 일쑤예요. 생산력을 마지막 한 방울까지 쥐어짜는 건 중요한 일이어서, 그 과정에서 우리가 어떤 존재가 되느냐는 그저 부수적인 문제로 간주될 뿐이에요. 하지만 기쁨을 선택한다는 것은 당신 자신을 선택한다는 뜻이에요. 당신의 정신을 강화하고, 정신을 황폐하게 만들어 이득을 보려는 사람들을 막아 줄 창과 방패를 갖춘다는 뜻이에요. 이 선택은 뇌가 전투에 뛰어들 수 없을 정도로 지쳐 있을 때는 특히 중요해요.

## 기쁨의 해부학

기쁨이란 정확히 무엇일까요?

기쁨은 심리학이나 신경과학 연구자들이 분명한 의미를 가지고 사용하는 단어는 아니에요. 과학자로서 우리는 실험실에서 경험을 핵심 구성 요소로 분해하고, 변수를 최소화해 한

번에 하나의 요소만을 분리하도록 훈련을 받아요. 하지만 기쁨은 그렇게 단순화하기에는 너무나도 다면적인 경험이기 때문에 시험관 하나에 정제해 넣을 수 없어요. 그렇기 때문에 기쁨의 총체적인 모습을 파악하려면 기쁨의 한 조각만을 중점적으로 연구한 결과물들을 한데 연결해야 해요.

당신은 이렇게 질문할 수도 있을 것 같아요. '그래서 기쁨을 이루는 독특한 요소들을 어떻게 찾겠다는 거예요?' 일단 시인이자 수필가이고 기쁨 추구 전문가인 로스 게이Ross Gay를 얘기해 볼게요. 1년 동안 게이는 매일 자신을 기쁘게 해준 일을 기록하기로 했어요. 그가 겪은 기쁨을 목록으로 분류해 묶은 『기쁨의 책Book of Delights』에는 콩깍지를 까면서 느꼈던 만족감에서부터 낯선 사람에게서 들은 말이 불러일으킨 따뜻한 감정에 이르기까지, 다양한 기쁨이 담겨 있어요.[9] 토마토 묘목을 들고 공항에 갔을 때 여행객들이 그를 보며 어색하게 웃었던 이야기를 나는 정말 좋아해요.

로스 게이를 인터뷰한 언론인 빔 아데운미Bim Adewunmi는 그에게 기쁨이 뭐냐고 물었어요.[10] 게이는 기쁨은 작고 즐거운 경험을 소중하게 여길 때 찾아오는 것으로, 그 순간을 인지하고 고맙게 여길 줄 아는 마음이 아주 중요하다고 대답했어요. 또한 기쁨과 호기심의 연관성을 설명하면서, 이런 순간들의 자발성이 기쁨과 호기심을 특별하게 만든다고 했어요. 그는 기쁨은 다른 사람들과의 유대감에서 비롯될 때가 많다고 하면서 기쁨에는 공동체적인 요소가 있음을 강조했어요. 나의 『기쁨의 책』을 생각해 봐도, 그의 의견에는 동의하지 않을 수가 없네요. 내 책에는 기쁨이 주는 좋은 점들이 이렇게 적혀 있어요.

> 즐겁다: 무엇보다도 기쁨을 느끼면 기분이 좋아져요.
> 현재에 집중할 수 있다: 기쁨은 자발적으로 생성되는 것이기에, 기쁨을 발견하려면 현재의 순간에 주의를 집중하려는 마음가짐이 필요해요.
> 되돌아보고 감사하게 된다: 무언가에 고마움을 느끼려면 당연한 것으로 여기기 쉬운 일의 가치를 인정하고 소중하게 여겨야 해요. 기쁨은 평범한 일상이라고 여기는 순간의 가치를 인정하고 소중하게 여길 때 찾아와요.
> 유대감을 느낀다: 기쁨은 우리를 다른 존재와 연결해 줘요. 그 존재는 우리 자신일 수도 있고, 다른 사람이나 동물일 수도 있고, 우리가 살아가는 세상일 수도 있어요.

살아 움직이는 기쁨의 화신들인 동물들 때문에 느끼는 기쁨을 생각해 보면, 정말로 기쁨 덕분에 이런 요소들이 생긴다는 걸 쉽게 알 수 있어요. 유앤미아오 카페의 인기쟁이 고양이 아야만 봐도 그 사실을 알 수 있죠. 아야는 일 초의 망설임도 없이 자신이 원하는 순간에 원하는 자리를 차지해요. 아야가 오랜 시간을 들여 자신이 적절하게 행동하는지를 고민할 것 같지는 않아요. 동물들은 우리를 현재로 이끌어요. 그들은 일평생 현재에서 살아가기 때문이죠. 신나게 걸어가는 강아지. 따뜻한 (하지만 왠지 불편해 보이는) 곳에서 몸을 동그랗게 말고 만족스럽게 햇볕을 쬐고 있는 고양이. 동물들의 이런 단순한 행복을 보고 있으면 마음이 포근해지고 일상에 감사하게 돼요. 함께 살아가는 반려동물들도, 거리에서 만나는 낯선 동물들도, 그들과 맺는 유대감은 왠지 우리가 무언가와 연결되어 있다는 느낌이 들게 해요. 잠깐 스쳐 가는 동물들조차도요.

동물들이야말로 우리에게 기쁨을 주는 가장 큰 공헌자라는 평판이 널리 퍼져 있지만, 그들이 유일한 기쁨 제공자는 아니에요. 혹시 당신이 털이 난 친구들에게 관심이 없는 드문 사람들 가운데 한 명이라면 기쁨의 원천은 사람마다 다양하고 다르다는 사실을 알면 안심할 것 같아요. 이 2장의 나머지 부분에서 당신에게 맞는 기쁨의 원천을 찾는 법을 이야기해 보려고 해요.

## 쾌락이 아닌 기쁨을!

기쁨을 찾고자 한다면 정신을 바짝 차리고 있어야 해요. 뇌는 당신이 가는 길에 붉은 청어<sup>•</sup>를 던지는 경향이 있는데, 그런 성향은 힘든 시기를 잘 견디게 해주는 힘이 되기는커녕, 오히려 더욱 복잡하게 만드는 행동과 결과를 불러일으키기도 해요.

얼핏 보기에 기쁨과 즐거움은 비슷해 보여요. 둘 다 기분이 좋아지는 긍정적인 감정인 데다, 가끔은 한데 합쳐진다는 사실이 그 둘을 더욱 구별하기 어렵게 하거든요. 얼마 전에 우연히 낯선 카페에 들어갔다가 기대하지 않았던 맛있는 채식 치아바타를 먹고 아주 기뻤던 적이 있어요. 맛있는 음식과 포근한 카페 분위기를 누릴 수 있다는 즐거움, 만족스러운 식사를 했다는 놀라움이 한데 합쳐진 경험은 정말로 기뻤어요.

기쁨과 즐거움이 그리는 벤다이어그램의 교집합 한가운데에 내가 이 귀여운 카페에서 경험한 맛있는 점심이 자리 잡고 있어요. 하지만 그 교집합의 가장자리를 따라 움직이다 보면 소용돌이치는 공허의 열망 안으로 빨려 들어갈 수도 있어요. 가장 흔한 예가 아마도 힘든 하루를 보내고 난 뒤에 반사적으로 와인을 찾는 걸 거예요. 알코올로 기쁨을 찾고자 하는 시도 자체를 비난하는 건 아니라는 말씀을 드리고 싶어요. 쾌락적 즐거움은 사람이 당연히 누릴 수 있는 경험이니까요. 하지만 이런 쾌락을 의도적으로 즐기는 것과 신중하게 절제하는 것, 그리고 우리가 아주 힘든 상태일 때 반사적으로 쾌락에 의지하는 것에는 아주 커다란 차이가 있어요.

뇌는 당신의 인생이 무너지고 있는데도 밝은 면을 보라는

- 중요한 것에서 관심을 돌리게 만들어 집중하지 못하게 한다는 의미로 쓰인다.

엉뚱한 이야기를 하는 선하지만 부주의한 친척 아주머니와 같아요. 당신의 기분이 나아지기를 바라지만 어떻게 해야 하는지는 모르는 거죠. 인생의 저점을 찍고 있을 때 뇌는 가능한 한 적은 노력을 들여 기분을 회복시킬 수 있는 일을 선택하게 하지만, 급하게 선택한 치유법은 오히려 기분을 더 엉망으로 만드는 결과로 이어질 때가 많아요.

하버드 대학과 MIT는 이 충동을 현미경으로 관찰해 스마트폰 사용자 2만 8천 명의 기분과 행동을 분석하는 연구를 진행했어요.[11] 기분이 저조할 때 사람들은 텔레비전을 보거나 와인을 마시는 등 즉각적으로 만족을 느낄 수 있는 활동을 했어요. 그에 반해 기분이 좋을 때는 책을 읽거나 청소를 하는 것처럼 즉시 기분을 좋게 하는 보상이 없지만 좀 더 생산적인 활동을 했어요. 즉, 기분이 좋을 때는 즉각적인 도파민 분비를 부르지 않는, 우리의 삶을 조금 더 의미 있게 해주는 선택을 할 가능성이 더 높아요. 이런 행동 패턴을 쾌락 유연성 원리 hedonic flexibility principle라고 해요.

쾌락 유연성 원리는 사람의 본성에 관한 불편한 진리를 드러내요. 감정을 지탱하는 용기가 고갈될수록 감정을 더 고갈시키는 방법으로 용기를 채우려고 한다는 것 말이에요. 하지만 기쁨을 교묘하게 활용하면, 당신의 뇌를 쾌락의 유연성이 발휘되는 곳으로 되돌릴 수 있어요. 그저 한 시간 정도 가르랑거리는 고양이들과 함께 있는 것만으로도 피자나 맥주를 마시는 대신 책을 읽거나 목욕을 하는 등의 자극이 적은 즐거움을 선택할 수 있게 돼요. 물론 울적함을 달래려고 맥주를 마시거나 피자를 먹는 사람이 나쁘다는 게 아니에요. 나도 그런 사람인 걸요. 하지만 이런 방법들은 이미 충분히 약해져 있는 상태라면 도움이 되지 않는다는 걸 사실 우리는 알아요.

정말로 끊고 싶은 유혹에 저항할 의지가 없다고 느껴진다면, 결과 없이 즐길 수 있는 순간들을 만들어 보는 것이 도움이 될 수 있어요. 일상의 순간들에 나쁜 기분이 더 악화되지 않게 막아줄 기쁜 일들을 끼어 넣어 보세요. 그런 기쁨은 피자나 맥주, 세 시간 연속으로 숏츠 보기 같은 일들 속에 끼워 넣어도 돼요. 사소한 것처럼 보여도 기쁨은 당신의 뇌가 갈망하는 연료—기분이 좋아지는 것—를 줌으로써 나쁜 습관을 깨는 데 활용할 수 있어요.

이런 짧은 기쁨의 순간은 기분이 저조할 때면 즉각적인 만족을 추구하려는 뇌의 경향을 피함으로써 더 건강하고 행복한 곳으로 우리를 이끌어 갈 수 있어요. 삶은 힘이 들고, 당신의 뇌는 자꾸 TV와 와인만 찾는다면 그때야말로 강아지와 함께 산책하거나 공원에서 시간을 보내야 해요. 당신이 해야 할 일은 지금은 쾌락이 아니라 기쁨을 찾아야 할 때라는 목소리를 제대로 알아듣고 감정의 컵이 완전히 말라버리지 않도록 조금씩 기쁨의 순간들을 채워나가는 거예요.

물론 즐거움을 추구한다고 해서 언제나 기분이 좋아지는

것은 아닌데, 그건 도덕적인 관점이 아니라 신경생물학적인 관점 때문이에요. 그 이유를 이해하려면 즐거움의 표면적인 모습을 넘어 무언가를 **원하는 것과 그것을 좋아하는 것** 사이에 존재하는 미묘한 차이를 살펴봐야 해요. 기쁨을 찾는 여정을 제대로 마치려면 이 차이를 이해하는 일이 아주 중요해요.

## 도파민은 즐겁지 않다

보기와 달리 즐거움은 단순하지 않아요. 즐거움에는 각기 다른 신경 회로와 화학 과정이 관여하는 '원함'과 '좋아함'이라는 이중계가 작동해요. 수십 년 동안 뇌의 보상계를 연구한 켄트 베리지Kent Berridge는 원함과 좋아함에는 차이가 있음을 처음 발견한 사람들 가운데 한 명이에요.

도파민이 보상을 추구하는 역할을 한다는 사실을 알고 있던 베리지는 도파민의 한계를 시험해 보기로 했어요. 그는 쥐의 유전자를 변형해 도파민 수치를 높였는데, 그러면[12] 도파민 과부하 상태가 된 쥐가 즐거움을 추구하는 기계가 되어 보이는 먹이 무엇이든 먹고 입술을 핥으며 즐거움을 표현하는 모습을 보게 되리라고 생각했어요. 그의 예측대로 도파민 수치가 높은 쥐는 먹이 획득에 더 단호한 모습을 드러내며, 보상의 '원함' 측면이 강화됐음을 보여주었어요. 하지만 놀랍게도 실제 즐거움인 '좋아함' 측면은 강화되지 않았어요. 도파민을 가득 머금은 뇌가 그렇지 않은 뇌보다 더 즐겁다는 표지는 어디에도 나타나지 않았어요. 유전자 조작 쥐들은 지치지 않는 근성으로 더 많은 먹이를 찾아다녔고, 더 먹기를 원했지만 그들의 욕망은 충족되지 않았어요. 첫입부터 만족스럽지 않았으면서도 맛없는 과자 한 봉지를 끝까지 미친 듯이 먹어 본 사람이라면 도파민 과다 쥐들의 상황을 이해할 수 있을 거예요. 베리지의 쥐 실험은 인간의 욕망이라는 수수께끼를 풀 중요한 단서예요. 오래 지속되는 만족감을 느끼지 못하면서도 사람이 음식이나 쇼핑에, SNS 글에 그토록 집착하는 이유를 설명해 줘요. 중독 상태에서는 욕망은 지속되지만 만족은 적어져요.

우리는 욕망과 즐거움을 동일한 것으로 보고 도파민을 분비하게 하는 것이라면 모두 기분을 좋게 한다는 오해를 해요. 그러나 도파민의 역할은 그저 기분 좋게 할 수도 있는 것으로 우리를 안내하는 거예요. 이것은 진화가 만들어 낸 대담한 속임수예요. 즐거움을 추구하도록 설계된 회로와 화학 물질로 우리 뇌를 엮었지만, 교묘하게도 즐거움을 느끼는 길인 것처럼 위장하고 있는 거죠. 우리 조상들은 생존에 꼭 필요한 자원인 기쁨을 찾는다는 과제를 수행하기 위해 이 환상에 의존했어요. 하지만 슈퍼마켓과 패스트푸드 식당이 즐비한 현대인들에게 이 환상은 그다지 쓸모가 없어요. 다시 한번 와인과 피자 애호가들에게 오해는 하지 말라고 말하고 싶어요. 나는 즐거움에 반대하는 게 아니에요. 그저 당신이 진정한 기쁨을 찾고자 하는 여정에서 욕망과 갈망에 들어있는 회의적인 태도를 견지해 주기를 바라는 것뿐이에요.

우리 내부에 존재하는 화학 나침판은 더는 우리가 살고 있지 않은 옛 세상에 맞춰져 있어요. 현대 세상에서 제대로 된 방향을 알려면 어떤 도구를 사용해야 할까요? 기쁨을 향해 가는 여정에서 도파민의 안내를 받을 수 없다면, 우리는 어떻게 해야 기쁨을 찾을 수 있을까요? 물론 해답은 뻔히 보이는 곳에 숨어 있을 때가 많아요.

## 삶이 우리를 밑으로 끌어내릴 때

지금 이 순간을 충실하게 살아갈 수 있는 능력은 보기 힘든 드문 재능이에요. 우리는 끊임없이 다른 과제를 해야 한다고 요구하는 알림이 멈추지 않는 세상에서, 완벽한 집중력을 요구하는 시대를 살고 있어요. 그러면서 마음은 끝없이 떠돌아요. 계속해서 지금, 이곳에서 벗어나 다른 곳으로 간다는 것은 우리를 기쁘게 해줄 무한한 잠재력을 지닌 삶을 제대로 살지 못하고 몽유병 환자처럼 지내야 한다는 뜻이에요.

심리학의 선구자 윌리엄 제임스Willaim James는 "내가 경험하는 것들은 내가 주의를 기울이기로 마음먹은 것이다. 이런 경험들만이 나의 마음을 형성한다."¹³라고 했어요. 햇살이 따뜻한 공원에 두 사람이 나란히 앉아 있더라도 하는 경험은 전적으로 다를 거예요. 한 사람은 햇살이 만들어 놓은 빛과 그림자에 매혹되지만, 다른 사람은 오래전에 반박할 시기를 놓친 수동적 공격이 담긴 메시지에 어떻게 답을 할지를 생각하고 있을지도 몰라요. **마지막에 당신이 보낸 메시지에 관해 말하고 싶은데요,** 라는 생각이 머리에서 떠나지 않는 거죠. 우리는 항상 무언가를 얻기 위해 다른 것을 포기하는데, 아이러니하게도 가장 가치가 적은 것들에 가장 많은 정성을 들여요. 24시간 내내 쳇바퀴 돌아가듯 살아야 하는 21세기에 오락거리를 위해 기쁨을 포기할 때가 너무 많은 것처럼요.

현재를 즐겨야 한다는 걸 아는 것과 실제로 즐기는 것은 달라요. 코끼리를 생각하지 말라고 하면 오히려 코끼리를 생각하는 코끼리 역설을 생각해 보세요. 아니면 현실 세계에서 자주 그렇듯이, 쉬는 날이니 무시하겠다고 맹세한 여러 통의 이메일을 생각해 보세요. 어떤 생각은 아무리 머릿속에서 밀어내려고 노력해도 오히려 완강하게 버틸 때가 있어요.¹⁴

그저 현실에 좀 더 집중해서 살겠다는 각오를 하는 것만으로는 부족해요. 지금 여기에서 충실하게 살 수 있는 실질적인 방법을 찾아야 해요. 기쁨 친화적인 건실한 생각들로 마음을 채울 수 있는 실용적인 방법을 알아야 해요. 그럴 때 삶을 음미하는 기술들이 그런 방법이 되어 줄 거예요.¹⁵ 심리학에서

'음미'는 지금 하고 있는 경험의 세부적인 내용과 즐거움을 알아차리고 인식하기 위해 의도적으로 하는 노력을 의미해요. 잠시 멈춰 서서 주위를 둘러보면서 '정말 좋은데!'라고 생각해 보는 거죠.

여기, 똑같은 시골길을 달려 완주해야 하는 자전거 팀이 둘 있어요. 첫 번째 팀은 달리는 동안 따뜻한 햇살이나 자전거 선수들을 조금은 미심쩍은 눈으로 쳐다보는 소 같은, 여러 감각 기관을 통해 들어오는 다양한 자극을 음미하면서 그런 경험들이 주는 기쁨에 주목하라는 지시를 받았어요. 그에 비해 두 번째 팀은 다른 곳에 한눈팔지 말고 가능한 빨리 완주하라는 지시를 받았어요. 어떤 팀의 여정이 더 즐거웠을까요? 음미를 연구한 결과들은 첫 번째 팀이 완주 직후에 누린 즐거움도 컸고, 완주를 기억하는 기간도 더 길었다고 해요.[16,17] 그저 시골길을 달린 경험이 누군가에게는 **좋은 느낌과** 연결된 특별한 경험으로 각인되는 거예요. 브리스톨을 기억하면 내가 그렇듯이, 누군가는 자전거를 달리던 기억을 떠올리면 기쁨을 느끼는 거죠.

삶의 순간을 음미한 기억을 오랫동안 간직하는 사람은 마음을 움켜쥐려는 우울함을 좀 더 강하게 거부할 수 있어요. 그저 2주만 삶의 경험을 음미하려고 노력해도 우울증 증상과 슬픈 마음이 줄어든다고 해요.[18,19] 기쁨을 찾으려고 애쓴다고 해서 마음의 병이 모두 사라지는 것은 아니지만, 그런 노력을 하는 동안 어느 정도는 마음의 여유를 찾을 수 있어요.

이런 작은 시간들은 방황하는 마음과 헛된 줄다리기를 하기보다는 풍요로운 경험을 할 수 있도록 마음 쓰는 방향을 부드럽게 바꿔줘요. 그 시작은 문득 멈춰 서서 주변을 둘러보는 거예요. 의자 뒤에 놓은 히터에서 나오는 따뜻한 바람이 당신을 감싸고 있지 않나요? 가까운 곳에 환하게 웃는 사람을 향해 작은 걸음을 옮기고 있는 강아지가 있을까요? 마치 장난꾸러기 십 대 아이들처럼 빛나는 눈으로 서로를 바라보면서 유쾌하게 웃고 있는 노년의 연인들은요? 2003년에 개봉한 영화 〈러브 액츄얼리Love Actually〉의 대사를 조금 바꿔 말해본다면, 기쁨은 '정말 어디에나 있어요.'

물론 이런 식으로 관점을 바꾼다고 해서 인생의 고단함이 사라지지는 않아요. 하지만 우리를 가라앉지 않고 떠 있게 해줄 부표를 갖게 돼요.[20] 인생을 음미한다는 것은 우리의 감정을 부정하면서 오히려 해가 되는 긍정 전략이나 긍정적인 생각만을 하게 하려는 비현실적인 시도와는 달라요. 감정을 완벽하게 인정하면서도 그 감정에서 벗어나는 순간들을 누릴 수 있는 거예요.

열정적으로 노력하는 건 가치 있는 일이에요. 행복한 삶을 구축하려면 더 나은 미래를 위해 일해야 하겠죠. 하지만 열심히 일하는 데 쏟아 붓는 에너지와 관심에 비례하는 보상을 돌려받지는 못해요. 스트레스와 투쟁으로 가득 찬 세상에서 기쁨의 순간들은 사소하고 하찮아 보일 수도 있지만, 기쁨은 우리가 가장 중요한 것, 그러니까 우리의 **인간성을 잃지 않게** 해주는 중요한 생명줄이에요. 작가 대니얼 제임스 브라운Daniel James Brown의 말처럼 "이것은 당신이 다칠 것인가, 또는 얼마나 많이 다칠 것인가의 문제가 아니다. 이것은 고통이 당신을 휘두르고 있는 동안 당신은 무엇을 할 것인가, 또는 당신이 그 일을 얼마나 잘 해낼 것인가의 문제이다."

힘든 일은 피할 수 없기 때문에 오히려 균형을 잘 잡아야 해요. 삶이 우리를 밑으로 끌어내리기 시작할 때면 우리의 머리를 —그리고 뇌를— 수면 위로 올려줄 도구가 필요해요. 아무리 열심히 일해도 슬픔이나 외로움을 느끼지 않을 방법은 없고, 그런 감정들이 당신의 마음을 해칠 힘을 줄일 수도 없어요. 하지만 기쁨은 그런 일을 가능하게 해줘요. 아주 짧은 순간일지라도요.

## 삶의 기쁨을 찾아가기

● **행복이 멀리 있을 때는 기쁨을**
인생의 힘든 시기를 지나고 있을 때는 기쁨을 부표 삼아 우리 뇌와 몸이 잠시라도 고통에서 벗어나게 해주세요.

● **나만의 '기쁨의 책'을 쓰자**
매일 혹은 매주, 기쁨의 순간을 떠올리고 기록해 보세요. 일상의 아름다움과 즐거움을 깨닫는 시간을 가지는 것이 중요해요.

● **자연과 동물을 가까이하자**
동물과 교감하고 자연에서 시간을 보내면 가장 쉽고 빨리 기쁨을 느낄 수 있어요.

● **갈망과 기쁨을 혼동하지 말자**
갈망을 조심하세요. 갈망은 사실은 그렇지 않은데도 당신이 즐거움을 찾았다고 착각하게 해요.

● **고된 일과 기쁨이 균형을 이루도록**
번아웃을 피하려면 일상에 기쁨을 첨가해야 해요. 하루에 아주 짧은 순간이라도 기쁨의 감정을 누리면 스트레스와 압박감을 완화할 수 있어요.

### ● 이거 정말 좋은데!

가끔은 일상을 살면서 소박하지만 기쁜 순간을 찾고 인지할 수 있도록 멈춰 주세요. 현재를 살아갈 수 있도록 온몸의 감각이 전하는 세부 내용에 집중하고, '이거 정말 좋은데!'라고 말하는 습관을 들여야 해요.

3장

# 공평하고 평범한 외로움

우리가 서로를 필요로 하는 신경과학적 이유

사람을 사귀는 건 나도 특별히 재주가 있는 분야는 아니에요. 과학의 관점에서 사람을 이해하고자 하는 건 일상에서는 사람을 제대로 이해하지 못하기 때문에 내가 찾은 보완법인 것 같아요. 통계와 연구 뒤에 숨으면 어느 정도는 위안을 얻을 수 있을 거라고 생각하는 건지도 모르겠어요. 사실 사회적 협력은 사람의 뇌에 꼭 필요한 요소이기 때문에 완전히 피한다는 건 불가능해요. 심지어 사회적 협력은 관계가 없는 것처럼 보이는 인지와 행동에도 스며들어요. 그렇기 때문에 말을 더듬으며 대화를 할 때도, 실험실에 파묻혀 있을 때도, 책상에 앉아 연구를 할 때도 나는 우리 뇌가 사회적 상호 작용을 하기 위해 태어났음을 생각해요.

하지만 솔직히 말하면 나는 태어날 때부터 사회적 상호 작용에서는 결함을 안고 태어난 거 같아요. 사람들과 연결되고 싶다는 바람이 없기 때문은 아니에요. 사실은 그 반대예요. 하지만 사람들을 만나면 왠지 어색하고, 나를 싫어할 거라는 생각이 들어요. 언제나 친구를 사귀는 게 어려웠고, 사람들과 만나면 어색해서 한마디도 못하거나 엉뚱한 농담이 입에서 튀어나왔어요. 그 상황과는 전혀 맞지 않는 엉뚱한 말을 하거나 혼자만 흥미로운 이야기를 혼자서 끝도 없이 떠드는 재주가 있어요.

지금부터 나에게 언제나 어려웠던 사람들과의 만남에 대한 이야기를 해 보려고 해요. 그런 이야기를 다른 사람에게 하다니, 치부를 드러내는 것 같고 불편하지만 한편으로는 다른 느낌이 들기도 해요. 아마도 안도감을 느끼는 거 같아요. 그러니까 마침내 방에 코끼리가 있음을 인정하는 순간인 거지요. 사실 그럴 때가 많잖아요. 마치 다른 사람이 우리의 내면세계를 증언해 주기 전까지는 온전하게 마음놓을 수 없는 것처럼, 우리 마음을 완전히 열어 보일 때 마음이 가벼워지는 거 말이에요.

사람들과 이어진다는 건 단순하지 않나요? 함께 하기 위해 애쓰고, 손을 내밀며, 기꺼이 취약해질 마음을 먹는 거죠. 그런 관점에서 본다면 나야말로 이 주제를 이야기할 자격이 충분하다고 생각해요. 친구를 사귀려는 시도가 늘 실패하는 이유를 고민했던 사람보다 이런 글을 더 잘 쓸 수 있는 사람은 없을 테니까요. 나는 과학적으로나 본능적으로 사람에게는 사람과의 연결이 필요함을 알아요.

태어나는 순간부터 사람은 누군가와 연결되기를 갈망하지만 실제로 연결되고 그 관계를 유지하는 과제가 언제나 자연스럽게 해결되는 것은 아니에요. 나처럼 애초에 사람과 사귀기 힘든 사람으로 태어난 경우가 아니라고 해도 현대 사회가 만들어 놓은 장벽 때문에 많은 사람이 이 타고난 바람을 충족하지 못하고 있어요. 현대인들은 어떤 형태로든 외로움을 느끼는데, 사람들이 품은 사회적 욕구가 다층적이고 다면적이라는 것도 그 이유 가운데 하나예요.[1] 자신의 바람을 명확하게 표현하지 않는 경향이 있는 뇌 때문에 그런 욕구를 확인하고 충족시키는 건 가끔은 수수께끼를 푸는 문제처럼 느껴져요. 우리는 내면에 쌓인 아리송한 메시지들을 뒤적이며 무언가를 찾는 감정의 보물찾기 게임을 할 때가 너무 많아요. 가끔은 그 감정이 외로움임을 깨닫지도 못하면서도요.

뇌는 사회적 세계라는 환경에 맞춰 미세하게 변화하는 사회적 기관으로 진화해 왔어요. 하지만 이제는 여러 의미에서 우리가 사는 세상을 사회적 세계라고는 할 수 없게 되었어요. 그 때문에 우리의 사회적 뇌가 요구하는 것들을 이해하기 힘들어졌을 뿐 아니라 그 요구를 충족하는 일도 점차 어려워지고 있어요. 하지만 희망은 있어요. 우리에게는 사회적으로 협동할 수 있는 전략이 몇 가지 남아 있으니까요.

## 평범하고 공평한 외로움

사람들과 연결되고자 하는 소망을 가장 분명하게 보여주

는 예는 타인과의 연결이 사라진 단순하고도 평범한 일상에서의 경험일 거예요. 외로움은 흔히 영화에서 그렇듯이 거의 시적이고 극적인 감정으로 여겨질 때가 많아요. 고통에 몸부림치는 화가, 음울한 작가, 빗줄기가 내리치는 창문을 공허하게 쳐다보는 사람들. 이런 장면들이 익숙할 거예요. **외로움은 너무나도 고혹하고 아련하죠.** 하지만 현실 속 외로움은 그렇지 않아요. 외로움은 너무나도 평범하고 질기고 밋밋해요. 외로움이 지닌 본질적인 특성이 바로 이 평범함이에요. 이 감정을 소유한 사람을 신비롭게도 흥미롭게도 만들지 못해요. 그저…… **외로움을 느끼게 할** 뿐이죠. 더불어 슬프게도 해요.

이 세상에는 힘을 들이지 않고도 만나는 사람마다 그 매력으로 사로잡아 버리는 사람들이 있어요. 나의 절친 가운데 한 명인 페르난도가 바로 그런 사람이에요. 유쾌한 분위기로 과학 발표회장을 비롯해 자신이 있는 모든 곳을 코미디 무대로 만들어 버리는 그를 누구나 좋아해요. 그런데 외로움은 단지 사회적 방치에만 국한되지 않아요. 연인과 이별했을 때, 사랑하는 사람이 세상을 떠났을 때, 가까운 친구가 먼 곳으로 이직했을 때. 이런 일상의 많은 순간에 외로움은 너무나도 자주 은밀하게 파고들어 와요. 친구가 아니라 당신이 이직했을 때도, 아무도 모르는 곳에서 처음부터 다시 사람을 사귀어야 한다는 생각은 외로움을 불러와요. 이 세상 수많은 페르난도들도 외로움에서 완전히 벗어날 수는 없을 거예요. 외로움은 나이,

성별, 사회적 지위를 가리지 않고 찾아오니까요.

'외로움의 근원The Roots of Loneliness' 프로젝트는 밀레니얼 세대의 73%, 18세 이하 청소년의 80%가 가끔 외로움을 느낀다는 조사 결과를 발표했어요.[2] 외로움은 거의 모든 사람이 겪을 수 있는 경험이지만, 공개적으로 논의하는 일이 거의 없는 감정이에요. 하지만 그래서는 안 돼요. 그저 불쾌한 감정이 아니라 실질적으로 건강에 해를 끼칠 수 있는 위험 요소이기 때문이에요. 흡연이나 비만만큼 위험하고 오늘날 수명에 영향을 미치는 위험한 사망 원인이에요.[3,4] 외로움은 만성 스트레스와 어깨를 나란히 하며 치매, 심장 질환, 우울증, 불안을 유발하곤 해요.[5-7] 안타깝게도 자살을 생각하게 하는 가장 강력한 동기 가운데 하나이기도 해요.[8,9]

현대인의 삶은 서로 연결되어 있다는 느낌에 관해서는 그 어떠한 호의도 베풀지 않아요. 이웃의 이름조차 알지 못하는 상태로 이곳, 저곳으로 옮겨 가는 삶을 사는 동안 현대인들은 그전보다 더 외로워졌어요.[10] 우리는 동료의 사적인 전화는 내 귀에 전혀 들어오지 않는 체해야 한다는 불문율이 지배하는 칸막이도 없는 사무실에서 일해요. 아니, 이제는 정말로 동료의 개인 전화는 조금도 들을 수 없는 각자의 집에서 일하죠. 현대로 들어서면서 사람들은 더 자주 직장을 옮기고 더 자주 다른 도시로 이주하고, 옛날보다 더 많은 시간 홀로 지내요.[11] 과거에는 삶이 정말로 정적이었어요. 수세대까지는 아니더라도 보통 수십 년 동안은 한 곳에서 살았고, 자기 마을의 푸줏간과 빵집 주인을 알았고, 누가 자기 마을에 필요한 초를 만드는지 알았어요. 이웃 사람들은 확대 가족과 같아서, 싫든 좋든 누구나 다른 사람이 하는 일을 알았어요. 이제는 독립이라는 호사를 누리고 있지만, 그 대가로 개인들이 모여 이루었던 공동체라는 든든한 뒷배를 잃었죠.

사방으로 흩어지며 직업과 풍족한 생활을 쫓는 동안 한때는 일상을 규정했던 든든한 지역 공동망을 뒤에 남겨두고 말았어요. 덧없음과 익명성으로 규정되는 현대인들의 인생은 점점 더 분절되고, 인류는 80억 개의 작은 거품 속에서 각자 떠돌아다니다가 가끔 다른 거품과 부딪히면 잠시 놀랐다가 다시 갈라져서 멀리 떠나가는 삶을 살고 있어요. 어째서 이렇게 외로운 걸까라는 질문을 스스로에게 계속하면서요.

그런데 외로움을 만드는 요인은 바뀐 현대 생활만이 아니에요. 가끔은 우리를 외롭게 만들 수 있는 또 다른 힘이 있어요. 그 힘이 현대 생활보다 훨씬 더 강력한 영향력을 발휘하는지도 몰라요. 그 힘은 집에서 조금 가까운 곳에 있어요.

## 외로운 뇌

프랑스 생물학자 프랑수아 야코프François Jacob의 유명한 말처럼 진화가 뛰어난 설계사가 아니라 **땜장이라면**[12] 우리는 연결의 필요성을 줄이거나 연결을 찾는, 기술을 향상시키는 더 나은 방법으로 외로움에 적응하는 뇌를 갖게 될 거예요.

외로움이 '사람들의 감정을 파악하는' 머릿속 내부 레이더인 후상부측두엽피질 posterior superior temporal cortex을 활성화시킬 수 있다면 좋지 않을까요? 후상부측두엽피질은 우리가 사회적 단서를 해석할 수 있게 해주는 탁월한 능력을 갖추고 있어요. 그런데 그 능력이 훨씬 더 좋아진다면 어떨까요? 사회적 상호 작용에 필요한 단서를 하나도 놓치지 않고 언제 웃어야 하는지, 언제 진지하게 고개를 끄덕여야 하는지, 언제 떠나야 하는지를 정확하게 알고 있다면 어떨지 생각해 보세요.[13-16]

그러한 능력이 증대되면 인지적 공감 능력도 향상될 거예요. 인지적 공감 능력은 다른 사람의 경험을 그 사람과 거의 비슷한 수준에서 이해할 수 있는 능력이에요. 그와 마찬가지로 능력이 증폭된 섬엽이 멋지게 향상된 감정 공감 능력을 보완해 타인의 경험을 감정적이고도 정서적인 수준에서 이해할 수 있게 해줄 거예요. 이렇게 고양된 정서 기술들은 우리를 사회적인 카멜레온으로 만들어 누구를 만나든지 엄청난 유대감을 쌓을 수 있게 해줄 테고요.[17-21]

내측전전두엽피질이 사회적 거부를 자아라는 개념에 통합하는 역할에 대해서는 앞에서 살펴보았어요. 우리에게 사회적 거부라는 충격을 완화할 수 있는 완충제가 있다면 어떨까요? 많은 사람이 모이는 모임에 초대를 받지 않았을 때, 그 충격을 줄여줄 정신의 에어백 같은 완충제가 있다면요. 여기저기에서 모욕 받고 무시를 당하더라도 그런 충격이 상처가 될 만큼 충분히 마음속으로는 스며들어오지 못하게 하는 완충제 말이에요.[22-25]

그 옆에 있는 이웃은 dlPFC라고 부르는 배외측전전두엽피질 dorsolateral prefrontal cortex이에요. 종종 우리가 처하는 사회 상황은 급하게 결정을 내리게 해요. 지금은 말할 때일까? 들어야 할 때일까? 엉뚱한 농담은 자제해야 해. 우리는 이런 결정을 성급하게 내려요. dlPFC의 조정 능력이 뛰어나면 분위기에 어울리지 않는 폭소를 터트리지 않고, 실례가 되는 부적절한 발언을 하지 않을 수 있어요.[26-28]

뇌에 장착된 정서적 비상경보 장치인 편도체도 미세 조정 능력을 활용할 수 있어요. 편도체가 조금만 덜 폭발적으로 반응해도 우리는 우울한 상태로 가라앉지 않고 무해한 신호를 적대 신호로 잘못 이해하지 않을 수 있어요. 아무 감정이 없는 표정을 무시로 오해하거나, 어색한 웃음을 비웃음으로 받아들이지 않게 되는 거예요.[29-33]

이런 적응이 모두 실현된다면 우리는 다른 사람에게 더 잘 맞출 수 있고, 인간관계를 더 수월하게 관리할 수 있으며 다른 사람의 거부에도 상처를 덜 받게 될 거예요. 많은 노력을 들이지 않아도 수월하게 사람들과 연결될 수 있으니 우리 뇌는 외로움을 느낄 새가 없을 거예요. 하지만 슬프게도 현실은 그렇게 친절하지 않아요. 뇌는 구조와 기능을 향상하는 방식으로 외로움에 반응하지 않아요. 오히려 그 반대예요.[34]

앞 단락에서 살펴본 적응들의 반대 과정이 외로운 뇌 안에서는 펼쳐질 수 있어요. 외로움은 부식력으로 작용해 사회라는 세상을 헤쳐 나가는 데 필요한 ―나는 이런 필요를 자기 보존 모드self-preservation mode라고 불러요― 뇌 구조와 기능을 와해시킬 수 있어요. 위협을 찾으려고 하면 사방에서 발견할 수 있고, 공감과는 거리가 먼 삶을 살게 되고, 사람들과의 상호작용을 서로를 연결해 주는 접점이 아니라 생존하고 이기려고 치뤄야 하는 전투처럼 받아들이게 돼요. 뇌는 경이로운 기관이고 실제로 우주에서 가장 놀라운 존재예요. 근데 이건 거짓말이기도 해요. **나빠. 이 나쁜 뇌야! 지금 당장 사회를 향해 품고 있는 냉소주의를 버려. 뱉어버려! 그럼 안 되는 거야!** 뇌의 이런 성향을 알고 있다는 것만으로도 우리에게는 강력한 도구가 있다고 할 수 있어요.

결별의 아픔을 헤치고 나가야 하거나 새로운 도시에서의 삶을 시작해야 할 때면 이 도구를 활용할 수 있어요. 외로울 때, 갑자기 내 마음을 서늘하게 했던 그 문자를 계속해서 떠올리고 있음을 깨닫는다면, 자신에게 말해주세요. 사람들과 연결되고 싶다는 소망이 너무나도 클 때면 뇌는 거짓말쟁이가 된다는 걸요. 이 사실을 알고 있으면 거짓말쟁이 뇌가 상처를 주는 힘을 조금은 줄일 수 있고, 소파에 파묻혀 지내기로 마음먹은 계획을 철회할 수 있어요. 한동안 누구와도 교류하지 않았고, 사람들이 당신을 미워하며, 언제나 공격을 받고 매 순간 비난을 받는 것처럼 느껴진다면, 뇌를 의심하세요. 실제로 미움을 받고 있는 것이 아니라 자기 보존 모드가 당신을 속이고 있을지도 모르니까요. 극도로 지쳤을 때는 **자기 보존 모드와 비슷한 상태가 나타나지만**, 그보다는 지속 시기가 짧다는 것도 알아두는 게 좋아요.

그렇다면 어떻게 해야 뇌가 자기 보존 모드를 끄고 다시 사회적으로 협동하는 자아 모드로 돌아가게 할 수 있을까요? 그건 정말 간단해요. 그저 풍성하고 의미 있는 관계를 맺으면 돼요. 그것도 다양한 사람들과요. 계속해서 다양한 사람과 폭넓게 교류하면서 인간관계의 폭을 넓혀가면 되는 거예요. 적어도 당신의 성격, 당신의 모든 관심사와 경험, 당신의 내적 세상의 전반적인 확장을 모두 종합적으로 고려할 수 있을 때까지는요. 거기에다가 사람들이 완벽하게 당신을 봐주고, 깊이 이해하며, 철저하게 지원하고, 의심할 여지없이 당신이 혼자가 아님을 알게 될 때까지는요. 정말…… 쉽지요?

진실은 사람이 외로움에서 완전히 벗어날 방법은 없다는 거예요. 외로움은 사람이라는 존재가 절대로 떨쳐버릴 수 없는 기본값이에요. 앞 문단에서 언급한 방법들을 이용해 당신 주변을 사람들로 가득 채운다는 건 거의 불가능한 일이지만, 설사 외로움을 충족시켜 줄 수 있는 사람들로 완전히 주변을 채운다고 해도 그 사람들 가운데 일부는 결국…… 죽어서 당신 곁을 떠날 거예요. 비통함은 가장 사교적이면서도 많은 사랑을 받는 사람들에게조차도 적어도 인생에 한두 번은 외로움을 느끼게 하는 원인이에요. 사랑하는 사람이 세상을 떠난 자리는 그 누구도 다시 채울 수 없어요. 그들이 떠나고 난 뒤에는 어디에도 비견할 수 없는 외로움을 느끼고, 다른 사람들과의 의미 있는 관계로도 그 외로움을 치유할 수 없어요.

물론 주변에 사람이 많으면 위기를 헤쳐가야 할 때도, 자기 보존 모드가 발동하려고 할 때도 도움이 돼요. 좋은 사회적 관계를 많이 구축해 두는 것은 정신 건강을 지키는 승리 전략이에요. 특히 역경의 순간에는요.[35-43] 과장이기는 하지만 나의 긴 인간관계 소원 목록에는 일말의 진실이 담겨 있어요.

흔히 '양보다는 질'이라고 말해요. 하지만 사회적 관계에서는 양과 질이 모두 중요해요.[44-47] 당연히 우리에게는 깊고도 가까운 사람들이 필요하지만, 카페에서의 친절한 끄덕임, 출근길에 만난 사람들과의 가벼운 농담도 필요해요. 이런 상호작용은 파편화된 현대인의 삶에서 반드시 필요한 공동체라는 의식을 우리라는 존재에 불어 넣어요.

외로움에 관한 연구는 분석하기 어려울 때가 있고, 가장 효과적인 개입이 무엇인지에 관해서는 뒤섞인 결과들이 나올 때도 많아요. 심지어 같은 연구에서도 동일한 개입이 목록의 최상위와 최하위를 동시에 차지할 때도 있어요.[48] 논리에 어긋나는 말처럼 들리겠지만, 개입의 효과는 충족되지 않은 특정한 사회 욕구가 결정한다는 걸 생각해 보면, 이해할 수 있어요. 외로움은 균일한 하나의 문제가 아니기 때문에 만병통치약 식의 해결법은 절대로 있을 수 없어요.

우리의 사회생활은 층을 이루고 있어요. 당신이 무엇을 주문할지 알고 있는 카페 사장님, 손을 흔들어 인사를 나누는 이웃은 중요하지 않아 보여도 그런 사람들 모두 당신의 사회라는 직물에 날실과 씨실을 채워줘요. 사랑하는 배우자가 있고, 가까운 친구들이 있어도 당신은 여전히 어디에서 유래하는지도 모를 엄청난 갈망을 느낄지도 몰라요. 어쩌면 정반대의 문제가 당신을 괴롭히고 있을 수도 있는데, 당신에게 부족한 것은 일관적인 동료의식인지도 몰라요. 혹은 당신이 갈망하는 건 어쩌면 그저 웃음일 수도 있어요. 갈비뼈가 끊어질 것처럼 숨쉬기 힘든 엄청난 웃음 말이에요. 아마도 당신은 18세기 조선업 애호가나, 치즈 제조 기술을 향상시켜 줄 스승, 몽골의 전통 예술인 후미 가수들을 찾고 싶을 수도 있어요. 사람의 갈망은 그 외에도 무궁무진해요. 우리 모두가 저마다 얼마나 놀라울 정도로 기이한지를 생각해 보면, 이 세상 사람들만큼이나 다양한 갈망이 있다는 건 당연한 일이에요.

시간을 내어 당신이 짜고 있는 사회망이라는 직물에서 비어 있는 공간을 찾아내면, 그 공간을 채워줄 연결고리를 찾을 수 있을 거예요. 자신이 바랐던 완벽한 사람을 찾지 못할 수도 있고, 원했던 관계를 맺지 못할 수도 있지만, 충분히 그에 가까운 사람을, 그에 가까운 관계를 찾아 사회적 만족도 점수표에 추가 점수를 올릴 수도 있을 거예요. 그렇다면 다음은 어디로 가야 할까요? 일단 부족한 부분을 파악했다면 실제로 어떻게 특별한 관계를 추구해야 하는 걸까요? 이제 온라인 세상으로 들어갈 시간이에요.

## 클릭, 스크롤, 반복

정신 건강과 관련해서는, 인터넷은 그다지 좋은 평판을 쌓지 못하고 있어요. 무엇보다도 스마트폰을 장시간 사용하면 불안과 우울증이 올 수도 있다고 해요.[49] 이미 여러 매체와 소셜 플랫폼에서 스마트폰의 해로움을 이야기하고 있으니, 내가 여기서 다시 길게 이야기할 필요는 없을 것 같아요. 모두들 이야기해요. '스마트폰을 내려놔요. 정신 건강에 해로워요.' 일리가 있는 말이에요. 비록 '채소를 먹어야 해'처럼 너무 두루뭉술한 표현이라 살면서 피하기 어려운 디지털 세계에는 적용하기 불가능하게 느껴지기는 하지만요. 인터넷이 우리에게서 사라질 리는 없어요. 그렇다면 무엇을, 어떻게 해야 할까요?

당연히 온라인에 접속하는 시간을 제한할 수 있고, 또 제한

해야 하지만, 상황은 그렇게 단순하지 않아요. 인터넷은 인류에게 불이 그렇듯이 어떻게 활용하느냐에 따라 저녁 식사를 만들어 낼 수도 있고 집을 태워버릴 수도 있어요. 댓글 창에 달린 수많은 악의적인 말들을 계속 읽어나가는 동안 우리는 너무나도 공허해져요. 하지만 정확한 의도를 가지고 자신을 제대로 인식하면서 인터넷을 사용하면 오히려 삶의 질이 향상될 거예요. 친구들과 즐겁게 대화를 하거나 온라인 커뮤니티에 가입하는 등, 활발한 참여는 아무 생각 없이 스크롤만 할 때와 달리 정신 건강에 해를 끼치는 것 같지는 않아요.[50] 물론 문제는 수동적인 스크롤을 한다는 거예요.

인터넷에 관해 사람들이 하는 또 다른 뻔한 말은 인간관계에서 디지털 세계는 대면 세계를 대체할 수 없다는 거예요. 물론 틀린 말이 아니에요. 집에서 나가지 못하고 업무도 컴퓨터 앞에서만 처리해야 했던 팬데믹 시절에 우리는 그 사실을 절절히 실감했어요. 전 세계가 사회화 실험을 하고 있는 것처럼 보이던 그때, 연구자들은 수많은 데이터를 모을 기회를 움켜잡았고, 그 데이터들은 우리가 추론하고 있던 내용들을 확증해 주었어요. '대면 소통이야말로 가장 중요한 의사소통 방법이다!'라는 거 말이에요. 하지만 데이터는 또한 디지털 만남도 그만큼 좋을 수 있다는 근거 역시 제시해 주었어요. 커피를 앞에 두고 직접 대화를 주고받는 전통적인 방식보다는 조금 부족하지만 가상 세계에서의 상호 작용도 정신 건강에는 도움

이 되는 것 같았어요.[51]

　지금 나는 대면 소통을 모두 온라인 소통으로 바꾸자고 말하는 게 아니에요. 사회적 연결을 구축하는 데 엄청나게 유용할 수 있는 도구를 될 수 있는 한 최대로 활용하자는 거예요. 당신의 관심 분야가 무엇이든지 간에, 그 관심을 채울 수 있는 인터넷 포럼이, 서브레딧<sup>•</sup>이, 페이스북 그룹이 디지털 세계에는 존재해요. 이게 바로 인터넷이 정말로 빛을 발하는 이유입니다. 지금은 그 어느 때보다도 소수의 관심을 쉽게 공통의 경험으로 바꿀 수 있어요. 현명하게만 사용하면 인터넷은 공동체 의식을 다시 불러일으킬 수 있어요. 지역이라는 한정된 공간에 매이지 않고 언제라도 당신과 함께하는 공동체가 생기는 거예요. 디지털이 만들어 내는 연결은 외롭다는 감정을 줄여줘요. 특히 실제 세계에서 자신이 속할 집단을 찾는 데 어려움을 겪는 사람들에게는 더 큰 도움을 주죠. 오프라인의 세계에서는 받을 수 없는 인정과 지원을 주며, 소속감도 느끼게 해줘요. 그러니 당신의 관심과 가치관에 맞는 인터넷 공동체를 찾아보세요. 그저 스크롤을 하던 시간을 줄이고 그 안에서 능동적으로 활동하는 시간을 만들어 보세요.

　그런데 한 가지, 조금 조심해야 할 점이 있어요. 소속감을 갈망하는 사람은 제대로 판단하지 않고 빨리 합류하라고 제

• 　소셜 뉴스 웹사이트의 하위 범주

안하는 모임에 쉽게 들어간다는 거예요.[52-54] 온라인 커뮤니티에 가입할 때는 예리한 눈으로 철저하게 조사해야 해요. 이 모임을 규정하는 태도는 사랑일까, 미움일까? 넓은 마음으로 토론을 장려할까, 다른 의견은 철저하게 차단할까? 이 모임에 있으면 따뜻하고 포근한 기분이 들까, 분노로 마음을 주체할 수 없을까? 사람들과의 교류를 갈망하는 뇌는 거짓말쟁이임을 잊으면 안 돼요. 이런 뇌는 우리를 쉽게 난처한 상황으로 몰아넣어요. 가상의 세계에는 당신이 속할 수 있는 곳을 주겠다고 약속하면서 더욱더 고립된 상태로 몰아넣고, 당신이 처한 문제를 풀 수 있는 방법은 분열과 증오뿐이라고 부추기는 커뮤니티가 있어요. 하지만 실제로 당신의 문제를 풀 수 있는 방법은 사람과 교류하는 것뿐일 때가 많아요. 적절한 모임에 가입하면 사람들과 교류할 수 있어요.

그런데 인터넷은 가상의 세계에서만 사람들을 연결해 주는 것으로 끝나지 않아요. 실제 세상에서 친구들도 만날 수 있게 해줘요. 내가 박사 학위를 위해 퀘벡으로 이사하고 얼마 지나지 않아 팬데믹이 시작됐어요. 세상에서 내 자리를 찾으려고 발을 내디뎠을 때 세상이 멈춰 버린 거예요. 그때까지 내가 사귀었던 친구들은 봉쇄 기간에 한 명씩 대학원을 졸업했고, 서서히, 하지만 확실하게 내 인생에서 사라져 버렸어요. 팬데믹이 끝날 무렵에는 내가 퀘벡에서 아는 사람은 한 명도 남지 않았어요.

특히나 외로웠던 어느 날, 나는 동네 페이스북 그룹에 '오늘 밤 엉뚱한 짓 하고 놀 사람?'이라는 간단한 게시글을 올렸어요. 놀랍게도 답글이 몇 개 달렸고, 어느새 나는 새로 사귄 두 친구와 함께 공원에서 데이비드 보위의 노래를 부르고 있었죠. 즉흥적으로 올린 게시글은 그해 여름을 패들보딩, 하이킹, 온갖 이야기로 끝나지 않을 늦은 밤의 수다 같은 잊히지 않는 기억들로 가득 채워주었어요. 그 친구 가운데 한 명은 여전히 퀘벡에서 살아요. 나의 비상 연락망인 그 친구는 공식적으로 나의 최고 절친이라는 자리를 차지했다고 생각해요.

그런 관계를 맺으려면 특별한 취약성이 필요해요. 친구를 사귈 때도 연인을 사귈 때와 거의 비슷하지만, 왠지 친구가 되고 싶은 사람에게 호감이 있다는 의사를 공개적으로 전하는 일은 그보다 더한 부끄러움과 무안함을 감수해야 해요. 하지만 그 부끄러움과 무안함이 타인과 교류하기 위해 치러야 하는 대가가 아닐까요? 작가 케이틀린 모란Caitlin Moran은 말했어요. "마음을 열고 엄청나게 바보처럼 보일지도 모른다는 각오를 하고서 풍선과 생일 케이크를 들고 서 있는 것보다 냉소적인 태도로 칼을 휘두르는 것이 백만 배는 더 쉽다."[55] 외로움은 당신을 죽일 수도 있음을 명심하세요. 바보처럼 보이는 건 말 그대로, 바보처럼 보이는 것뿐이에요. 그것도 아주 잠시만 그런 거예요. 누가 신경이나 쓰겠어요? 밖으로 나가서 자랑스럽게 풍선과 생일 케이크를 드세요. 사회적 뇌가 성장할 수 있게 해주어야 해요.

　친구를 만드는 문제는 구체적이고 세세한 전략을 구사하는 게 좋아요. 나는 두 친구를 만나기 전에 동네 모임 사이트에 조금 더 두루뭉술한 내용으로 게시물을 올린 적이 있어요. 그 글에는 친절하고 따뜻한 우정을 약속하는 댓글이 아주 많이 달렸지만, 그 아름다운 약속들 가운데 현실로 실현된 건 전혀 없었어요.

　사업의 세계에서 구체적이고 세세한 전략을 구사한다는 '니칭 다운niching down'이라는 개념은 표적 대상이 넓을수록 전향률은 낮아진다는 생각에서 나왔어요. 다시 말해서 모든 사람을 만족시키려고 애쓰면 그 누구도 만족시킬 수 없다는 거예요. 이런 논리는 친구를 사귀는 데도 똑같이 적용할 수 있는데, 사람은 명확한 목표와 지시에 가장 잘 반응한다는 걸 생각해 보면 더 잘 적용할 수 있을 거예요. 단순히 '친구가 되자'라는 제안은 실제 우정으로 이어지기에는 너무 모호한 말이에요. "오늘 밤에 특별한 계획 있어요? 함께 해도 될까요?" 이런 식으로 분명하게 표현해야 해요. 간단하면서도 직접적으로, 다음 단계로 가는 분명한 길을 제시해 주어야 해요. 사람들은 다음 단계를 명확하게 알고 있을 때 무슨 일을 해야 하는지 알아요.

　당신이 직접 제안하지 않고 친구 찾기 앱을 이용해 비슷한 전략을 구사할 수도 있어요. 참여할 만한 이벤트를 선택하고, 프로필에 함께 할 친구를 몇 명 찾고 있다는 의사를 분명하게 알리는 글을 올리세요. 곧 있을 공연이나 보드게임에 함께 갈 사람을 구할 수도 있을 거예요. 당신이 직접 매달 함께 모여 저녁을 먹는 모임이나 함께 시간을 보내는 모임을 결성할 수도 있을 거예요. 분명한 계획과 목표를 제시하면 디지털에서 알고 지내는 지인이 진짜 친구가 될 가능성은 한층 커져요.

하지만 정말로 의도가 좋았던 온라인 관계도 실패할 때가 있어요. 안타깝지만, 인생은 기쁨을 받아들여야 하는 것처럼 고난 역시 받아들여야 해요. 중요한 건 사람들과 관계를 맺을 때는 열린 마음으로 기꺼이 참여하려는 자세로 다가갈 수 있도록 노력해야 한다는 거예요. 이런 말은 무해하지만 진부한 이야기처럼 들릴 수도 있어요. 하지만 믿음은 실제 결과에 영향을 미칠 수 있어요. 정말로 온라인에서 의미 있는 관계를 맺을 수 있다고 기대하면, 그런 관계를 찾을 가능성은 커져요.[56] 온라인에서 최악의 관계만을 기대한다면, 정말로 그렇게 될 거예요. 인간 사회에 오래전부터 존재했던 자기 충족적인 예언이 실현되는 거죠. **나팔을 불어라! 의식을 시작하자!** 기대대로 되는 건 초자연적인 현상이 아니에요. 그저 기대가 행동을 이끄는 것뿐이죠. 온라인에서 풍성한 관계를 맺을 수 있다고 믿으면 그런 관계를 맺기 위해 더 많이 노력하겠죠. 좋은 관계를 맺을 수 있다고 믿는다면 더 열린 마음을 갖게 되겠죠. 앞으로를 기대하며 한 걸음 내딛을 때마다 온라인 세상은 당신이 걸어갈 수 있는 길을 만들어 줄 거예요.

믿음과 행동의 관계는 그 역도 성립해요. 경험은 관점을 새롭게 바꿀 수 있어요.[57-59] 그리고 또다시 이런 관점 변화는 온라인과 실생활 모두에서 당신이 사회적 관계 속에서 드러내는 모습에 영향을 미칠 수 있고요. 말하자면 **자기 충족적인** 자기 충족 예언인 거죠. 뇌는 자신이 상상한 상황으로 끌려들어 가려는 성향이 있어요.

뇌의 이런 성향이 우리를 부정적으로 만들 수도 있지만, 오히려 긍정적으로 순환하게 만들어줄 수도 있어요. 디지털 시대에 뇌의 긍정적인 역할이 강화되기를 기대하기는 무리인 것처럼 보일 수도 있지만 참여 규칙을 이해하고 '적대자'들을 연구함으로써 우리는 이 상황을 우리에게 유리하게 바꿀 수도 있어요.

## 타인에게 친절해야 하는 이유

사회적인 뇌는 타고난 동료애에 대한 성향을 왜곡해 우리도 모르는 사이에 극적인 사건과 갈등이 있는 곳으로 이끌 수도 있어요. 사람은 사고 현장을 구경하려고 고속도로에서 자동차 속도를 줄이는 존재예요. 흥미로운 소문은 말하지 않고는 배길 수 없고요. SNS 피드는 진짜, 가짜 할 것 없이 논란의 여지가 있는 이야기로 가득 차 있어요. 왜냐하면 우리가 정말로 그런 일들에 주의를 기울이기 때문이에요. 논란의 여지가 있는 일들이 시선을 잡아끄는 이유는 그런 문제들이 우리의 생존을 결정할 수도 있기 때문이에요.

초기 호모 사피엔스들이 거칠었던 홍적세 세상을 헤쳐 나가야 했던 시기에는 위협을 감지하고 그 위협에 반응하는 능력이 생과 사를 결정했을 거예요. 덤불 속에서 포식자가 바스락거리는 소리를 재빨리 눈치채는 데 능했던 호모 사피엔스들은 더 많이 살아남아 자신들의 유전자를 후손들에게 전달할 수 있었겠죠. 흥미로운 소문도 생사에 중요한 역할을 했을 거예요. 그런 소문들이 누가 날카로운 석기를 능숙하게 다루는지, 누가 신뢰할 수 있는 사람인지 같은 아주 중요한 정보를 초기 인류에게 알려주었을 테니까요.

우리 뇌는 고대 생존 전략을 세우던 그 상태를 그대로 간직하고 있어요. 갈등에 주목하고 사회 구조를 뒤흔들 수도 있는 혼란에 주목하도록 설계되어 있어요. 그런 혼란들은 다른 시대라면 재난을 초래할 수도 있었으니까요. 그래서 지금도 갈등이 뇌에 설치되어 있는 고대 회로망을 자극하면, 우리의 주의는 갈등으로 향해요. 갈등을 목격하면 뇌는 우리의 주의력을 날카롭게 하고 흥분하게 만드는 신경전달물질을 다량으로 방출해요.[60-62] 마치 뇌가 '이건 중요한 일인지도 몰라!'라고 말하는 것처럼요. 인류의 진화사에서 그런 기능은 정말로 중요했을 거예요. 하지만 현대에는 뇌가 하는 이런 반응이 우리를 비관과 냉소라는 토끼 굴로 끌고 내려갈 수도 있어요.

어떤 사람들은 사회적 뇌의 이런 특성을 이용해 아주 많은 돈을 벌어요. 교묘하게 갈등을 조장하는 TV 리얼리티 쇼는 우리를 화면에서 벗어나지 못하게 해요. 소셜미디어에서 분쟁을 일으킬 수 있는 이야기를 만들고 분위기를 조성하는 일이 주업인 콘텐츠 회사도 있어요. 이런 회사에서 만든 동영상들은 우리가 고개를 저으며 못마땅해하는 사이에 순식간에 입소문을 타면서 조회수와 댓글수가 올라가요. 옛사람들이 마을의 공개 처형대에 끌리듯이 우리도 나쁜 행동을 전시하는 디지털 게시물에 끌리는 거죠.

분쟁을 끊임없이 소비하는 현대인의 문제는 현실에 대한 인식이 왜곡된다는 거예요. 우리에게는 눈앞에 있는 것은 무엇이든지 중요성을 과대평가하는 경향이 있는데, 이는 우리 뇌가 충분히 많이 접한 내용을 실제 가치보다 더 중요하다고 확신한다는 뜻이에요. 뇌가 저지를 수 있는 수많은 예측 오류 가운데 하나인 이 현상을 가용성 발견법 availability heuristic이라고 해요.[63] 그러니까 인지 편향 가운데 하나인 거죠.

냉소적인 동영상을 한 편 볼 때마다 우리는 조금씩 더 냉소적으로 변해요. 이 세상은 조금만 도발해도 폭발할 준비가 되어 있는 비이성적이고 성마른 사람들로 가득 차 있다는 생각을 직관적으로 믿기 시작해요. 이런 상황이 표준이 아니라 데이터 이상치임을 잊게 되고, 그 결과 일종의 집단적 심장 경화 증상이 나타나게 돼요. 성급하게 판단하고, 느리게 용서하고, 연민이 아니라 의심의 눈초리로 동료 사람들을 보게 되는 거예요. 〈뉴욕 타임스〉 기자 미미 스와츠Mimi Swartz가 쓴 글처럼요. "우리는 최고를 차지하겠다는 분노한 냉소주의를 기본 정서값으로 설정한 채 완전 무장을 한 완고한 나라가 되었습니다."[64]

당신은 최악의 인간성이 아니라 최상의 인간성을 부각하는 콘텐츠를 선택을 할 수 있어요. 당신의 뇌는 접하는 모든 정보를 흡수한다는 거, 잊지 마세요. 그렇다고 내가 무슨 평가를 하려는 건 아니에요. 나도 그런 동영상을 볼 때가 있는데, 가끔은 그런 동영상을 찍은 사람이 몹시 나쁜 하루를 보내고 있는 것은 아닌지 의문이 들 때가 있어요. 대중의 분노는 때로 추악한 인종 차별이나 계급주의로 물들 수 있음을 분명히 이해하고 있고, 많은 경우 영상 녹화만이 누군가에게 책임을 묻게 하는 유일한 방법임을 잘 알고 있어요. 정말로 누군가를 혐오하기에 그런 행동을 한다기보다는 그저 너무 힘들어서 무너져 내리기 때문에 그런 행동을 하는 경우가 많다는 것도 알아요.

엄마의 장례식을 치르고 퀘벡으로 돌아올 때, 에든버러에서 퀘벡까지 오는 직항 항공편이 없어서 파리의 르 부르제 공항에서 경유해야 했어요. 그날 공항 터미널은 무슨 일인지 너무 붐볐어요. 내가 앉을 수 있는 곳은 낡은 잡지와 누군가 먹다 남긴 점심 찌꺼기가 잔뜩 어질러진 의자밖에 없었죠. 그곳에 앉아 있다가 탑승하라는 안내 방송을 듣고 일어서는데, 한 여자가 갑자기 다가오더니 프랑스어로 먼저 쓰레기를 치우고 가라고 했어요. 내 프랑스어 실력은 유창함과는 거리가 멀었고, 엄마를 잃은 슬픔으로 제정신이 아니었기 때문에 내가 앉기 전부터 이 상태였다는 말을 차분하게 할 수가 없었어요. 그때 내가 할 수 있었던 건 반쯤 정신 나간 상태로 그 가여운 여인에게 계속해서 "당신은 내 엄마가 아니잖아. 그러니까 나한테 치우라는 말은 하지 마."라고 중얼거리는 거뿐이었어요. 결국 승무원이 다가와서 우리 두 사람을 구해줬어요. 맞아요. **정말 끔찍하죠.**

나는 이 이야기를 친구들에게 했고, 우리는 **정말** 재미있다며 깔깔 웃었어요. 임상심리학자가 아니더라도 그런 일이 일어난 이유는 파악할 수 있어요. 그때 나는 걷잡을 수 없이 무너져 내리고 있었어요. 그래도 그런 진부한 행동은 하지 않았다면 좋았을 텐데 그건 정말 수치스러운 행동이었거든요. 누군가 휴대폰을 꺼내 전혀 멋지지 않은 내 모습을 찍지 않았다는 게 정말 다행이었어요.

데보라 레비Deborah Levy의 자서전 『살림 비용The Cost of Living』에는 내 경험과 비슷한 이야기가 나와요. 레비는 어머니 생애 마지막 몇 주를 함께 보내면서 나와 비슷한 경험을 해요.[65] 레비의 어머니는 그때 더는 먹지도 마시지도 못했지만 한 브랜드의 막대 아이스크림만은 간신히 핥아 먹을 수 있었어요. 레비의 어머니가 가장 좋아한 건 라임맛 아이스크림이었고, 그 다음은 딸기맛이었어요. 오렌지 맛도 먹을 수는 있었지만 풍선껌 맛은 절대로 안 되고요. 추웠던 2월에, 레비는 어머니가 먹을 수 있는 막대 아이스크림을 사려고 동네 신문 판매소에 갔어요. 튀르키예인 형제 세 명이 운영하는 가게였어요. 결혼 생활은 파경을 맞았고, 어머니는 암에 걸린 상황에서 레비는 그 추운 겨울에 아이스크림을 사야 하는 이유를 튀르키예 형제에게 설명할 기력이 없었어요. 그녀는 그저 가게로 걸어 들어가서 냉장고를 뒤져 라임이나 딸기 아이스크림을 골라 돈을 내고, 자전거를 타고 병원으로 가곤 했어요.

어느 날, 냉장고 안에 풍선껌 맛밖에 없는 걸 확인한 레비는 폭발하고 말았어요. 그녀는 가장 어린 튀르키예 형제에게 날카롭게 말했어요. "도대체 왜 풍선껌 맛밖에 없는 거예요?" 이 말이 도화선이 되어 레비는 다른 맛 아이스크림을 가능한한 빨리 가져다 놓으라고 고함을 지르기 시작했어요. 도대체가 애초에 누가 혐오스러운 풍선껌 맛 따위를 만들 생각을 한 건지, 어째서 다른 맛 아이스크림은 없는 건지, 특히 왜 라임맛은 없는 건지 따져 물었어요. 튀르키예 형제의 막내는 한 마디도 되받아치지 않고 묵묵히 레비의 폭언을 들어주었어요.

어머니의 장례식을 치른 뒤에 레비는 신문 판매소를 찾아가 사과하고 그때 일을 설명했어요. 온화한 첫째 형이 대답했죠. "사정을 말해주었다면 좋았을 텐데요. 만약 말해주었다면 도

매소에 가서 한 톤이라도 사 왔을 거예요. 그런데 왠지 그럴 거 같았어요. 봐, 이 손님은 아픈 사람을 위해서 아이스크림을 사는 거라고, 내가 말했지?" 큰형의 말에 삼형제는 곧바로 냉장고를 노려보았어요. 죽어가는 어머니에게 도움이 전혀 되지 못한 풍선껌 맛 아이스크림이 문제라는 듯이요. 그러고는 네 사람 모두 갑자기 웃음을 터트렸어요. 그 상황이 너무나도 엉뚱하고, 바보 같고, 하지만 너무나도 인간적이었기 때문이에요. 몇 주 뒤에 레비는 다시 신문 판매소에 갔어요. 이번에는 삼형제가 레비에게 선물을 주었어요. 레비를 위로하려고 준비한 아름다운 튀르키예 전통 커피잔이었어요. 이건 정말로 온라인에 흐르는 냉소주의와는 완전 반대인 이야기 아닌가요? 튀르키예 형제들은 진상 손님에게 비난이 아니라 공감하기를 택했고, 그 덕분에 레비는 인생에서 너무나도 힘든 시기에 절실하게 필요했던 인간적인 유대감을 느낄 수 있었어요.

    슬픔과 트라우마, 정신질환이 멋지기는 힘들어요. 영문을 모르는 가게 주인에게 아이스크림 맛 때문에 고함을 질러대는 어처구니없고 품위 없는 일이 생기기 쉬워요. 공항에서 만난 여자에게 당신은 내 어머니가 아니라는 말을 되풀이할 수도 있고요. 사람들은 대부분 이런 급발진을 하는 순간 곧바로 후회하며, 아무 상관 없는 무고한 사람을 자신의 절망에 끌어들인 것에 자책해요. 이런 감정적인 순간들을 돌아볼 때는 유머 감각을 발휘하는 것이 아주 중요해요. 결국 우리는 죄책감을 느끼는 우리 자신을 용서해야 하니까요. 그건 치유 과정의 일부예요.

즉각적인 만족감을 느끼려고 카메라를 꺼내 사진을 찍고 간결하고 함축적인 문장을 함께 적어 SNS에 올리는 시대에는 슬픔이 갖는 혼란한 본성과 친절함이 갖는 힘은 쉽게 잊히고 말아요. 우리는 사람들의 급발진이, 당연히 변명의 여지가 없을 때도 있지만, 어떤 경우에는 심장이 끊어지는 미칠 것 같은 슬픔 속에서 하게 되는 행동일 수도 있음을 잊고 말았어요. 물론 아무리 힘든 순간에도 자신이 한 행동은 책임져야 해요. 부당함은 지적해야 하고 책임을 물어야 해요. 내가 말하고 싶은 건 그저 누군가가 이상하게 행동할 때는 적어도 나라면 어떤 상황에서 저런 행동을 할지 잠시 고민해 보는 게 좋다는 거예요. 관점을 살짝 바꾸어 보는 그런 자세는 궁극적으로 당신에게도 이득이 될 거예요. 공감은 받는 사람만큼이나 하는 당신에게도 중요하니까요. 공감은 인간성을 뺏어가는 냉소적인 사회의 반응에서 당신을 보호하는 역할을 해줄 거예요.

'많이 접하는 것의 중요성을 지나치게 높게 평가하는' 가용성 발견법을 포함해 지금 처한 사회의 모습을 논리적으로 평가하는 능력을 떨어뜨리는 인지 편향은 셀 수도 없이 많아요. 기본적 귀인 오류fundamental attribution error도 그 같은 편향의 대표적인 예라고 할 수 있어요. 기본적 귀인 오류는 자신의 잘못은 상황 때문에 어쩔 수 없었던 결과라고 생각하면서도 다른 사람의 잘못을 평가할 때는 그런 기준을 대입하지 않는 태도를 말해요.⁶⁶ 우리는 보통 다른 사람의 실수는 그들의 내재적 특성이 갖는 오류이거나 비논리적인 동기가 그 이유라고 생각해요. 인지 편향이 작용하는 전형적인 방식으로, 사람들은 무의식적으로 그런 편향을 보여요.

타인의 실수를 목격하고 그 실수를 평가할 때는 일부러라도 의식적으로 생각해 봐야 해요. 당신의 뇌는 현재 우리가 살아가고 있는 분노 유발 사회와 결합해 아주 쉽게 냉소주의로 흐를 수 있어요. 이 냉소주의에 만성적인 외로움과 자기 보존 모드가 더해지면 파괴적인 단절 상태로 이끌 수 있는 치명적인 독극물이 생성될 수도 있고요. 다음번에 누군가 갑자기 화를 내거나 업무 프로젝트를 망친다면 잠시 멈춰서 혹시 그 사람에게 아무도 모르는 힘든 일이 있는 건 아닌지 생각해 보세요. 심리학자들은 이런 태도를 관점 취하기perspective taking• 와 인지적 평가cognitive appraisal 전략이라고 불러요. 이 전략은 다른 사람을 인식하고 상호 작용하는 방식에 커다란 차이를 만들 수 있어요.⁶⁷ 이건 사람들을 용서하거나 책임을 묻지 않는 것과는 다른 문제에요. 그보다는 냉소주의로 이득을 얻는 시대에 공감하는 방법을 다시 알게 되는 것과 관계가 있어요.

화면 앞에 앉아서 고통스러워 보이는 누군가의 동영상을 본다면 당신의 뇌에서는 고통이나 공감과 관계가 있는 부위

---

•    '조망 수용'이라고도 함.

들이 활성화될 거예요. fMRI로 관찰하면 섬엽과 ACC, 편도체가 동시에 활발해지는 걸 볼 수 있어요. 다시 똑같은 동영상을 보면서 의도적으로 관점 취하기 전략을 구사하면 섬엽과 ACC의 활동이 더욱 활발해지는 걸 관찰할 수 있는데, 이는 정서적 공감이 더 커졌음을 보여주는 증거예요.[68] 이런 효과는 그저 다른 사람의 마음을 상상할 때(타인의 관점 취하기)보다는 다른 사람의 입장에서 생각해 볼 때(자아 관점 취하기) 특히 확연하게 드러나요.

인지적으로 평가해야 할 때는 복내측 완와전두피질vmOFC의 활동이 증가할 거예요. 누군가 발가락을 찧는 걸 봤다고 생각해 보세요. 그 모습을 보고 내리는 인지 평가는 저 행동이 이제 막 칠한 페디큐어를 망쳤을지, 이제 곧 열릴 마라톤 대회에 출전할 때 저 다친 발가락이 어떤 영향을 미칠지 등을 생각해 보는 거예요. 관련이 있는 이해관계들을 좀 더 꼼꼼하게 평가하려고 맥락 요소를 살펴보는 거죠. 복내측 완와전두피질은 뇌의 사회적, 정서적 의사 결정의 중추라고 할 수 있어요. 의도적으로 이 부위를 활성화하면 공감 능력을 강화할 수 있을 뿐 아니라 새롭게 장착한 명확함으로 사회적 상호 작용을 더 잘 이해하고 더 나은 결정을 할 수 있어요.[69] **자기 보존 모드를 깨고, 앞으로 나갈 수 있는 거예요.**

관점 취하기와 인지 평가는 친사회적 행동이라는 퍼즐이 품고 있는 두 개의 작은 조각일 뿐이에요. 본질적으로 친사회적 행동은 사람들에게 친절을 베풀고 지지해 주는 걸 의미해요. 낯선 사람을 보고 미소 짓고, 동료에게 도움의 손길을 내밀고, 상대방의 말을 진심으로 경청해 주는 거예요. 너무나도 간단하죠. 친사회적 행동은 대부분, 정말 간단해요. 하지만 그 영향력은 정말 커요.

친사회적 행동은 영혼을 위해 끊은 헬스장 회원권이라고 생각하면 좋겠어요. 정기적으로 운동을 하면 좋은 몸매를 유지할 수 있는 것처럼 친화력 있는 행동은 마음을 건강하게 하고, 결국에는 자기 보존 모드에서 벗어나게 해줘요. 친사회적 행동은 아주 조금만 해도 외로움은 줄어들고 기분은 좋아지는데,[70] 이런 포근하고 따뜻한 감정을 느끼는 이유는 부분적으로는 뇌의 보상계가 활성화되었기 때문이에요. 다른 사람을 도울 때면 뇌에서는 도파민, 옥시토신, 엔도르핀이라는 기쁨의 화학 물질이 분비돼요.[71,72] 이런 생화학적 보상은 기분을 좋게 할 뿐만 아니라 누군가와 연결되어 있으며, 그 사람에게 속해 있다는 기분을 느끼게 해줘요. 다른 사람을 지원해 주는 단순한 행동이 나의 외로움도 줄여줄 수 있는 거죠.[73] 실제로 지원을 받는 사람보다 지원해 주는 사람이 건강에 훨씬 좋은 이득을 얻는다는 연구 결과들도 있어요.[74-77] **우리 종의 생존은 사회적 협력과 같은 요소가 결정한다는 의견이 거의 맞다고 생각해요.**

사회적 협력이 불러오는 것은 생물학적인 혜택만이 아니에요. 다른 사람을 지원함으로써 자신이 속한 사회망에 활발하게 공헌하는 사람들은 상당한 보상을 받아요. 도움을 받은 사람들이 은혜를 갚으려고 그들을 지원하기 때문이에요.[78] 좋은 업을 쌓는 건 무익하지 않아요. 상호 호혜성은 행동 과학의 핵심 원리이자 인간 상호 작용의 초석이에요. 사람에게는 긍정적인 행동에 또 다른 긍정적인 행동으로 반응하고 싶어 하는 경향이 있어요. 그것이 바로 우리가 의식하지는 않지만 인간의 상호 작용을 지배하는 불문율이에요. 이런 상호 교환이 공동체를 좀 더 강하게 하고 회복력을 기르는 상호 의존망을 형성해요. 이것은 친절에 점수를 매긴다거나, 높은 점수를 따야 한다는 문제가 아니에요. 실제로 상호 호혜성이 늘 양방향인 것은 아니지만, 사람에게는 선행을 베풀려는 본능이 있어요. 이런 본능은 간접 호혜성이라는 현상으로 설명할 수 있어요.[79] 이건 한마디로 인간이란 무엇인가,라는 질문의 핵심을 말해주는 아름다운 순환이에요.

친사회적 행동에는 공감이 동력으로 작용할 때가 많아요. 공감은 사회를 하나로 묶어주고, 결혼 생활을 유지할 수 있게 해주며, 풍성한 우정을 쌓고, 결국 공동체를 번성하게 해주는 접착제 역할을 해요.[80] 걱정스럽게도 공감이 점점 사라지고 있다는 연구 결과가 있어요. 미시간 대학교 연구팀은 지난 30년 동안 공감 평가 점수가 40% 급감했다는 연구 결과를 발표했어요.[81] 그런데 좀 더 최근에 이 미시간 연구팀은 신중하게 해석해야 하겠지만, 오랫동안 하락세를 보였던 공감 평가 점수가 상승세로 돌아선 것 같다는 추가 발표를 했어요.[82] 어쨌거나 이런 연구 결과들은 공감은 저절로 주어지는 것이 아니라 내부에서 작동하는 조건에 따라 달라진다는 것을 말해줘요. 우리가 경계하지 않으면 인간이 지닌 한계는 개인적으로나, 더 크게는 사회적으로 엄청난 위험이 될 거라는 것도요.

## 공감의 틈

공감은 긴밀하게 연결된 작은 무리 안에서 사회적 유대감을 강화하기 위해 진화했어요. 그 때문에 지금의 현대 사회와는 맞지 않는 부분도 있어요. 이제 우리는 서로 만날 일이 없는 80억 명이 거주하는 행성에서 살아가고 있어요. 공감하는 능력은 엄청나게 확장된 현실 세계에 맞춰 확장되지 못했어요. 하지만 견고하고 확실하게 지역적인 특성으로 남아 있어요. 그러니까, 공감에 있어서 인간은 엄청나게 달라진 풍경 속에서 살아가려고 애쓰는 공룡이라고 할 수 있어요. 이 세상은 우리 조상이 만들어 넘겨준 신경 회로로는 감당할 수 없을 만큼 너무 커지고, 복잡해졌어요. 압도적인 규모 앞에서 고대 마을의 삶에 묶여 있는 뇌는 당면 과제들을 처리하는 데 애를 먹겠죠. 얼굴도 모르는 엄청난 수의 사람들에게 공감하는 법을 알지 못한 채로 대중에게 무관심해지는 상태에 빠지고 말아요. 그래서 우리가 쉽게 연대하지 못하는 거예요.

오스트리아 작가 슈테판 츠바이크Stefan Zweign는 1941년에 발표한 에세이 『센강의 낚시꾼』에서 이런 상태를 묘사했어요.[83] 젊은 시절, 츠바이크는 루이 16세가 처형되던 날 발생한 일을 우연히 알게 되었어요. 한 나라의 왕을 공개적으로 참수한다는 것은 장차 프랑스의 운명은 군주가 아닌 국민이 결정한다는 선언이었어요. 혁명가들은 흥분했죠. 구체제를 완전히 종식시키면 새로운 질서를 세우겠다는 자신들의 결의는 더욱 깊어질 테니까요. 한마디로 **거대한 사건**이 일어나려고 하고 있었어요. 그 사건을 보기 위해 모든 사람이 단두대 주위로 모였어요. 그런데 몇몇 낚시꾼들은 그날이 여느 화요일과 다르지 않다는 듯이 센강을 따라 쭉 늘어선 채 낚싯대를 드리우는 게 아니겠어요? 젊은 츠바이크가 생각하기에 그 같은 낚시꾼들의 행동은 모든 이성과 상식에 반하는 모욕이었어요. 그렇게 중요한 역사적인 날에 그토록 사소한 일에 몰두할 수 있다니, 너무나도 터무니없는 행동이었어요. 그러나 2차 세계대전 초반을 지나면서 츠바이크는 이 생각이 틀렸다는 걸 알게 돼요. 낚시꾼을 센강으로 이끈 것은 냉정함도 무정함도 아니라, 그저 인간의 본성이었을 뿐이에요. 그 사실을 깨달은 츠바이크는 "과도한 고통은 사람만 죽이는 것이 아니다. 연민을 느끼는 마음도 죽인다."라는 글을 남겼어요.

나는 츠바이크의 글에는 일말의 희망이 담겨 있다고 느껴요. 그는 멈추지 않는 공포에 관심을 끊는 것은 실패한 인간성이 아니라 오히려 기능하는 인간성이라는 결론으로 우리를 이끌어요. "우리는 이미 무너져 내린 세상의 폐허에 시선을 고정하지 않고 시선을 돌려 새롭고도 더 나은 세상을 만들기 위해 노력한다." 츠바이크가 옳은지도 몰라요. 어쩌면 공감할 수 없는 마음도 공감할 수 있는 능력만큼이나 사람에게는 필요한지도 모르죠. 타인을 배려하고 보살피는 마음을 완전히 멈추는 것이 아니라 이미 폐허가 되어 버린 곳에 머물지 않고 좀 더 나은 것을 상상하는 쪽으로 에너지를 모으는 것, 그건 계속 나아가기 위해 최선을 다하는 거니까요.

끊임없이 벌어지는 위기 속에서 우리는 정의를 향해 나아가고, 인권을 위해 싸우지만, 맞아요, 가끔은 그저 낚시를 하러 가요. 아무리 암담한 상황에 놓여 있다고 해도 본능적으로 계속 살아가요. 우리는 모든 비극에, 모든 불행에, 모든 도움 요청에 신경을 쓸 수 없어요. 멈추지 않고 모든 일에 마음을 쏟으면 지치고 말거든요. 그러니 무관심이라는 안전한 피난처로 후퇴해, 우리의 공감 능력을 비축해 두어야 해요.

공감 피로empathy fatigue가 미치는 영향을 인지하고 완화하는 것은 중요한 일이에요. 마라톤 선수가 쉬지 않으면 계속 뛸 수 없는 것처럼 다시 충전하지 않으면 높은 수준의 공감도 지속될 수 없어요. 그러니까 가끔은 낚시를 하는 것이 옳은 선택인 거예요. 의식적으로 휴식을 취하면 에너지를 보존할 수 있고 —더불어 공감도 할 수 있어— 나누어진 우리 존재들 사이의 빈 곳을 뛰어넘어 가장 중요한 순간에 행동을 취할 수 있어요. 위기의 순간에는 평범한 사람들의 행동 덕분에 희망을 되찾을 때가 많아요. 억압적인 권력에 저항해, 미래 세대가 같은 상황에 다시 놓이지 않도록 애쓰는 사람들도 평범한 사람들이에요. 그러니까 귀중한 공감 능력을 낭비하지 마세요. SNS 피드를 조절해 당신의 뇌가 냉소와 재앙, 분노에 노출되는 방식을 관리하면 당신이 살아가야 할 사회의 직물을 강화하는 강력한 도구를 갖출 수 있을 뿐 아니라 필요한 사람을 돕겠다는 결의도 더욱 굳게 다질 수 있어요.

사람과의 교류는 이 세상에서 단순하면서도 가장 복잡한 일이에요. 사람들과 교류하려고 오랜 시간 애쓰면서 내가 깨달은 것은 사회적 상호 관계는 단순히 친한 친구를 사귀고, 그 친구들과 정기적으로 어울리는 것이 아니라, 훨씬 심오한 의미를 갖는다는 거예요. 같은 의미로, 외로움은 그저 주변에 사람이 없는 상태가 아니에요. 어디에도 소속되지 못했다는 감정이에요. 당연히 우리는 함께할 사람을 원하고, 이해받기를 원해요. 하지만 무엇보다도 중요한 것은 우리가 사회라는 직물에 제대로 섞여 있다는 느낌, 다른 사람의 삶과 행동을 바라볼 때 인정받는다는 느낌을 받아야 한다는 거예요. 이해력을 기르지 않는다면, 무언가 어긋났다는 기분이 들어요. 외로움이 집으로 돌아갈 수 있는 방법이 전혀 없는 상태로 엉뚱한 은하에 갑자기 떨어진 외계인 같은 느낌이 들게 하는 것도 바로 이런 이유예요.

적어도 나는, 그리고 아마도 인생의 많은 시간을 외로움을 느끼며 살고 있는 사람들은, 이런 상황에 조금은 안도하게 돼요. 실제로 만나는 사람들 모두에게 매력적으로 보이고 그 사람들의 마음을 끌어야 할 필요는 없어요. 내 주위에 포진한 모든 사람을 친구로 삼을 필요도 없고요. 외로움은 우리 자신이 받는 호감도가 아니라 다른 존재들을 좋아하는 우리의 능력에 집중함으로써 내면에 변화를 줄 수 있고, 완전히는 아닐지 몰라도 적어도 어느 정도는 완화할 수 있어요. 우리에게 중요한 것은 지구에 적응하는 것이 아니라 지구 위에서 두 발로 걷고 있는 털 없는 원숭이들에게 느끼는 소속감이니까요.

## 초보자를 위한 관계 맺기의 기술

● **외로움도 질병이다**
외로움도 여러 질병처럼 심각한 문제에요. 건강의 영역에 포함되는 거죠. 느슨한 관계로 사람들과 교류할 수 있는 방법을 적극적으로 찾아야 해요.

● **외로우면 뇌는 거짓말을 한다는 사실**
특히 외로운 시기를 보내고 있을 때는 당신이 자기 자신과 주변 사람들을 조금 더 의심하게 된다는 걸 기억하세요. 외로운 뇌는 전혀 그렇지 않은 상황에서도 사람들이 자신을 거절한다거나 싫어한다고 생각해버릴 수 있으니까요.

● **약한 유대감 속에서 연결감을 느끼는 것**
느슨한 연결망을 구축하세요. 좋아하는 카페에 가서 인사를 건네고, 길을 건너다 만나는 이웃에게 다정하게 손을 흔들어 주세요. 공동의 관심사나 어려움을 기반으로 얕은 우정을 쌓아가세요.

● **기술을 이용해서 단절이 아닌 교류를**
생각 없이 스크롤만 하면서 시간을 보내지 말고 의미 있는 관계를 맺을 수 있도록 인터넷을 활용하세요. 기대는 결과에 영향을 미쳐요. 그러니 온라인에 접속할 때는 의미 있는 관계를 맺을 수 있다는 기대를 품으세요.

● **새로운 관계를 추구할 때는 목적을**
사회적 관계를 맺을 때는 분명한 의도가 있어야 해요. 당신의 관심사와 가치관에 맞는 곳을 찾아서 기꺼이 함께하겠다는 열린 마음으로 다가가세요.

● **공적인 관계인지 사적인 관계인지**
새로운 친구를 사귀려고 애쓸 때는 함께 할 수 있는 명확한 목표를 세워야 해요. 가까운 곳에서 활동하는 페이스북 그룹에 어떤 활동 계획이 있는지 물어보세요. 과제를 한다는 마음으로 친구 찾기 앱을 활용해 보세요. 당신이 선택한 이벤트나 직접 계획한 이벤트에 새로운 친구들이 동참하게 하는 것을 목표로 삼으세요.

● **갈등 편향**
소셜미디어나 스트리밍 플랫폼에서 갈등을 조장하는 콘텐츠는 피하세요. 혹시라도 갈등을 목격했다면 그 갈등의 제공처가

TV 리얼리티쇼이건, 영상이건, 실제 삶이건 간에 판단을 보류하세요.

● **공감과 관점 취하기 전략**
다른 사람의 입장이 되어 보는 연습을 하세요. 특히 갈등이나 오해의 순간에는요. 인지 평가와 관점 취하기 기술을 활용하면 다른 사람과 깊이 교류하는 능력에 도움이 돼요.

● **사람들을 지지하기**
다른 사람을 돕는 것은 그 자체로 외로움을 줄여줄 뿐 아니라 상호 호혜성도 키울 수 있어요. 그리고 당신의 도움을 받은 사회망이 역으로 당신을 도울 가능성도 커져요.

● **공감 피로를 관리하기**
냉소주의, 재앙, 분노에 너무 많이 노출되지 않도록 조심하고, 당신의 공감과 행동을 정말로 필요로 하는 활동을 해야 해요. 너무 지쳐서 더는 버틸 수 없다는 기분이 들면 '다 모르겠고 낚시를 하겠다'는 마음도 허용해 주어야 해요. 필요할 때면 휴식을 취해요.

**4장**

# 나는 잔다, 고로 존재한다

#### 영혼을 위한 하루의 정리

이제부터는 타임머신을 타고 태초의 순간으로 돌아가보려고 해요. 타임머신이 윙윙거리면서 작동하는 순간 이 세상은 흐릿해지고 시간은 뒤로 되감길 거예요. 당신의 시간도 뒤로 돌아가, 이 책을 덮고 날짜도 뒤로 돌아가고요. 말은 뱉어지지 않고, 음식은 먹어지지 않아요. 마이클 잭슨처럼 뒷걸음질 치면서 식탁에서 침대로 돌아가 털썩 엉덩이를 대고 앉아서 잠이 깨지 않아 몽롱한 두 눈을 문지를 거예요.

몇 시간, 며칠, 몇 년 뒤로 돌아갈 거예요. 지금까지 지나왔던 많은 사건과 기억을 통과하며 뒤로 돌아갈 거예요. 당신은 점점 더 어려지고, 작아지면서 시작에 가까워질 거예요. 시계가 원점에 닿는 순간에도 시간은 멈추지 않고 뒤로 흘러갈 거예요. 당신의 첫울음이 공기를 가르는 시간을 지나, 처음으로 눈을 떠 빛을 보았던 순간을 지나, 처음으로 숨을 쉬었던 순간을 지나 되돌아갈 거예요. 딸깍. 마침내 타임머신이 조용히 멈추었어요. 당신이 지구상에 공식적으로 존재하게 된 시간보다 몇 주쯤 뒤로 갔어요.

그때가 바로 당신의 뇌가 드디어 존재감을 드러내던 순간이에요.

자궁 속에서 안전하게 보호받고 있는 당신은 꿈꾸기 시작해요. 처음으로 의식을 품게 되는 거예요. 렘 수면 주기에 크게 자극받는 당신의 뇌는 활발하게 활동하고요. 당신은 비록 이 순간을 기억하지 못하겠지만, 이 순간은 그 뒤에 오는 모든 것의 형태를 결정할 거예요. 이때의 렘 수면은 그저 단순한 휴식 시간이 아니에요. 당신의 내면세계를 창조하는 귀중한 시간이에요. 자세히 들어보세요. 당신의 뇌와 몸이 생체 주기에 맞춰 부드럽고 일정하게 움직이고 있는 소리 말이에요. 이 내부 시계가 당신의 전 생애를 형성할 거예요. 당신에게 이제는 일어날 시간이라고, 혹은 잠들 시간이라고 속삭여줄 거예요. 감정을 형성하고, 결정에 영향을 미치고, 당신의 모든 생각과 사고방식과 욕망에 색을 입힐 거예요. 심지어 이 시계는 정신과 몸의 건강을 은밀하게 형성해 어느 날 당신을 괴롭힐 씨앗을 심어둘 수도 있어요.

이 순간이 당신의 기원이에요. 당신의 마음을 이루는 재료들이 처음 모이는 순간이에요. 우리는 흔히 잠자는 걸 휴식을 취하는 것 외에는 아무 일도 일어나지 않는 수동적인 행위라고 생각해요. 하지만 잠을 자고 있는 순간에 실제로 당신과 나, 그리고 우리가 아는 모든 사람이 처음으로 조직되기 시작해요. 잠은 매일 밤 우리가 자신과 다시 연결되려고 돌아가는 변화의 상태예요. 눈을 감고 표류할 때면 그저 몸을 쉬고 있는 것이 아니라 조용히 새로운 자아를 만들어 내는 과정을 반복하고 있는 의식의 작업장으로 다시 들어가는 거예요. 뇌가 뉴런을 발화하고, 감정을 처리하고, 기억을 통합하면서 힘든 하루를 깔끔하게 정리하고, 말끔한 마음과 새로운 관점으로 다시 세상에 맞설 준비를 하는 거예요.

## 영혼을 위한 Ctrl+Z: 하루 정리하기

매일 밤, 당신은 외부의 영향력을 끊고 가장 근본적인 상태로 돌아가는 길을 찾으려고 잠을 자요. 잠을 충분히 자면 당신을 힘들게 하는 문제는 조금 더 가볍게 느껴지고, 관점은 예리해지고, 인생은 좀 더 이해하기 쉬운 과정처럼 느껴져요. 반대로 잠을 제대로 자지 못하면 이야기는 엉망이 돼버려요.

우리가 밤잠을 전혀 자지 않는 날은 거의 없어요. 하지만 한 시간만 더 드라마 몰아보기를 한다거나 잠잘 시간에도 다른 행위를 하느라 조금씩 수면 빚을 쌓아가요. 침대에 누워서 30분 동안 SNS를 살펴볼 때, 배고픈 아이들 때문에 억지로 일어나야 할 때, 마감 때문에 늦은 밤 깨어 있을 때 수면 빚은 쌓여요. 어두운 밤, 침대에 누워 오지 않는 잠을 쫓아 두 눈을 크게 뜨고 있는 순간에도 수면 빚은 쌓여요.

수면 빚이 쌓이면 부족한 수면을 채워 그 빚을 갚아야 해요. 하지만 안타깝게도 그 빚은 주말에 몇 시간 더 잔다고 해서 갚아지는 게 아니에요. 수면 빚을 갚을 때 내놓아야 하는 건 우리의 건강과 안녕이에요. 약간의 기억 착오나 불쾌한 기분이 빚을 갚는 대가일 때도 있어요.[1] 아니면 불안이나 우울로 갚아야 할 수도 있어요.[2] 수면 계좌에서 계속 빚을 내어 잔고를 줄이다가는 정신병이나 치매 발병률을 높인다는 훨씬 더 가혹한 대가를 치러야 할지도 몰라요.[3,4] 고통받는 건 우리 마음만이 아니에요. 몸도 대가를 치르게 돼요. 면역계가 약해지거나 신진대사 능력이 엉망이 되는 거예요.[5,6]

수면 빚을 갚을 간단한 방법이 있어요. 어렸을 때 우리 엄마는 단호하게 소리쳤어요. '가서 자!' 바로 그걸 하면 되는 거예요. 스코틀랜드 억양으로 그렇게 소리를 지르면 안 듣고 배길 수가 없거든요. 아이였을 때 우리는 대부분 잠들 시간을 규칙으로 정하고 어김없이 그 시간에 잠자리에 들게 한 부모님을 갖는 호사를 누렸어요. 하지만 어른이 된 지금은 우리 잠은 우리가 책임져야 해요. 그러니 이제부터는 당신이 책임지고 길러야 하는 아이처럼 자신을 관리해 주세요. 잠들 시간을 정하고 정확하게 지키는 거예요. 부득이한 경우를 빼고요. 내가 케네디 우주센터에서 아르테미스 1호가 발사되는 현장을 지켜본 뒤에 집으로 돌아와 누운 건 새벽 5시였어요. 나로서는 밤을 불태운 거였죠. 매일 밤 엄격하게 수면 시간을 지킨다면 훨씬 좋은 삶을 살아갈 수 있겠지만, 살다 보면 그럴 수 없을 때도 있어요. 이 정도 융통성을 발휘한다고 해서 크게 문제가 되지는 않아요.

이상적인 수면 시간은 7시간에서 9시간 사이지만 사람마다 달라요.[7,8] 매일 수면 시간을 기록하고 '이 정도면 개운하게 일어났을까?'라는 질문을 해보면, 자신에게 필요한 수면 시간을 알 수 있어요. 자고 일어났을 때 개운하지 않은 아침이 계속된다면 수면 시간을 조정해야 해요. 우리가 일어나는 시간은 대부분 직장이나 가족들의 상황에 맞춰져 있어요. 하지만 그렇기 때문에 오히려 수면 시간을 단순하게 결정할 수도 있어요. 일어나야 하는 시간보다 7시간에서 9시간 전에 잠들면 되는 거예요.

만일 교대 근무를 하는 사람들이라면 두 가지 수면 전술을 구사하면 돼요. 오전 근무용 수면 전술과 오후 근무용 수면 전술을 구사하는 거예요.[9] 그렇게 하면 약간 박자가 어긋나기는 하겠지만, 당신의 뇌는 능숙하게 수면 음악을 연주할 수 있어요. 뇌는 정해진 절차와 반복을 통해 능숙해져요. 반대로 잠들고 일어나는 시간이 불규칙하면 패닉 상태에 빠져요. 지금 수면 호르몬인 멜라토닌을 분비해야 하나? 지금이 아닌가? 코르티솔을 분비해서 일어나야 하나? 뇌가 우왕좌왕하면 결국 전체 시스템이 망가져 피곤한 아침과 잠 못 드는 밤을 맞게 돼요.

일관성을 사랑하는 뇌의 성향은 우리 환경으로도 확장돼요. 빵집에 들어가는 순간 갑자기 크루아상을 먹고 싶다는 마음이 드는 건 그 때문이에요. 당신의 뇌가 맥락을 알아채고 곧 맛보게 될 즐거움에 대비하는 거예요.[10] 이 같은 특성은 침실에도 적용할 수 있어요. 뇌가 엄격하게 잠자는 곳으로만 인식하는 장소가 있다면, 그곳에 들어가는 순간 뇌는 자야 한다는 생각을 하기 시작할 거예요.[11-13] 하지만 침실을 제2의 사무실이나 스마트폰을 멍하니 쳐다보는 장소로 만들어 버리면, 침실과 잠의 관계가 느슨해지고, 수면의 질도 보장할 수 없게 돼요. 이제는 자극 조절 전략을 사용해 보세요. 자극 조절은 불면증을 치료하기 위해 흔히 받는, 인지 행동 치료의 세계에서 고안한 방법이에요. 침실에서 SNS나 TV 보기 같은 경쟁 신호를 제거하면 침실과 수면의 연결을 강화할 수 있어요. 침실은 오직 잠자는 공간으로만 활용해야 해요. **아, 물론 한 가지 활동은 더 해도 되지만요.** 맞아요. 당신이 생각하는 그거 말이에요. 그 다른 일은 자극 조절을 위한 임상 시험 계획서에도 포함되어 있어요.[14] 낭만적인 속삭임을 막을 이유는 전혀 없답니다.

이제 침실에 관한 마지막 주제를 살펴볼게요. 기온이에요. 수면에 이상적인 기온은 17℃에서 19℃ 사이에요. 생각보다는 서늘하죠?[15-17] 침실이 너무 따뜻하면 수면 주기에 뇌가 수행해야 하는 정교한 화학 작용과 전기 활동이 제대로 일어날 수 없어요.[18-20] "그 정도 온도면 파카를 입고 양말을 세 켤레나 신어야 하지 않을까요?"라고 물을지도 모르겠어요. 하지만 주변 공기가 시원하면 당신의 몸은 충분히 심부체온을 조절할 수 있어요.[21,22] 기온이 높으면 당신의 몸은 과도한 열을 발산하기 때문에 제대로 잠들 수 없고, 쉽게 깨게 돼요.[23,24] 소음 이야기는 너무 뻔하니, 굳이 여기서 하지는 않을게요. 백색 소음도 안 돼요. 잠자는 뇌에게는 침묵이 금이랍니다.[25,26]

그렇다면 당신이 수면 시간에 필요한 모든 일을 처리하고, 뇌가 그 익숙하고 포근한 수면 공간에서 필요한 모든 시간을 갖게 되었을 때, 거기서 뇌는 실제로 무슨 일을 할까요?

## 해마와 편도체의 수면 회의

잠의 세계는 마법이 펼쳐지는 곳이에요. '파문'이니 '수면 방추파'니 하는 근사한 이름으로 불리는 전기 불꽃이 튀고 일정한 간격으로 폭발이 일어나죠. 뉴런이 싱크로나이즈드 선수들처럼 일제히 춤을 추면서 좀 더 강한 연결을 위해 작은 팔을 길게 뻗기도 하고, 당신이 원하는 것처럼 연결을 끊고 고독을 즐기려고 잠시 침묵도 하는 진정한 놀이터예요.

수면의 첫 번째 단계는 서파수면slow-wave sleep이라고 불러요. 뇌의 모든 뉴런이 해마 주위에 모여 하루의 기억을 풀어내는 것 같은 작업을 하는 구간이에요. 어쩌면 오늘 당신은 우연히 사랑스러운 치즈 고양이를 만났는지도 모르겠어요. 그 경험은 굉장한 선물이었기에 당신의 뇌는 그 경험을 반드시 기억해야겠다고 결심했어요. 혹은 회사 사람 모두에게 보내는 메일에 중요한 맞춤법 실수를 했는지도 몰라요. 그런 기억들은 정말 소중해요! 영원히 간직할 가치가 있죠. 당신의 해마는 이런 선물들을 분류해 피질에 있는 다양한 뉴런 집단에 보내요. 유용하게 써야 할 때마다 의식적으로 인식할 수 있도록요. 아니면, 조용한 순간에 음미하게요. '**아우, 내가 왜 그랬지? 미쳤었나봐**'라고 곱씹을 수 있게 해주는 거죠.

모든 기억이 뇌에 남는 건 아니에요. 은행 앱의 비밀번호라거나 지나치듯 언급한 마감 날짜 같은 정보들은 사라져요. 이런 정보들은 간직하고 있다면 유용하겠지만, 대부분은 아무렇게나 쌓아두기 때문에 잠자리에 들 시간쯤 되면 이미 기억 속에서는 사라져 버릴 때가 많아요. 해마는 단기 기억이 회복 불가능할 정도로 망가지는 것은 전혀 개의치 않아요.

서파수면 동안 뇌는 '모든 것을 씻어내리며' 스스로 청소를 해요. 따뜻한 뇌척수액을 맞으며 고약한 베타 아밀로이드 덩어리를 씻어내고, 세포의 신진대사 물질을 제거하고, 다시 젊어지려고 DNA 재생 기능이 있는 마스크를 착용해요. **반짝반짝 빛나려고요!** 다시 기운을 차리고 활동할 준비가 된 당신의 뇌는 렘 수면 상태로 들어가요. 렘 수면이 그 자체가 '행동'과

관계가 있다는 걸 생각해 보면, 당연한 일이에요. 실제로 렘 수면 시의 뇌파를 관찰하면, 깨어 있는 뇌를 보고 있다고 생각할 정도로 뇌가 활발하게 활동하고 있음을 알 수 있어요. 하지만 렘 수면은 뚜렷한 특징이 있기 때문에 깨어 있는 뇌와 렘 수면 중인 뇌를 구별할 수 있어요. 이때는 온몸의 골격근이 스위치를 꺼버려요.[27] 온몸이 일시적으로 마비가 되는 것인데, 이 마비는 거대한 마시멜로맨에게서 도망치는 꿈을 꾸면서 내가 침대 밖으로 튀어 나가는 걸 막아줘요(1984년에 개봉한 〈고스트버스터즈〉를 보면서 나처럼 공포에 질렸던 사람이라면 무슨 뜻인지 잘 알 거라고 생각해요).

렘 수면 시 우리가 꿈을 꾸는 이유는 이것이 의식적인 경험이기 때문이에요.[28] 그런데 이 의식은 깨어 있는 삶 속에서 감각 기관의 자극을 받아 일어나는 것이 아니라 내부에서 생성되는 거예요.[29] 우리 모두에게는 약간의 '나만의 시간'이 필요해요. 뇌도 마찬가지예요. 렘 수면은 편도체와 해마를 커플 치료소에 보내는 것 같은 몇 가지 개인적인 문제를 해결하고 자기성찰을 할 수 있는 기회를 줘요.

실용적인 해마는 맥락을 엄격하게 따지지만 편도체는 감성적이에요. 그 때문에 해마와 편도체 이 둘을 조금 조정할 필요가 생기는데, 그 일을 바로 렘 수면 시 야간 회의를 열어 해결하는 거예요.[30,31] 커플 치료사의 역할을 맡은 전전두엽피질은 해마와 편도체의 차이를 좁히고, 날것 그대로의 감정에 이성과 논리를 처방해요.[32] 어떤 날은 너무 힘들어서 우리가 해마 밑에 놓아두고 가는 선물들은 그냥 쓰레기통에 던져버리는 게 나을 거라는 느낌이 들기도 해요. 하지만 잠을 자지 않는다고 나쁜 기억들이 지워지는 것은 아니에요. 감정적인 기억들은 ─심지어 잠이 들기 전에도─ 편도체의 강력한 악력 덕분에 오랫동안 지속되는 형태로 구축돼요.[33] 당신의 해마에게는 하루의 맥락을 분류하고 파악할 수 있는 서파수면 시간이 필요해요. 그래야 렘 치료 시간에 민감한 편도체를 달래줄 몇 가지 방안을 마련할 수 있으니까요. 수면은 그저 기억을 공고히 하는 과정이 아니라 어느 정도는 반드시 필요한 합리성을 기반으로 기억을 처리하는 과정이에요. 잠이 부족하면 스트레스가 쌓이고, 우울하거나 불안해지는 것은 그 때문이에요. 그러니 엉망인 하루를 보냈고, 해마에게 건넬 선물이 너무나도 미운 것밖에 없다고 해도 당신이 해야 하는 가장 좋은 선택은 조금이라도 자는 거예요.[34]

뇌가 간직하기로 결정한 기억에 관해서는 크게 관여할 여지가 없지만 좀 더 괜찮은 기억을 선택하도록 유도할 수 있는 방법은 있어요. 사람은 보통 잠들기 직전에 알게 된 것들을 좀 더 쉽게 기억해요.[35,36] 기억을 잃거나 기억이 부서져 흩어지기 전에 잠이 들 수 있으니, 그럴 수밖에요. 내가 하루를 마무리할 때 듀오링고 앱으로 프랑스어를 공부하는 건 그 때문이에요. 당신도 새로운 기술을 익히려고 애쓰고 있다면 이 전략을 구사해 보세요. 그런데 한 가지 분명히 해야 할 점이 있어요. 중요한 발표를 앞두고 벼락치기를 할 생각이라면, 두 가지 사실을 명심하세요. 첫째는 배움에는 시간이 필요하다는 거예요. 단 하룻저녁에 전체 과정을 머릿속에 집어넣는 것이 아니라 잠들기 전 몇 시간 동안 뇌가 기억하게 하고 싶은 몇 가지 중요한 것들을 상기시켜야 한다는 거예요. 둘째, 잠들기 전에 익힌 내용이 스트레스를 유발한다면, 오히려 그 스트레스 때문에 잠들지 못할 수도 있다는 거예요.

잠들기 전에 진행하는 뇌 점화 원리는 자기 연민을 기반으로 하는 생각들에 집중하게 함으로써 힘든 하루를 처리하는 데도 도움을 줘요. 나는 중요한 줌 미팅을 할 때면 한 번에 두 명 이상에게 반응하고, 그들의 반응을 살피는 일이 늘 어려워요. 상대방의 반응을 파악할 정보가 어깨와 머리밖에 없는 상황에서는 뇌가 언제, 어떻게 말을 해야 할지 고민하느라고 평소보다 더 많은 애를 써야 하니까요. 과도하게 정신노동을 하다 보면, 당연히 당황해서 엉뚱한 말을 하는 경우가 많아요. 정확히는 말도 안 되는 농담을 해버리는 경우가 많은 거예요. **그럴 때는 정말 분위기가 얼마나 싸해지는지 몰라요.**

몇 년 전에 중요한 고객이 주최하는 인터넷 세미나(웨비나)에 며칠 동안 참여한 적이 있어요. 상사와 직장 동료들도 함께였죠. 첫째 날에 연사가 화면에 150,000이라고 적힌 숫자를 띄우더니 물었어요. "이 숫자가 뭘 의미하는지 아십니까?" 그

소리를 듣자마자 내가 재빨리 대답했어요. "매일 내가 우리 고양이한테 착한 녀석이라고 말하는 횟수 아닐까요?" 내 말이 끝나는 순간 컴퓨터에서는 아무 소리도 들리지 않았어요. 나는 재빨리 화면에 떠 있는 얼굴들 속에서 상사의 얼굴을 찾아냈어요. 분노와 당혹감이 함께 섞여 있는 얼굴을요. 이런, 인사팀에서 메일이 올 거야. 그 뒤로는 하루 종일 그 순간 이외에는 아무 생각도 할 수 없었어요. 그날 밤 잠자리에 들어서도 계속해서 그 생각을 하면서 내 바보 같음을 자책했어요. 마침내 잠이 들었지만, 꿈에서도 그 순간이 나왔어요. 다음날 아침에 일어났을 때도 **여전히** 그 생각만 했어요. 그리고 몇 년이 지난 지금도 그 생각은 여전히 나를 괴롭혀요.

    내 뇌를 설득해서 그 생각을 하지 않게 할 수 있는 방법은 없어요. **그 생각은 뇌가 간직한 기억이니까요**. 하지만 잠들기 전 몇 시간 동안은 좀 더 친절한 생각에 집중하면 좋았을 거예요. 나 자신에게 이 세상에서 가장 재미있고 카리스마 넘치는 사람들도 때로는 엉뚱한 농담을 엉뚱한 순간에 할 수 있다는 걸 말해줄 수도 있었을 거예요. 어쩌면 호감을 얻고 싶다는 인간의 내재적 욕망이 그런 어설픔으로 나타날 수도 있다고 말해줄 수도 있었을 거고요. 아직도 줌 회의는 어색하고, 갑자기 분위기를 서늘하게 만드는 농담은 여전히 내 삶의 일부이지만, 이제는 나 자신을 비난하며 하루의 마지막 몇 시간을 보내는 일은 하지 않으려고 노력하고 있어요. 그런 일들을 영원히 내 뇌에 존재하는 기억으로 남기기는 싫으니까요.

 매일 밤, 잠들기 전에 당신의 뇌는 당신에게 중요한 것이 무엇인지를 알게 해줄 기회를 줘요. 정말로 사랑하는 사람에게 버림을 받았다거나 상사가 당신을 승진에서 누락시켰다는 사실은 잊기 힘들 거예요. 하지만 이런 힘든 생각들을 좀 더 따뜻하고 다독이는 생각들과 한데 섞어 달라고 뇌를 설득할 수는 있어요. 수면은 자고 일어난 뒤의 당신 모습을 만드는 역할을 해요. 당신은 어떤 사람이 되고 싶은가요?

 당신에게는 ―아무리 작은 일이라고 해도― 분명히 좋아하는 부분이 있을 거예요. 잠이 들기 전에는 그런 부분을 떠올려 보세요. 맛있는 차를 내려 마셨거나, 분통이 터지는 도로에서 화를 내지 않았거나, 마음의 상처를 감추고 아이들 앞에서 용감한 표정을 지어 보인 것 같은, 그날 있었던 자랑스러운 순간을 생각해 보세요. 분명히 이런 순간들도 있었을 텐데, 당신이 이런 순간들을 되새기는 시간을 갖지 않는다면, 해마는 이 기억을 옆으로 치워 버리고 거의 기억하지 않게 될 거예요. 하지만 잠자리에 들 시간도 정했고, 이불을 덮고 웅크리고 누워 당신을 위로해 주고 공감해 줄 생각들을 하고 있는데도 잠이 오지 않는다면요?

## 내 안의 작은 시간 관리자들

아르테미스 1호가 발사되던 날, 새벽 5시에 침대에 누웠지만 쓰러질 것처럼 피곤한데도 아침 7시 30분까지도 잠을 이룰 수가 없었어요. 그 누구도 아닌 나 때문에 그런 거였죠. 좀 더 정확하게 말하면 내 몸의 모든 세포와 그 세포들 속에서 살고 있는 아주 작은 시간 관리자들 때문이었어요. 이 시계 유전자들은 깨어나는 시간을 비롯해 내 신체가 기능해야 하는 시간을 조절해요.

픽사의 애니메이션 〈인사이드 아웃〉은 어린 소녀 라일리의 마음을 따라가는 여정이에요. 라일리의 마음에는 기쁨이, 슬픔이, 소심이, 버럭이, 까칠이 같은 감정들이 뇌에 있는 통제실에서 라일리의 일상을 이끌어 가요. 감정들은 저마다 자신만의 원칙이 있어요. 기쁨이는 라일리의 하루를 행복으로 가득 채워주고 싶어 해요. 소심이는 라일리를 안전하게 지키려고 끊임없이 위험을 살피죠.

이제 〈인사이드 아웃〉의 이 감정들과 같은 역할을 하는 시계 유전자가 당신에게 있다고 생각해 보세요. 각 신체 기관에 특화된 시간 관리자들이 온몸에 상주하면서 각자의 일정에 맞게 과제를 해내려고 애쓰고 있다고 말이에요. 이 시간 관리자들은 당신이 보내준 피드백을 기반으로 자신들의 일정을 조절해요. 당신이 무언가를 먹는 시간이나 햇볕을 쬐는 시간도 그런 피드백이고, 다른 기관에 있는 시간 관리자들이 보내오는 신호도 그런 피드백이에요. 이런 신호들에 혼동이 생기면 전체 시스템에 균형이 깨져요. 내부에서 발생하는 이런 혼돈은 시간대가 다른 장소를 여행할 때 경험해 봤을 거예요. 우리가 현지 시간에 맞춰 생활하려고 할 때, 시간 관리자들은 동기화에 어려움을 겪고, 그 때문에 불면증이나 브레인포그, 위장 장애 같은 증상들이 나타나는 거예요. 이런 증상들은 주말에 평소보다 몇 시간 정도 덜 잘 때도 나타날 수 있어요.

"친구들이랑 밤 11시에 야식 좀 먹을 수 있지."라고 당신이 말할 때, 시간 관리자들은 조용히 투덜거리면서 다시 질서를 잡으려고 애쓰고 있어요. 일관성을 유지하면 섬세한 시간 관리자들을 보살피고, 푹 자게 될 가능성이 높아져요. 매일 같이 비슷한 시간에 일어나고, 먹고, 자는 습관은 내부 시계의 안정성을 높여 제대로 작동하게 해요.

그렇다고 우주선이 발사되는 모습을 보려고 19시간 동안 왕복 여행을 하는 건 절대로 하지 말라거나 자유롭고 매력적인 피트니스 강사와 계획에 없던 늦은 점심을 먹는 건 절대로 안 된다는 뜻이 아니에요. **(음, 이거 내 얘기일까요?)** 일관성을 추구하라는 말이 가끔 즐기는 모험을 완전히 배제해야 한다는 뜻은 아니에요. 그저 일상에서 벗어날 때는 뚜렷한 목적을 가지고 해야 한다는 거예요. 금요일에 밤늦게까지 깨어 있는 건 즐겁기 때문인가요, 그저 시간을 죽이고 있는 건가요? 오랜 친구들과 저녁을 먹을 건가요, 아니면 연인과 즉흥적이고 불타는 밤을 보낼 건가요? 일상을 깰 때는 그만한 가치가 있어야 해요. 점점 더 기이해지는 유튜브 음모론 영상을 보면서 몇 시간을 소비한다고요? 그건 아마도 가치 있는 일이 아닐 거예요.

다가오는 마감 때문에 점심 먹으러 나갈 시간이 없다고 해도 비슷한 시간에 **무엇이든** 먹는 건 가능하지 않을까요? 책상에서 먹는 거죠. 토요일에 칵테일 파티를 한다고 해도, 조금만 일찍 시작해서 기분 좋게 취한 뒤에 술을 깨고 적당한 시간에 잠자리에 들 수 있도록 시간을 조정할 수는 있지 않을까요? 보통 잠에서 깬 뒤에 어느 정도 시간이 지났을 때 밥을 먹나요? 마지막 식사를 하고 얼마 뒤에 잠이 들죠? 수면 기록장을 펼쳐서 이런 내용을 모두 자세하게 적어보세요. 당신의 시간 관리자들은 반복되는 일상뿐 아니라 중앙 통제실의 영향도 받아요. 뇌에서 시계 역할을 맡고 있는 곳은 SCN이라고 부르는 시신경교차위핵suprachiasmatic nucleus이에요. 나는 '매우 환상적인 핵supercalifragilisticexpialidocious nucleus'이라고 부르지만요. 'supercalifragilisticexpialidocious'는 영화 〈메리 포핀스〉에 나오는 단어예요. 아무튼 SCN은 수면과 각성 주기를 결정하는 주요 뇌 영역으로, 여러 화학 물질을 분비해 낮에는 깨어 있게 하고 밤에는 졸리게 해요. 몸에 내재된 천연 조율기로 우리 몸의 시간 관리자들에게 적절한 시간을 알려주는 역할을 하는 거죠.[37] 이 일상적인 주기가 바로 당신의 생체 시계예요. 태아였던 당신의 뇌가 의식을 형성하며 잠을 자던 초기 순간에 조율하던 바로 그 리듬이고요.

빛과 어둠은 반박의 여지없이, 생체 리듬을 관리할 때 가장 중요하게 작용하는 두 요소랍니다. 빛은 특별하게 분화된 망막신경절세포retinal ganglion cell를 자극해 흥분시켜요. 망막신경절세포는 SCN과 직접 연결되어 있기 때문에 SCN도 당연히 흥분하고, 활성화된 SCN 덕분에 몸에 있는 모든 시간 관리자는 이제 파티를 시작해야 할 시간임을 알리는 신호를 받아요. 혈압이 높아지고, 심장 박동이 빨라지고, 체온이 높아지고, 코르티솔, 세로토닌, 오렉신 같은 잠을 깨우는 생화학 물질들이 분비돼요. 그에 비해 송과샘솔방울샘, pineal gland은 낮에는 긴장을 푼 채 쉬어요. 하지만 잠자리에 들기 몇 시간 전부터는, 그러니까 바깥세상이 어두워지고 망막을 간질이는 빛의 양이 줄어들면 SCN은 송과샘에게 이제는 소파에서 일어나 뇌에 멜라토닌을 흘려보내라고 말해요. 저녁 빛에 노출되면 수면이 시작되는 시간도, 이 과정도 늦춰질 수 있고,[38] 혹은 낮 동안 빛이 부족하면 송과샘이 밤에 필요한 멜라토닌을 준비하는 게 어려울 수도 있어요. 왜냐하면 멜라토닌을 만들려면 낮에 만들어진 재료(세로토닌)가 필요하기 때문이에요.[39-41]

밤에 푹 잘 수 있게 준비하는 건 시험공부와 비슷한 점이 있어요. 벼락치기를 하면 결국 후회하게 된다는 거예요. 햇빛을 듬뿍 받는 것으로 아침을 시작하고, 하루 종일 가능하면 언제든지 햇빛을 봐야 해요. 구름이 가득한 우중충한 날씨라고 해도 하늘은 당신의 실내 전등보다는 더 밝은 빛을 줄 거예요. 낮에 잠깐 걷거나 야외에서 커피를 마시는 것만으로도 당신은 필요한 빛을 받을 수 있어요. 실내에 있을 수밖에 없다면 햇빛이 들어오는 장소를 찾아 그곳에 머무세요. 일하는 동안 햇빛이 들어오는 창문 옆에 있을 수 있도록 책상이나 좋아하는 의자를 배치하세요. 그렇다고 실내 전등을 무시하지는 마세요. 이 친구들도 집이나 사무실의 어두운 장소에서는 충분히 제 역할을 하고 있으니까요.

밤이 깊어지면 집 안 가구에 무릎을 부딪치지 않을 정도로만 전등을 아늑하게 줄이세요. 적어도 취침 두 시간 전에는 화면에서 멀어지세요. 그 시간에 나는 촛불을 켜고 책을 읽을 때가 많아요. 뇨키를 쓰다듬으면서 달콤한 말을 속삭이거나 좋아하는 팟캐스트를 들어요. 나를 존재론적 두려움으로 몰아넣지 않을 편안한 팟캐스트를요. 배우자나 룸메이트와 그날 있었던 일을 이야기하기에도 좋은 시간이에요(뜨거운 차를 마시면서 이야기해도 좋겠죠, 문자 그대로나 비유적으로도요).\* 이 방법은 교대 근무를 하는 사람들도 적용할 수 있어요. 물론 일상의 반전이 필요하겠지만요. 업무 시간에는 대략 12시간은 빛

---

● 뜨거운 차(hot tea)에는 최신 소식이라는 뜻도 있다.

을 쬐고, 잠잘 시간에는 12시간 어둠 속에 있는다는 목표를 세우고, 잠들기까지의 시간에 특히 주의를 기울여야 해요.

빛과 어둠의 힘을 활용하면 수면의 질을 높일 수 있어요. 하지만 수면의 질이 높아지지 않는다고 해도, 빛과 어둠을 조절하려는 노력은 헛되지 않아요. 8만 5천 명이 참여한 한 연구에서 연구자들은 노출되는 빛의 양이 정신 건강과 상관관계가 있음을 발견했어요.[42] 이런 가정을 해봐요. 커피를 마시면 사람들이 더 활발하게 활동하는지 알고 싶어요. 당신은 커피 소비량과 걸음 수에 상관관계가 있다는 것을 일단 알았어요. 그런데 커피를 마시면 화장실에 자주 가게 돼요. 화장실에 갈 때마다 걸음 수는 늘어나겠죠. 커피 소비량과 화장실 방문 횟수를 추적하지 않는다면, 늘어난 걸음 수가 카페인의 효과인지, 그저 잦은 화장실 출입의 결과인지를 확신할 수 없을 거예요. 그래서 과학자들이 이런 상관관계 연구를 할 때는 화장실 출입 횟수 같은 교란 변수 confounding variable를 측정하고, 그런 변수가 미치는 영향력은 제거해요. 빛과 수면의 상관관계를 연구하는 과학자들도 같은 방법을 사용해요. 여기서는 커피 소비와 화장실 방문 횟수가 아니라 수면 시간의 영향을 측정하고 교란 변수를 제거하면서 하루 동안의 빛 노출량을 추적했어요. 빛의 노출량은 수면에 영향을 미치고, 수면은 정신 건강에 영향을 미칠 수 있어요. 이 같은 교란 변수를 살펴봄으로써 과학자들은 수면 시간에 상관없이 밤에 빛을 많이 쬐면 우울증과 불안증이 생길 가능성이 높아지고, 반대로 낮에 빛을 많이 쬐면 우울증과 불안증이 생길 가능성은 낮아짐을 알았어요.[43]

우리에게는 빛과 어둠이 필요하다는 사실을 너무 자주 간과해 버리지만, 빛과 어둠은 음식이나 집처럼 거의 필수로 갖추어야 하는 사람의 기본 조건이에요. 그렇다면 낮의 빛을 마지막 한 방울까지 다 흡수하려면 어떻게 해야 할까요? 새벽에 일어나야 하는 걸까요?

## 아침형 인간이 더 훌륭하다고?

성공한 기업가, 경영자, 인플루언서 들은 입을 모아 강조해요. 일찍 일어나 하루를 시작하는 것이야말로 성공으로 가는 황금 티켓이다! 새벽에 일어나니 생산성이 높아졌다는 이야기로 가득 찬 소셜 플랫폼에는 이런 말들이 넘쳐나요. '백만장자에게 기상 시간을 물어보세요. 단언컨대 90%는 새벽 5시에서 6시 사이에 일어난다고 할 걸요. 일찍 일어나는 건 정말로 중요해요.'[44]

소셜미디어 검색창에 '아침 6시에 일어나기'라고 검색하면 아침 식사 전에 해야 할 인생을 바꾸는 습관 들이기에 관한 조언들, 떠오르는 햇살을 맞으며 찍은 사진들, 일찍 일어날 동기를 부여해 주려고 애쓰는 글들을 끝도 없이 만나게 될 거예요. 하지만 새벽 기상의 효과를 증언하는 이런 화려한 글들 뒤에는 조금은 심각한 진실이 놓여 있어요. 새벽 기상을 미화하는 이런 글들은 개인의 건강이 아니라 눈에 띄게 바쁜 모습을 보여주며 그것이 더 가치가 있다는 잘못된 생각을 정착시켜요. 우리가 새벽 기상을 선택하는 이유는 점점 더 복잡해지는 어려움이 증가하는 세상에서 이른 시간에 알람을 맞추는 것이 비교적 간단하게 실행할 수 있는 전략처럼 느껴지기 때문이에요. 그저 간단하게 할 수 있는 일이라는 점이 새벽 기상을 매력적으로 느끼게 하는 한 가지 이유인 거예요.

새벽 기상은 렘 수면이 한창 진행 중일 때 잠에서 깨어나게 한다는 문제를 일으킬 수 있어요. 보통 밤이 깊어질수록 렘 수면 시간은 점점 길어져서 이른 아침에 가장 길어져요. 따라서 충분한 시간을 온전히 자지 못하고 알람 소리 때문에 깨게 된다면 렘 수면 시간의 상당 부분을 잃게 될 수도 있어요. 렘 수면 시간이 부족하면 감정과 기분이 엉망이 될 수 있음을 생각해 보면, 이건 정말 중요한 문제예요.[45,46] 편도체에게는 해마와 친해질 시간이 필요하다는 걸 명심해야 해요. 단 하룻밤의 수면 부족만으로도 편도체의 반응성이 60%가량 증폭될 수 있어요.[47] 푹 쉬었을 때는 창의적이고 사려 깊고 친절한 당신도 충분히 잠을 자지 못하면 전혀 다른 사람으로 변하게 돼요. 당신 몸에는 짜증 많고 충동적인 낯선 존재가 살고 있어요. 충분히 잠을 자지 못한 채 맞이하는 새벽 5시 기상은 당신의 몸을 망가뜨릴 거예요.

  렘 수면에 관해 이런 이야기들을 들으면 수면 측정기로 수면 시간을 재고 싶다는 생각이 들지도 모르겠어요. 하지만 그런 측정기가 정확하다는 주장에 속으면 안 돼요. 이 문단을 처음 써나갈 때만 해도 나는 그런 장비들을 보정하지 않은 저울처럼 생각하라고 말하고 싶었어요. '당신 몸무게를 50kg이라고 하다가 몇 주 뒤에는 60kg이라고 하는 저울 말이에요. 이런 저울이라면 당신의 실제 몸무게를 알 수 없으며, 다른 사람과 비교할 수도 없지만, 다만 몇 주 사이에 몸무게가 늘었다는 합리적인 추론은 할 수 있어요. 시판되는 수면 측정기도 이 저울처럼 수면 시간을 직접 잴 수는 없어요. 그 대신에 움직임이나 심장 박동 같은 간접적인 단서로만 수면 시간을 추론해요. 따라서 실제 수면 시간에 너무 집착할 필요는 없어요. 그저 수면 측정기에 나타난 값이 전체적으로 더 높거나 낮은 것을 파악하는 것만으로도 수면에 도움이 되거나 수면을 해치는 습관을 파악할 수 있어요.' 이 정도가 원래 내가 말하려고 했던 내용이에요. 그런데 관련 문헌을 파고들수록 의문이 생겼어요. 우리가 흔히 사용하는 수면 측정기에 과연 그런 능력이 있을까 하는 의문 말이에요.

  수면 측정기는 수면을 지나치게 과대평가해요. 내 생각에는 의도적으로 그렇게 설계하는 것 같아요. 이런 편리한 작은 결함 덕분에 기업들은 '우리 측정기는 92%의 정확도로 수면을 감지합니다'와 같은 대담한 주장을 할 수 있는 거예요. 그들이 자주, 그리고 일부러 빼먹는 사실은 자신들의 기계로는 깨어 있는 상태를 제대로 감지할 수 없다는 거예요. 그건 마치 룰렛 판에서 빨간색에 판돈을 걸고 100% 확률로 빨간색을 예측했다고 주장하는 것과 같아요. 그래요, 그럴 수도 있죠. 하지만 공이 검은색 위에서 멈추면 어떻게 하죠?

내가 검토한 모든 논문에서 수면 측정기가 깨어 있는 상태를 감지하는 능력은 낮았어요.[48-52] 정확성이 60% 정도로 높게 나오는 고성능 수면 측정기도 수면 감지 능력 점수는 그다지 좋지 않았어요. 나는 이런 결과를 실은 논문들을 신뢰해요. 그런 논문들은 적어도 간접 측정에서 나올 수 있는 불안정한 결과들을 반영하고 있으니까요. 기업들이 수면을 과대평가하도록 자사 제품을 의도적으로 보정하고 있는지는 확실하지 않지만, 어쨌거나 깨어 있는 상태를 식별할 수 없다면 그 수면 측정기는 아무 소용이 없어요.

정말로 렘 수면을 충분히 확보하고 싶다면 장비 따위는 잊어버려야 해요. 그저 7시간에서 9시간 정도 푹 자는 것을 목표로 하고, 새벽 5시에 알람을 맞춰 일어나야 한다면 수면 시간을 가질 수 있도록 관리하면 되는 거예요. 앞에서 살펴본 것처럼 우리의 내부 시간 관리자들이 새로운 수면 일정에 맞춰 수면 시간을 관리해 나갈 수 있으니까요. 신뢰할 수 있는 빛과 어둠 주기, 그리고 편안하고 일관된 일상 같은 약간의 감언이

설만 있으면 우리 몸은 수면 관리라는 경이로운 일을 해낼 수 있어요. 하지만 언제나 그런 건 아니에요.

당신 몸에 있는 모든 유전자를 요리책에 실린 요리법이라고 생각해 보세요. 요리법에 살짝 변화를 주는 것만으로도 만들어진 요리의 맛이 달라지는 것처럼 유전자에 약간의 변이만 생겨도 우리 몸의 기능은 달라질 수 있어요. 수면 패턴의 경우 이 유전자 요리법은 당신이 아침형 종달새가 될 것인지, 저녁형 올빼미가 될 것인지를 결정할 수 있어요. 종달새와 올빼미는 사람의 생체 시계 유형을 구별할 때 자주 쓰는 비유예요.[55-57] 우리 몸의 시간 관리자들이 사실은 유전자라는 걸 잊지 말아야 해요. 시계 유전자들은 각자 자신의 일정대로 움직이고 있어요. PER2 유전자도 시계 유전자 중 하나인데 변이를 일으킨 일부 PER2 유전자들은 뇌가 수면을 유도하는 멜라토닌 분비를 밤늦게까지 하지 못하게 막을 수 있어요.[58-60] 이건 많은 예 가운데 하나일 뿐이에요.

당신의 생체 시계 유형이 알고 싶다면 최근에 당신이 어떤 수면 패턴을 보이고 있는지 평가해 보면 돼요. 머리가 맑게 깨는 건 아침인가요, 오후나 저녁인가요? 알람 시계의 명령이나 9시부터 5시까지 일해야 하는 직장의 요구를 배제하고 당신의 신체만을 이용해 잠을 자면 언제 자연스럽게 일어나지고 언제 잠이 오나요? 혹시 설문을 좋아한다면 인터넷에서 뮌헨 일주기 유형 질문지Munich Chronotype Questionnaire, MCTQ를 찾아서 해

보세요. 교대 근무를 하는 사람이라면 MCTQShift를, 아니라면 그냥 MCTQ 검사를 하세요.[61,62] 물론 자체 평가 설문지도 도움이 될 수 있지만, 확실하지는 않아요. 우리는 누구나 근무 일정, 사회적 책임, 카페인 같은 여러 요소는 물론이고, 그 밖에도 우리의 진짜 선호도를 가리는 여러 외부 요소의 영향을 받아요. 그런 요소들도 부분적으로는 우리가 생체 시계 유형을 파악하는 걸 어렵게 해요.

생체 시계가 올빼미형인 사람은 정신 건강에 문제가 생길 수 있다는 연구 결과들이 있지만 커피나 화장실 방문 횟수가 그렇듯이 실제 효과와 교란 변수를 구별하기는 쉽지 않아요.[63,64] 이런 상관관계는 본질적인 특성을 반영하는 것일까요, 아니면 그저 일찍 일어나는 사람들을 위해 만들어진 세상에서 제대로 기능하기 위해 고군분투해 온 결과일 뿐일까요? 이 문제는 여전히 논쟁 중이에요. 올빼미들은 루틴을 바꾸려고 애쓰지만, 그것도 위험이 없는 건 아니에요. 올빼미를 일찍 일어나는 새로 바꾸면 정신 건강이 향상된다고 주장하는 연구 결과도 있고, 그 반대가 옳음을 밝힌 연구들도 있어요.[65-68] 이러한 연구 결과 가운데 일부는 자신에게는 맞지 않는 방식을 알게 된 결과일 수도 있지만, 참가자를 추적해 유전자 검사를 해보자고 요청하지 않는 한은 그저 추정의 영역으로 남을 수밖에 없어요.

선택이냐, 필요냐에 상관없이, 당신이 잠자고 깨는 패턴을 바꾸고 싶다면 먼저 작은 변화부터 시작하세요. 몸이 극렬하게 저항하는 걸 막고 싶다면 내부 시계가 천천히 바뀔 수 있도록 15분에서 30분 정도만 일어나는 시간을 바꾸는 거죠.[69,70] 수면 패턴을 조금 바꾼 뒤에 다시 조정할 때까지의 기간을 어느 정도로 잡아야 하는가는 사람마다 달라요. 며칠 만에 적응해 생체 시계가 제대로 작동하는 사람도 있지만, 몇 달이나 적응하지 못해 힘든 사람도 있어요. 자신의 기분을 자세히 살피고, 아침에 일어났을 때 개운하게 느껴진다면 다음 진도를 나가는 걸 고려해 봐도 좋아요. 여기서는 앞에서 언급한 전략을 활용해 빛과 어둠을 전략적으로 사용할 수도 있어요. 잠자리에 들고자 하는 때부터 4시간에서 6시간 전부터 빛에 노출되는 양을 점진적으로 줄이는 것 같은 전략 말이에요.

이제는 잠이 그저 낮과 낮 사이의 휴지 기간이 아님을 알게 되었을 거예요. 살아 있는 뇌를 일부 작게 잘라 인공 뇌척수액에 넣으면 살아 있는 상태를 유지할 수 있어요. 뇌척수액은 뇌가 두개골 안에서 계속 떠 있을 수 있게 해주는 영양분 가득한 액체인데, 인공 뇌척수액은 실험실에서 만든 뇌척수액이라고 생각하면 돼요. 잘라낸 뇌 부위가 뇌의 가장 바깥층이자 생각의 중추인 피질이라면 흥미로운 일이 벌어져요. 보통 깊은 수면 단계에서 볼 수 있는 느리고 규칙적인 활동을 시작하는 거예요.[71] 내부 힘의 영향을 받지 않는 뇌는 가장 자연스러운 상태로 되돌아가고, 그게 바로 수면 상태인 거죠.

타임머신을 타고 떠난 여행은 수면이 우리의 가장 기본적인 상태임을, 매일 밤 외부의 힘을 단절한 채 진정한 자신으로 거듭나기 위해 개선하는 과정임을 보여주었어요. 우리는 수면을 존중함으로써 뇌가 마법을 발휘하는 환경을 뇌에게 제공해 줄 수 있어요. 낮에는 햇살을 받고 밤에는 어둠을 품어 내부의 시간 관리자들과 일정을 맞추는 일상을 살아갈 수 있어요. 우리는 잠 속에 집어넣을 생각들을 선택할 수 있고, 내면의 대화를 좀 더 친절하게 나를 성장시키는 계기로 삼을 수 있어요.

오늘 밤, 베개에 머리를 눕힐 때는 '지금, 이 시간은 그저 하루를 끝내는 시간이 아니다, 나 자신으로 다시 돌아가는, 나의 뇌가 살아가는 자연 서식지로 들어가 좀 더 상쾌하고 균형 잡힌 내일을 맞을 준비를 하는 것이다'라고 말해주세요.

## 수면의 법칙

● **취침과 기상 시간을 일정하게**
일정한 수면 시간과 기상 시간을 정해 규칙적으로 자고 일어나세요. 꾸준히 7시간에서 9시간 정도 자는 것을 목표로 해요.

● **침대는 잠을 자는 공간으로**
침대는 엄격하게 잠을 자고 (친밀함을 나누는) 공간으로 유지해야 해요. 텔레비전을 보거나 스마트폰을 보는 곳이 되어서는 안 돼요. 그래야 당신의 뇌가 전적으로 휴식을 취하는 공간이라고 인식할 수 있어요.

● **침실은 시원하고 조용하게**
침실 온도는 17℃에서 19℃ 사이여야 해요. 그래야 잠자는 동안 당신의 몸이 체온을 제대로 관리할 수 있어요. 침묵은 금임을 명심하세요. 혹시 절대 잠드는 법이 없는 위층 사람이 당신이 잠들지 못하게 소음을 낸다면, 백색 소음 정도는 틀어 놓아도 좋아요. 담요를 여러 겹 덮는 건 괜찮지만 깊이 잠들려면 침실은 시원해야 해요.

### ● 깊은 잠을 위한 잠 들기 전 생각

잠들기 직전 한 생각이 뇌에 가장 강하게 오래 남아요. 그날 했던 좋은 일을 떠올리고, 자신을 위로해줄 수 있는 긍정적인 생각에 집중하세요.

### ● 가끔은 예외가 있다

늦게까지 깨어 있을 때는 지금 하는 활동이 정말로 당신의 삶을 풍요롭게 하는 것인지 물어야 해요. 늦게까지 무심코 휴대폰을 쳐다보는 것 같은 무의미한 습관은 버리고, 의미 있는 경험을 할 수 있도록 우선순위를 정해야 해요.

### ● 내부 시계와 일상의 일치

오전에는 자연의 빛을 받고, 밤에는 몸이 받는 빛을 줄여야 해요. 그래야 생체 시계가 수면-각성 주기를 제대로 조절할 수 있어요.

### ● 낮의 햇살을 조금이라도 받자

잠시라도 야외로 나가 걷고, 빛이 들어오는 창문 옆에 머무세요. 하루 종일 받는 빛의 양을 최대로 늘려야 해요. 특히 구름이 많은 날이나 실내에서 생활해야 할 때면 빛을 받는 건 더더욱 중요해요.

● **개운하게 일어났는가**
수면 측정기에 지나치게 의존하면 안 돼요. 그보다는 아침에 얼마나 개운하게 일어나는지를 기준으로 수면의 질을 평가하세요.

● **점진적으로 일정 조절하기**
수면 일정을 조절할 필요가 있다면 며칠 동안 15분에서 30분 정도 일찍 일어나도록 노력해 보세요. 조금씩 변화를 주어야지만 수면 장애 없이 내부 시계가 외부 환경에 적응할 수 있어요.

5장

# 예술과 영혼

창조성이라는 마음의 언어를 찾아서

당신을 로봇이라고 상상해 보세요. 그냥 로봇이 아니라 칵테일파티에 참석해도 사람들이 당신이 로봇임을 눈치챌 수 없을 정도로 정교하게 만들어진 인간형 로봇이요. 당신은 사람처럼 생겼고, 사람처럼 말하고, 심지어 사람처럼 걱정해요. 존재론적 고뇌가 가능한 상태로 최근에 업그레이드했기 때문이에요. 합성 피부 밑에는 근육과 뼈가 아니라 정교한 모터와 꺾쇠가 있어요. 예술 작품을 만들 수 있도록 프로그래밍 된 기계 손가락은 완벽하게 움직이고, 역사상 가장 위대한 예술품들을 재현하는 것은 물론 직접 당신의 걸작품들을 만들 수 있어요. 주위에는 당신의 작품을 감상하는 진짜 사람들이 있어요. 당신은 그들을 관찰하면서 그들의 웃음과 눈물, 경이로워 하는 반응을 분석하고 미러링 기술을 이용해 사람들에게 보일 반응을 결정해요. 하지만 실리콘으로 만든 눈꺼풀 밑에 있는 최첨단 광학 센서로 감지하는 세상은 사람들이 보는 세상과는 다를 거예요.

당신에게 석양은 지평선 주변의 밝기와 색감의 점진적인

변화로만 기록될 뿐, 따뜻함을 느끼거나 하루를 되돌아보며 느껴지는 소회는 없을 거예요. 교향곡을 진동수와 주기, 박자로 바꾸어 분석할 테지만 음악의 우아한 조화로움에 감동받지는 않을 거예요. 당신의 센서는 이케아 각 부품을 체계적으로 분류할 테지만, 귀찮게 조립해야 한다는 사실에 맹목적으로 분노하지는 않을 거예요. 그건 당신이 아무리 사람처럼 보이고 사람처럼 말한다고 해도 사람이 아니기 때문이에요. 당신은 로봇이에요. 사람의 경험을 따라 하도록 설계되어 있지만, 직접 경험을 실현할 수 있는 능력은 없어요. 당신이 창조할 수 있는 이유는 그렇게 하도록 프로그램 되어 있고, 그것이 당신의 기능이기 때문이에요.

하지만 사람의 창조 행위는 의무나 설계와는 관계가 없어요. 사람의 창조는 본능이고 천성이에요. 사람이라면 모두 자신이 살아가고 있는 복잡한 내면세계를 이해하고 표현하고 싶다는 타고난 욕구 때문에 창조해요. 로봇과 달리 사람은 무한한 데이터 풀을 이용해 창작물을 생성할 수 없어요. 모두 마음이라는 한계에 갇혀 있거든요. 바로 이 한계가 우리의 창작 행위에 엄청나게 중요한 의미를 부여해요. 왜냐하면 각자가 만든 작품에는 다른 사람들이 모방할 수 없는 자기 자신만의 독특한 경험이 각인되어 있기 때문이에요. 나고 자란 문화, 집이라고 부르는 장소들, 각자를 만들어 낸 순간들이 우리의 경험을 형성해 나가요. 사람의 창조성은 그저 무언가를 만들어

내는 능력이 아니에요. 그것은 우리의 경험을 현실로 만들어 내기 위해 우리가 사용하는 언어예요.

## 고대의 충동, 현대의 예술

자신을 표현하고 싶다는 바람은 인류의 진화사에서 깊숙이 자리 잡고 앉아 지금까지 이어져 오고 있어요. 사람이라는 생물종은 이 세상에 모습을 드러냈을 때부터 목소리를 내고, 몸짓을 하고, 땅에 표식을 남겼어요. 그렇게 해야 했던 이유는 그저 소통해야 하기 때문만이 아니라 사회 집단 내부에서 강한 유대감을 형성해야 했기 때문이기도 해요.[1] 사회가 발전하면서 우리가 자신을 표현하는 방법도 발전했어요. 자신을 표현해 유대감을 형성한다는 이 같은 방식이 점점 커지고 복잡해지는 뇌와 함께 진화해 왔죠. 뇌의 능력이 비약적으로 발전할 때마다 우리가 표현해야 하는 경험의 범위도 확장됐어요. 우리는 자아 성찰을 할 수 있게 되었고, 오래전에 있었던 일들을 회상할 수 있게 되었고, 상세하게 기억하고 복잡한 감정을 느낄 수 있게 되었어요. 이 같은 풍부한 내적 경험을 전달하는 의사소통 능력은 우리 존재의 기본 능력이 되었고, 실용적인 목적과 존재론적 목적을 모두 수행하는 다양한 형태의 창조성으로까지 가지를 치며 뻗어나갔어요. 우리 중에는 예술창조 기술이 심오한 경지에 올라 그 사회에 표현을 위한 집단 언어를 제공해 주는 사람들도 있어요. 도저히 표현할 방법이 없어서 답답할 때, 문득 우리 마음을 대변해 주는 시나 노래를 접하고, 그 작품을 다른 사람에게 공유했던 기억이 모두들 있지 않나요? 영화나 공연을 보다가 갑자기 눈물이 흘러내려, 도대체 어떤 이유로 이렇게 마음이 아련해진 걸까 궁금했던 적은요? 작가이자 행위예술가인 알록 바이드-메논Alok Vaid-Menon은 그 이유를 잘 설명했어요. "작가의 역할은 무엇이라 꼬집어 말할 수 없는 감정에 언어를 제공하는 것이다."[2] 정말로 모든 예술에 적용할 수 있는 표현 아닌가요? 예술가는 직접 표현하기 힘든 경험에 형태와 모습을 부여해 다른 사람이 공유하고 이해할 수 있는 실재적인 존재로 만드는 사람들이에요. 그들의 작업을 통해 우리는 자신이 가진 것의 한계를 넘어, 자신이 만들어 낼 수 있는 것들의 경계를 넘어, 더 많은 말을 할 수 있는 방법을 찾아내요.

그렇다고 창조성을 예술가들만이 가진 특징이라고 생각하면 안 돼요. 창조성은 우리 모두에게 있어요. 우리 모두에게는 창조하고 싶다는 내면의 바람이 있지만, 많은 사람이 창조성을 드물게만 사용하거나 거의 사용하지 않아요.[3-5] 어째서 그들은 사람이라면 본질적으로 발휘해야 하는 특성을 그토록 멀리하는 걸까요? 그 이유를 설명할 수 있는 방법은 많은 것 같아요. 할 일이 너무 많아서, 가족이 말리니까, 현대인의 삶은 정신이 없으니까. 하지만 이런 이유들은 일말의 진실을 담고 있을지는 몰라도 정확한 답은 아니에요. 정확한 답은 '본질적으로 우리가 예술과 창조성을 평가절하하는 세상에서 살고 있기 때문이다'예요. 이런 사고방식은 아주 이른 시기부터 창조적인 사고보다는 암기를 우선시하는 교육 시스템에서 시작해요. 일단 일의 세계에 진입하면 창조란 창출하는 수익만큼만 가치 있는 것이라는 인식을 갖게 돼요. 그 때문에 창조성은 잉여적인 것, 진짜 일을 끝낸 뒤에도 여유가 있어 할 수 있다면 그때 추구해야 하는 것이라는 믿음을 내면화하게 돼요. 게다가 실패할 수 있다는 두려움도 따라붙어요. 강박적으로 완벽을 추구하는 현대 문화에서 비난의 대상이 되기 쉬운 골치 아픈 창조 행위를 묵묵히 완수하겠다는 사람이 생겨날 수 있을까요? 특히 창조성은 카타르시스를 위한 도구가 아니고, 심지어 우리가 발전시킬 수 있는 기술도 아닌 선택 받은 소수만이 보유한 재능이라는 말을 듣는 시대에는 더더욱 그럴 거예요. 그러니 우리는 창조성을 발휘해 보려는 시도도 하기 전에 자신에게는 능력이 없다고 생각하고 피해 버려요.

하지만 창조성에는 완벽한 습득이나 자본가의 감각으로 생산성을 발휘해야 한다는 조건이 붙지 않아요. 발휘했다는 그 자체로 가치가 있는 거예요. 2만 3천 명이 넘는 사람들을 대상으로 한 연구에서 정기적으로 예술이나 창조적인 활동에 참여하는 사람은 스트레스 수치도 낮고, 더 나은 인간관계를 맺으며 정서적으로도 훨씬 안정됐다는 연구 결과가 나왔어요.[6] 불안과 우울을 완화할 수 있고,[7] 감정을 조절할 수 있을 뿐 아니라[8] 심지어 트라우마까지 극복할 수 있었어요.[9] 창조성은 자격이 되어야만 획득할 수 있는 자질도 아니고 가치를 증명해야 하는 무언가도 아니에요. 이미 우리 안에 내재해 있어 우리가 사용해 주기를 바라는 본성이에요. 많은 사람이 창조성을 그저 휴면 상태로 내버려두지만 사람의 인지와 행동 영역의 본질적인 일부인 창조성은 언제든지 되찾을 수 있어요.

## 술집으로 걸어 들어가는 로봇과 사람, 그리고 생쥐

지금까지는 당신이 로봇이라고 상상해 보라고 했지만, 이제는 살아서 숨 쉬는 사람이라고 상상해 보세요. '그거야 쉽지'라고 생각할 것 같아요. 고개를 끄덕이면서 '나야 원래 사람이니까'라고 생각하겠죠. 하지만, 잠깐만요. 당신의 상상에 한 가지 요소를 더 추가해야 해요. 당신을 반려동물인 생쥐와 함께 있는 사람이라고 생각하는 거예요. 생쥐 목에는 목줄이 채워져 있어요. 이제 당신은 이 생쥐와 함께 산책을 나가야 해요.

목줄을 채운 생쥐를 신호등 앞에서 서게 하는 건 쉽지 않을 거예요. 물론 충분히 시간을 들이고 초코칩 같은 적절한 보상을 주면 결국 깜박이는 불빛이 달린 긴 기둥의 의미를 인지하도록 가르칠 수는 있을 거예요. 하지만 지금 당장은 생쥐에게 신호등은 아무 의미가 없어요. 사람도 옆에 있는 조그만 포유류만큼이나 초콜릿 같은 보상을 좋아하지만 우리에게는 그런 보상이 없어도 살고 있는 세상을 탐색할 수 있게 도와주는, 진화의 결과 갖추게 된 비밀 병기들이 몇 가지 있어요. 우리는 신호등 불빛이 그저 빛이 아니라 상징임을 알아요. 행동으로 반응해야 하는 추상적인 개념임을 아는 거죠. 신호등을 보면 멈춰야 한다는 걸, 다치지 않으려면 기다려야 한다는 걸 아는 거예요. 우리가 추상적으로 사고할 수 있게 된 것은 모두 정교하게 발전한 사람의 전전두엽피질PFC 덕분이에요.[10]

우리의 생쥐 친구도 전전두엽피질이 있지만, 사람에 비하면 훨씬 발달하지 못했어요.[11] 생쥐의 전전두엽피질을 PFC 1.0 버전이라고 생각해 보세요. 이 버전의 전전두엽피질을 갖춘 생쥐는 앞에 놓인 장애물을 발견하고, 그 장애물을 피해 갈 방법을 결정할 수 있을 정도의 기본 지략을 갖추고 있어요. 산책을 하다가 다른 생쥐를 만나면 당신의 생쥐는 그 생쥐에게 자신을 잠재적 짝짓기 상대로 소개할 가치가 있는지, 매서운 입으로 우위를 보여줄지를 결정할 거예요. 사람도 생쥐처럼 생존에 필요한 이런 기본 기능들을 구사할 수는 있지만, 진화는 우리에게 더욱 웅장한 사고 능력을 주었어요. 사람의 전전두엽피질에는 훨씬 다양한 형태의 세포가 있고, 전전두엽피질 내부는 물론이고 다른 뇌 영역의 뉴런과도 연결된 뉴런 연결망의 수도 훨씬 많아요. 과립층granular layer도 잘 발달해 있고요.[12] 전전두엽피질을 위에서 아래로 곧게 잘라낸다면 생일 케이크처럼 여러 층으로 이루어진 모습을 볼 수 있는데, 각 층은 저마다 고유한 기능을 담당하고 있어요. **그리고 독특한 풍미도 있고요.** 중요한 기능을 담당하는 과립층은 그 한가운데에 있어요. 과립층은 영화 제작사의 편집실 같은 기능을 해요. 편집실에서 정제되지 않은 원본 영상을 가지고 작업하는 것처럼, 과립층에서도 감각 기관에서 쏟아져 들어오는 거르지 않은 날것 그대로의 자료를 일관된 자료로 정리하는 일을 해요. 일단 자료를 모두 정리하면 과립층은 이 정리된 자료를 전전두엽피질의 다른 부분으로 보내 결정하고 추론하는 데 필요한 정보로 활용할 수 있게 해요.

당신의 생쥐 친구는 과립층이 그다지 발달하지 않았는데, 솔직히 말해서 그 친구에게는 그 정도가 적당해요. 생쥐는 그다지 많은 자료를 처리할 필요가 없어요. 생쥐의 시각 피질은 특히 몸매가 좋은 암컷 생쥐에 대한 정보를 보낼지도 몰라요. 또 다른 구조는 암컷 생쥐에게서 좋은 냄새가 난다는 걸 알려주고요. 그런 정보들을 받은 생쥐의 전전두엽피질은 아주 쉽게 결정을 내릴 수 있어요. 뭘 망설여! 다가가란 말이야! 그에 반해 사람들은 좋아하는 사람을 만났을 때, 훨씬 많은 자료를 검토해요. 뇌 전체를 가득 채우고 있는 신경 연결망 덕분에 사람의 전전두엽피질로는 엄청나게 많은 신호가 흘러 들어가요. 사람의 구애 과정이 그저 꼬리를 들어 엉덩이를 보여주는 것이 아니라 복잡하고 미묘한 신호들이 필요하다는 사실은 도움이 돼요. **대부분의 경우에는요.**

PFC에게는 넘쳐나는 자료를 신속하게 분석할 수 있는 시스템이 필요할 거예요. 그렇지 않다면 정보 과다로 어떤 결정을 내릴지 몰라서 마비되어 버리고 말 테니까요. 신경 연결망이 엄청나게 많은 과립층으로 들어가 중요한 정보를 택한 뒤에 그 정보를 전달하면 전전두엽피질의 나머지 부분들이 체리를 선택하듯이 정보를 이용해 승리하는 전략을 택해요. 이런 깔끔한 기능 덕분에 우리는 성적으로 흥분한 생쥐보다 더 뛰어난 기술로 사회적 관계를 탐색할 수 있어요. 과립층의 역할은 그것만이 아니에요. 상징적으로 사고할 수 있는 능력에도 과립층은 중요한 역할을 해요. 이 능력은 사람의 진화가 이룩한 가장 놀라운 도약 가운데 하나예요.

사람에게는 언어가 생기기 훨씬 전부터 상징이 있었어요.[13] 상징은 동굴 벽이나 바위 위에 마련한 매장지 주변에 조심스럽게 찍어 놓은 손자국으로 시작했어요. 이 손자국은 **무언가를 말하고자** 했던 초기 인류의 시도였어요. 이러한 몸짓에서 상징적 사고가 태동하던 무렵을 엿볼 수 있어요. 우리 앞에 실제로 존재하지 않는 사물이나 생각을 진지하게 생각해 볼 수 있는 능력이 생겨난 거예요. 엄청나게 놀라운 인지력의 도약인 거죠. 그러다 인류는 내일을 상상할 수 있게 되었고, 어제를 반추해 볼 수 있게 되었어요. 무엇보다도 중요한 것은 가까운 곳과 협력함으로써 이런 기술이 발전할 수 있는 자극이 되어준 사람들과 생각을 나눌 수 있게 되었다는 거예요.

로봇에게도 가상의 환경에서 한 가지 단순한 지시―번식하라―만 내리면 이와 비슷한 진화 과정을 구현해 낸다는 사실이 밝혀졌어요. 세대를 거듭하면 로봇은 의미 없는 소음을 내는 것에서 실제로 특별한 뜻이 있는 신호를 발전시켜 나갈 거예요. 그저 사랑을 한다는(사랑까지는 아니라고 해도 어쨌든 성공적으로 복제를 한다는) 단 한 가지 목적만 가지고서도요.[14] 로봇의 언어도 인간의 언어가 그렇듯이 서로 연결되려고 시도하는 동안 복잡성이 증가해요. 우리를 구성하는 재질의 종류에 상관없이, 유혹의 수단에 상관없이(그 수단은 수염일 수도 있어요), 과립층을 이용하는지 혹은 0과 1을 이용하는지에 상관없이 마음에 드는 상대에게 수치심 없이 작업을 거는 방법을 찾아낼 거예요.

이 모든 것(상징 만들기와 유혹하기)이 결국 우리에게 말을 ―멋지고 근사한 말을!― 주었다는 걸 생각하면 재미있어요.[15,16] 물론 말은 너무 사랑스럽지만, 이 세상을 이해할 때 우리는 말의 역할을 너무 과대평가하는 경향이 있어요. 그에 비해 상징적 사고는 받아야 할 대접을 제대로 받지 못하고 있어요. 상징은 언어가 탄생한 길을 닦았을 뿐 아니라 사람의 인지력이 작용하는 영역에 전반적인 토대를 세웠어요. 상징은 우리가 하는 모든 일에 내재해 있기 때문에 오히려 저절로 인식하는 경우는 거의 없어요.

앞에서 당신은 신호등 앞에 서 있었죠. 목줄을 한 생쥐를 데리고요. 신호등을 볼 때 당신이 마음속으로 '건너가려면 초록색이어야 해'라고 말한 뒤에 서지는 않았을 거예요. 그저 신호등 불빛을 본 뒤에 그 상징이 뜻하는 바를 인지하고 그냥 선 거죠. 말없이 자동으로 처리되는 이런 과정은 늘 일어나요. 그런데도 우리는 어떤 경험을 이해하려면 말이 필요하고 우리가 느끼는 것을 이해하려면 말로 표현해야 한다고 생각할 때가 많아요. 언어는 의심할 여지없이 나를 표현하고 감정을 처리할 때 사용하는 가장 강력한 도구임은 분명해요. 하지만 가끔은 우리를 난감하게 만들기도 해요. 살면서 아무리 애써도 말로는 표현할 수 없는 순간들을 맞이할 때가 있어요. 언어가 사라지는 자리에는 상징을 이용해 사고하는 방식이 남아요. 그곳이 바로 창조성이 머무는 곳이에요.[17,18]

많은 곳에서 창조적 표현을 치료법으로 활용하고 있지만, 도대체 **어떻게** 창조적 표현을 치료에 활용하며, 그런 방법이 효과가 있다고 주장하는 이유는 무엇인지는 제대로 밝혀지지 않았어요. 이 치료법의 가치는 집중력을 외부로 돌려 다른 생각을 하게 하는 데 있다고 주장하는 사람들도 있어요. 이 가정을 시험하기 위해 스트레스로 고통받는 실험 참가자들에게 창조적 그림 그리기, 모양 따라 그리기, 퍼즐 맞추기 가운데 한 가지를 완성하라는 과제를 내주었어요.[19] 모양 따라 그리기도 어느 정도 마음을 안정시켜 주었지만, 가장 크게 위로를 해준 건 창조적 그림 그리기였어요. 퍼즐 애호가들에 관해 말하자면, 그들이 저녁 계획 때문에 너무 생각이 많지는 않기를 바랄게요. 이런 실험 결과는 무엇을 말해줄까요? 한 가지는 예술은 그저 주의를 다른 곳으로 돌리는 수단이 아니라는 거예요. 그것이 맞는 말이라면 퍼즐 맞추기도 같은 효과를 내야 했을 테니까요. 이 실험 결과를 보면서 나는 예술과 창조가 우리 기분을 나아지게 하는 이유는 그를 통해 우리 뇌가 상징을 이용하는 경험을 하게 되기 때문이라는 믿음을 갖게 되었어요. 겉으로 뚜렷하게 드러나지 않아도, 뇌가 말로는 설명할 준비가 되지 않은 감정을 이해해 보려고 애쓰는 동안 우리의 감정이 종이 위에 어떤 형태로든 표현된 거죠.

감정과 상징의 이런 연결은 과거를 되돌아볼 때 더 명확해지기도 해요. 엄마가 세상을 떠난 뒤에 나는 엽서 위에 번지기 기법으로 그리는 수채화를 그려 나갔어요. 처음에는 그저 정신을 다른 데로 돌리고 싶어서 시작한 거였어요. 모든 것이 너무나도 견디기 힘들 정도로 버거워서 단순한 작업을 하면 좋을 것 같았거든요. 지금 그때 그린 엽서들을 꺼내 보면, 너무 서툰 솜씨였고, 정말 못 그렸었구나 싶어요. 하지만 그때 내가 억누르려고 애썼던, 말로는 표현할 수 없는 다양한 슬픔을 표현한 것이 보여요. 그리고 그 시간들이 도움이 됐다고 생각해요. 그 엽서들을 그리고 있던 때에, 나는 그중에 하나를 아빠에게 보냈어요. 일관되지 않은 도형을 가득 그린 그 엽서에는 화난 글씨로 '슬퍼. 슬프지 않은 순간이 하나도 없어'라고 적었어요. 내 엽서를 받은 아빠는 곧바로 답장을 해왔어요. '맞아. 그게 바로 슬픔인 거야'라고요.

이 경험은 위기의 시간에 창조성이 하는 역할을 잘 보여줘요. 창조적인 과제는 두 가지 특징을 품고 있어요. 마음을 진정시켜 주는 활동이기에 가장 힘든 순간에도 우리가 감당할 수 있는 무언가를 직접 하고 있다는 안정감을 느끼게 해줘요. 그와 동시에 창조적 과제들은 상징적인 차원에서 우리 마음을 활용할 수 있게 해줘요.[20,21] 이때 당신이 느끼고 있는 감정을 이해할 필요가 없으며, 어떤 과제든 선택할 수 있어요. 그림, 음악, 시, 운동 등 무엇이든 좋아요. 중요한 건 당신이 창조성을 발휘한다는 거예요.

100여 년쯤 전에 프랑스계 미국인 예술가 마르셀 뒤샹은 평범한 물건을 전시회에 가져다 놓으면 예술 작품이 된다는 걸 보여주었어요. 그러니까, 무엇이든 예술이 될 수 있음을 우리에게 가르쳐준 거예요. 그의 가장 유명한 작품은 〈샘Fountain〉이에요. 〈샘〉은 뒤샹이 배관 자재 상점에서 구매하고 서명만 한 뒤에 전시회에 출품한 기성품이에요. 혹시 지금 내가 내 수채화 엽서도 미술관에 전시해도 될 정도로 가치가 있음을 말하려고 이런 이야기를 한다고 생각하는 건 아니죠? 절대 아니에요. 현대미술가 그레이스 페리는 BBC 방송국의 리스 강연에서 "우리가 무엇이나 예술이 **될 수 있는** 시대에 살고 있는 건 맞지만, 모든 게 다 예술은 **아니에요.**"[22]라고 했어요. 당연히 모든 게 다 예술이 될 수는 없어요. 변기는 그저 변기일 수 있고, 수채화 엽서는 아마추어의 작업으로 남을 수도 있어요. 당신의 창작물도 그것이 무엇이건 간에 그저 상징적인 처리를 한 단순한 결과물일 수도 있어요.

하지만 당신에게는 쓸모없는 것을 만들 자유도, 어린아이처럼 아주 단순한 것을 만들 자유도 있어요. 객관적으로 봤을 때는 너무나도 엉망인 그림일 수도 있지만, 당신이 이해하고 싶고 표현하고 싶은 내면의 경험을 전달할 수 있어요. 사실, 작품이 더 조악하고 불완전할수록 우리가 느끼는 진짜 감정을 더 잘 표현하는 거 같아요. 그렇다고 해서 당신이 걸작을 절대로 만들 수 없다고 말하는 건 아니에요. 당연히 가능하죠. 그보다는 내가 말하고 싶은 건 걸작을 만드는 게 목표가 돼서는 안 된다는 거예요. 적어도 창조 활동을 하는 모든 순간에 그런 목표를 세우지는 말라는 거예요. 위대한 작품을 만들겠다는 압박 없이 발휘하는 창조성은 당신의 뇌가 자신을 제대로 탐구할 수 있는 기회를 준답니다.

나의 어머니에게 잔혹하고 무의미한 일이 일어났을 때, 나의 뇌는, 다른 대부분의 사람들 뇌처럼 나에게 닥친 일을 이해할 수 있는 일관된 이야기로 만들려고 애썼어요. 하지만 슬픔은 깔끔한 설명을 하는 법이 드물고, 억지로 설명하려면 지칠 수 있어요. 번짐 기법의 수채화 엽서는 나와 나의 뇌가 대답을 찾아야 한다는 압박 없이 혼란한 마음을 탐구할 수 있는 안전한 공간을 마련해 주었어요. 우리는 무의식적으로 고통을 말로 표현할 방법을 찾으려고 하지만, 도무지 표현할 방법이 없을 때 더 큰 고통을 느껴요. 뇌는 체계와 의미를 찾고자 하기에 경험을 말로 표현하기 힘들 때는 끊임없이 그 이유를 알아내려고 노력해요.[23-27] 힘든 일을 겪은 뒤에 '어떻게 그런 일이 일어났는지?' '어째서 그런 일이 일어났는지?'를 고민하는 무한 루프에 빠져본 사람은 해결되지 않는 문제를 해결하려고 할 때 느끼는 절망을 잘 알 거예요. 과거 속에서 헤어 나오지 못하기란 너무나도 쉬워요.[28-30]

다시 한번 말하지만, 언어는 감정을 처리하는 데 있어 중요한 역할을 하는 도구로, 특히 우정이나 일기, 심리 치료 시간에 강점을 발휘해요. 하지만 답을 찾으려는 시도가 우리의 경험과 그 경험을 표현하는 능력 사이에 놓인 틈을 넓히기만 할 뿐일 때도 있어요. 가끔은 끝없는 분석을 내려놓고 그저 30분만이라도 언어가 아닌 다른 방법으로 감정을 처리할 수 있도록 뇌에게 시간을 주는 것이 가장 좋은 방법이에요.[31,32] 창조 활동을 하는 동안에는 고통에 의식적으로 집중할 필요가 없으니까요. 당신의 경험과 전혀 관계가 없는 짧은 이야기를 써 보거나 밝고 활기찬 그림을 그려보세요. 당신의 감정 상태를 반영하는 것이 아니라 뇌에게 상징을 처리할 수 있는 기회를 주기 위해서요.

하지만 창조성을 위기 상황에서만 발휘해야 하는 건 아니에요. 자연스럽게 흘러가는 일상에서도 평온하게 자리 잡을 수 있어요. 창조성은 언제라도, 누구라도 함께 할 수 있어요. 우리는 창조성을 간절히 바래야만 내려오는 신화 같은 존재라고 생각하는 경향이 있어요. 하지만 실제로 창조성은 훨씬 접근하기 쉽고 사실 늘 우리 곁에 있어요. 폭발적인 영감을 기다리고만 있다면, 절대로 시작할 수 없을 거예요. 창조성을 일상의 일부로 만들면 훨씬 유지하기 쉬워요. 그러니까 모닝커피를 마시는 동안 스케치를 하거나 잠자리에 들기 전에 간단하게 글을 적어 보는 거예요. 매일 몇 시간을 할애할 필요도 없어요.

창조성에 신화와 같은 위상을 주는 건 또 다른 중요한 점을 놓치게 해요. **모든 것을 모든 곳에서 한꺼번에** 시작하려고 하는 것은 창조성을 억제하는 확실한 방법이에요. 아이디어를 생성하려면 당신의 뇌는 연결을 하고 단편적인 생각과 작은 감정의 불꽃들을 모아 정신의 분위기 보드를 조립해, 이를 기준틀로 삼아야 해요. '토스트에 관한 시를 써라' 같은 메시지로 범위를 좁혀주면 뇌는 창조를 시작할 출발점을 마련할 수 있어요. '두 가지 색만 사용하기'처럼 당신만의 규칙이나 도전 과제를 제시할 수도 있고요. 자극도 마찬가지로 효과가 좋아요.

그러니 사물이나 사진, 인용문처럼 당신의 감각을 자극하는 것은 무엇이든지 활용해 창조 작업을 시작해 보세요. 그조차도 너무 거창하게 여겨지고, '텅 빈 캔버스'를 쳐다본다는 생각만으로도 실존적인 절망감에 휩싸인다면, 컬러링북이나 유튜브 튜토리얼 같은 이미 얼개가 짜인 것으로 시작해도 돼요.

혹시 당신이 이미 생계를 위해 창조해야 하는 직업에 종사하고 있다면 어떻게 해야 할까요? 창조 작업을 할 수 있다는 건 흔치 않은 특권을 누리고 있다는 뜻이지만, 직업이라는 압박이 제한으로 작용할 수도 있어요. 그렇다면 당신에게 주어진 과제는 설사 원한다고 해도 당신에게 돈을 벌어줄 수 없는 창조 활동에 참여하는 거예요. 작가라면 펜을 내려놓고 쓰러지려고 하는 위태로운 점토 조각을 만들어 보세요. 공예가라면 자수 실을 옆으로 밀쳐놓고 자유시를 써보세요. 이런 작업을 하는 목적은 생산성이나 수익을 내야 한다는 압박에서 벗어나 마음이 자유롭게 방황할 수 있게 해주는 거예요. 생계를 위해 창조 활동을 하는 사람은 자신을 위해 창조하는 방법을 잊을 위험이 있어요.

그렇다면 정기적으로 창조적인 정신을 살찌우는 습관을 들이면 어떻게 될까요? 아마도 곧 당신의 뇌가 놀라운 방식으로 서서히 바뀌면서 당신에게 고마워하게 될 거예요. 뇌는 변하고 적응하고 성장하도록 만들어졌어요. 이건 내가 전혀 예상치 못했던 곳에서 처음 배우게 된 건데요, 그게 어디냐면…….

## 발명의 어머니

처음으로 신경가소성neuroplasticity에 대해 알게 됐던 순간을 기억해요. 그 용어를 처음 접했을 때, 나는 강의실에 있지도, 실험실에 있지도 않았어요. 20대 초반이었던 나는 카페에 앉아 노먼 도이지 박사의 『기적을 부르는 뇌The Brain That Changes Itself』를 읽고 있었어요.[33] 그저 커피를 마시면서 가볍게 살펴보려고 가져갔던 책이었는데, 나도 모르는 사이에 몇 시간이 훌쩍 지나가 버렸어요. 책에서 눈을 뗐을 때는 이미 실내조명은 어두워져 있었고, 직원들이 바닥을 쓸고 있었어요. 뇌의 절반만 가지고도 뇌의 거의 모든 회선을 다시 연결해 기능을 살린 여인, 의사들이 오래전에 포기한 기능을 되찾은 뇌졸중 환자들, 보는 법을 배운 시각장애인들. 그때 내가 읽은 이야기들은 기적과 과학의 경계를 모호하게 만드는 것만 같았어요. 책을 모두 읽었을 때, 내 머리는 걷잡을 수 없이 빙글빙글 돌았어요.

학창 시절은 내가 재능이 없고 구제할 수 없는 멍청이라는 걸 가르쳐 주었어요. 나는 그 어떤 것도 성취할 수 없는 사람이 될 것이라는 사실과, 그 사실을 받아들이는 법도 배웠어요. 그런데 도이지 박사의 이야기는 사람의 잠재력에 대해 전혀 다른 이야기를 들려주었어요. 한계는 고정된 것이 아니라 유동적인 것이며, 약점은 단순히 극복해야 할 것이 아니라 강점으로 변할 수 있는 것이라고요. 나는 생각했어요. '잠깐만, 뇌가 실제로 **변할** 수 있단 말이야? 내 뇌도 변할 수 있다고?' 그때 나는 성인이 된 후에 처음으로 자기 믿음이라는 불꽃을 느낄 수 있었고, 그 순간 신경과학을 사랑하게 되었어요.

그러니까 나는 도이지 박사에게 커다란 빚을 졌다고 생각해요. 혹시라도 어떤 우연이 작용해 도이지 박사가 이 글을 읽게 된다면 그런 멋진 선물을 주신 걸 영원히 감사드린다고 말하고 싶어요. 정말 감사해요. 당신이 주신 교훈을 정말로 최선을 다해 다른 사람들에게도 전달할게요. 뇌는 점토 덩어리와 같아서 유연한 뇌는 사실 웅장한 형태를 갖추기를 바라고 있어요. 거의 무한에 가까운 잠재력을 갖춘 신경가소성에게는 새로운 습관, 새로운 기술, 새로운 사고방식을 형성하기 위해 신경 회로를 구축하기에 너무 늦을 때란 없어요. 너무나도 놀라운 뇌의 유연성 덕분에 우리는 몰입하는 활동을 통해 신경 구조를 말 그대로 다시 조립할 수 있어요.

이런 변화가 엄청나게 클 때도 있는데, 현재 발달한 뇌 영상 기술 덕분에 그런 변화를 과학자들이 직접 관찰할 수도 있어요. 런던 택시 기사들이 자격증을 따려면 '지식the Knowledge'이라고 부르는 힘든 시험에 통과해야 해요. '지식' 시험을 준비하는 예비 기사들은 몇 년 동안 런던을 돌면서 반경 10km 안에 있는 2만 5천 개의 거리를 기억해야 해요. 이렇게 치열한 정신 활동을 하는 동안 런던 택시 기사들은 공간 기억 능력의 중추인 해마의 뒷부분이 아주 커져요.[34] 그와 마찬가지로 현악기 연주자들도 수년간 세심하게 손가락을 움직여 연주하면 신경가소성에 변화가 생겨요. 끊임없는 연습으로 촉각의 민감도가 계속 달라지고, 결국 왼쪽 손가락 끝의 감각을 관장하는 감각 피질 일부가 팽창해, 아주 적은 촉각과 압력 차이도 느끼게 돼요.[35,36] 하지만 하나를 얻으면 다른 하나를 내줘야 하는 법이에요. 신경가소성이 발휘하는 그 같은 마법은 우리 정신에 유연함을 주지만, 그와 동시에 쉽게 변하지 않는 완고하고 나쁜 습관이 정착되게 할 수도 있어요.

『기적을 부르는 뇌』에서 도이지 박사는 뇌의 신경가소성을 언덕 위에 포근히 쌓여 있는 눈에 비유했어요. 그의 말에 따르면 신경학 교수인 알바로 파스쿠알-레오네Alvaro Pascual-Leone가 제시한 비유라고 해요. 언덕 위에서 눈길을 따라 내려올 때는, 처음에 눈길을 내려오는 사람은 어떤 방향으로든 움직일 수 있어요. 마음이 원하는 대로 어느 길이든 선택할 수 있는 거죠. 하지만 여러 번 같은 길을 따라 충분히 오랫동안 내려오다 보면 닦여진 길을 따라 내려올 수밖에 없게 돼요. 그와 마찬가지로 신경 회로도 유연했던 정신세계가 피할 수 없는 일련의 길로 바뀌어 가면서, 자신만의 방식으로 고정돼요. 일단 자신의 방식이 고정되면 생각과 행동이 자동으로 움직이고, 잘 닦인 경로를 벗어나는 경우는 거의 없어요. 나이가 들면 깊게 파인 이런 길들은 점점 더 많아지고, 젊었던 뇌의 적응력은 사라지기 시작해요. 점토 덩어리로 시작해 어떤 형태로든 생성되고자 하던 욕망이 결국에는 바위처럼 단단한 완고함으로 끝날 수도 있어요. 그러니까, 시간이 지나면서 말 그대로 틀에 박힌 생각만 하게 될 수도 있는 거예요. 그 때문에 건설적인 비판에 방어적으로 반응하거나, 비관주의나 자기 의심 같은 부정적인 생각에 사로잡히기도 하고 정말로 피하고 싶었던 관계나 성취감을 느낄 수 없는 일에 붙잡혀 있게 될 수도 있어요. 익숙해진 길을 따라 눈길을 내려가는 것이 훨씬 쉽기 때문이에요.

창조적인 작업을 통해 우리는 반사적으로 해왔던 생각 패턴이나 행동의 익숙한 홈에서 우리 뇌를 벗어나게 해줄 수 있어요. 브리스톨에서 살았을 때 나는 화려한 첫 데이트 상대라고 생각했던 음악가를 한 명 만났어요. 그 사람은 자신이 쓴 곡을 다른 가수들에게 팔아서 생계를 유지하면서 자기가 이끄는 인디 록 밴드의 이름을 알리려고 노력하고 있었어요. 우리는 창조성을 생계 수단으로 삼아야 하는 일의 어려움과 그런 압박을 받는 뇌가 창조적인 생각을 해내는 것이 얼마나 힘들지에 대해서 이야기했어요. 그때 그 사람은 도저히 깰 수 없을 것 같은 슬럼프에서 빠져나오는 자신만의 전략을 알려주었어요. 그가 평소에 하던 창작 활동에서 완전히 벗어나는 활동을 한다는 거였어요. 예를 들어 다른 음악가가 연주할 기타 음악을 작곡하는 대신에 공포영화의 음악을 만들어 보는 거죠. 한 번은 음향 효과를 녹음하는 작업도 했다고 해요. 가죽 주머니 안에 옥수수 전분을 넣고 문질러서 눈 위를 걷는 섬뜩한 소리를 만들어 내는 작업 같은 거 말이에요. 그런 작업 뒤에 다시 곡 쓰는 일로 돌아오면 뇌가 조금 더 신선한 생각을 하려는 의지를 갖게 되는 것 같다고 했어요.

얼핏 보면, 흔한 일상용품으로 음향 효과를 내는 것 같은 엉뚱한 활동으로 뇌를 훈련하는 건 의미 없는 일처럼 느껴질 수도 있어요. 옥수수 전분을 가지고 노는 일이 어떻게 부정적인 생각을 막아주고, 인생을 바꿀 결정을 하게 해줄까요? 직관적으로 생각하면, 좀 더 분명한 보상이 있는 활동에 에너지를 쏟는 것이 더 현명할 수도 있을 것 같아요. 영화 캐릭터 맞추기 게임을 하거나 '긍정적 사고를 위한 10가지 비결'을 담은 유튜브 영상을 볼 수도 있고요.

음악을 작곡하건, 힘든 관계를 풀어 보려고 애쓰고 있건 풀어야 할 문제가 있을 때면 우리는 본능적으로 그 문제에 맹렬하게 집중해요. 태양을 똑바로 바라보면 눈이 멀 수 있는 것처럼 한 가지 신경 회로를 계속 돌리면 새로운 관점을 발견하기 어려울 수 있어요. 아무리 관계가 없는 것처럼 보여도 창조적인 활동을 하면 뇌가 한숨을 돌리고 새로운 영토를 탐험해 나갈 수 있어요.[37] 핑거 페인팅, 5행시 짓기, 레고 조립하기처럼 왠지 그 길이 조금쯤은 이상해 보인다고 해도 그런 활동 덕분에 당신의 뇌는 생각할 수 있는 여유를 갖게 되어 좀 더 유연하게 목적지에 도달할 수 있을 거예요.[38-42] 그러니까 이건 좀 더 다양한 도전과 요구를 해결할 수 있도록 준비함으로써, 새로운 알고리즘으로 당신의 뇌를 업그레이드하는 것과 같다고 생각하면 돼요. 기술 용어로는 인지 유연성cognitive flexibility이라고 표현할 수 있는 이 능력은 더 많은 분야에서 창조적인 작업을 함으로써 좀 더 창조적으로 문제를 해결할 수 있게 되고, 자연스럽게 감정을 조절할 수 있고, 스트레스를 지금보다는 우아하게 다스릴 수 있게 해줘요.[43-45]

아이의 학습 여정에서 놀이가 정말로 중요하다는 건 대부분 알아요. 아이가 공룡 놀이나 비밀 탐정 놀이를 하는 모습을 본다고 해서 그 아이가 고생물학자가 될 거라거나 법 집행자가 될 거라고 단정하지 않죠. 그보다는 상상 놀이 덕분에 아이들의 마음이 좀 더 확장될 거라고 여겨요. 하지만 일단 어른이 되면 더는 상상 놀이는 할 필요가 없다고 생각해 버려요. 이미 사고 활동의 기본 기술을, 문제 해결 능력을 갖추었다고 생각하고, 클레이를 가지고 놀고 싶다는 유혹은 물리쳐 버려요. 하지만 점점 노화되어 가는 우리의 뇌에서 신경 회로가 경직되고 있는 성인기야말로 그런 상상 놀이가 더 필요해요.

한 주에 하기로 마음먹은 일정 시간의 창조 작업을 할 때는 활기찬 마음으로 호기심을 가지고 접근해야 해요. 창조의 순간을 기존에 형성된 사고 패턴을 부수고 새로운 통찰력을 발휘할 수 있도록, 당신 마음의 새로운 영역을 탐험할 기회로 삼아야 해요. 간단한 그림 그리기, 시 쓰기, 악기 연주하기 등. 어떤 활동을 택하든 이런 창조적인 순간들을 의도적으로 신경 쓰지 않는 자유로운 실험 시간으로 만들어야 해요. 이번 주에는 용과 성을 그렸다면, 다음 주에는 짧은 시나리오를 써보는 거예요. 당신의 뇌에 끊임없이 새로운 주제와 문제를 주입함으로써 인지 근육을 생성할 수 있어요.

진짜 **예술가가** 되고 싶어서 한 가지 특별한 기술을 익히는 데 전념하고 싶다면 어떻게 하느냐고요? 그렇다면 당연히 선택한 기술에 몰입하다가 가끔 새로운 창조 활동에 참여할 수 있도록 뇌를 훈련하는 것도 가능하겠죠. 새로운 기술을 능숙하게 다룰 수 있을 정도로 배우는 데는 나이가 따로 없어요.[46] 늦은 나이에 바이올린을 배운다면 베를린 필하모니 오케스트라의 수석 바이올리니스트가 되기란 불가능할 수도 있죠. 하지만 완벽함의 정점에 도달해야만 훌륭한 예술을 창조할 수 있는 건 아니에요. 노예로 태어난 빌 트레일러Bill Traylor는 85세가 되어서야 그림을 그리기 시작했고, 판지 조각에 매력적인 그림을 그리는 놀라운 예술가가 되었어요.[47] 창조 작업의 마법은 그 과정 자체에서 얻는 만족에 있을 때가 많아요. 내가 이 장에서 계속 특별한 목적이 없는 예술 그 자체를 즐기라고 이야기하는 건 그 때문이에요. 하지만 당신이 혹시 품고 있을 높은 야망에 관해서는 여지를 남기고 싶어요. 한때는 나도 아무것도 성취할 수 없을 거라고 믿었던 때가 있어요. 하지만 어쨌든 실험복을 입게 되었죠. 꿈을 실현하려고 화가처럼 입고 다닌다고 해서 당신을 말릴 사람은 없어요. 결국 한계는 유동적이며, 약점은 강점으로 바뀔 수 있어요. 뇌는 변할 수 있어요. 당신도 변할 수 있고요.

예술가는 우리의 존재를 이해하고, 그 안에서 의미를 찾을 수 있는 도구를 인류와 공유하는 사람들이에요. 위대한 예술 작품은 시간이 흘러도 의미를 잃지 않으며, 그저 다른 상황 속에서 새로운 의미로 바뀌며 적응해 나가요. 예술의 세계가 자신의 손에 닿지 않는 곳에 놓여 있다고 느끼는 사람들도 있고, 계급과 교육, 혹은 익숙함으로 규정된 보이지 않는 장벽을 느끼며 예술의 세계를 작은 한 부분으로 제한하는 사람들도 있어요. 이런 소외감은 우연히 생기는 것이 아니라 우리가 우리를 둘러싼 세상을 처리할 때 사용하는 각자의 정신 틀이 반영된 결과예요.

심리학자들은 이 정신 틀을 스키마schema라고 불러요. 스키마는 우리의 경험과 느낌, 지식을 상자에 넣어 분류하는 정신의 도서관이라고 생각하면 될 거 같아요. 이 상자들은 생각을 빠르고 효율적으로 조직하는 데 도움을 주지만, 우리 자신도 정형화할 수 있다는 문제가 있어요. 예술에서 스키마는 스스로 부여한 경계선으로 작동하곤 해요. '나 같은 사람에게 발레는 안 맞아.' '고전음악은 교육 받은 엘리트들만 하는 거야.' 같은 생각을 하게 하는 거예요. 하지만 당신이 일반적으로 하는 경험과는 아주 멀리 떨어져 있다는 기분이 든다고 해도 예술을 할 수 있는 길은 언제나 있어요. 그저 시작할 수 있는 간단한 도구만 몇 개 있으면 돼요.

## 나에게 말하기: 예술을 하는 언어

스키마는 순간순간의 처리 과정을 간소화해요. 사람의 뇌는 스키마를 즉시 사용할 수 있는 기준틀로 활용하기 때문에 목줄을 한 생쥐와 달리 그저 본능에만 의존하지 않고 이 세상을 탐색하고, 실시간으로 결정을 내릴 수 있어요. 스키마는 사람에게만 존재하는 더 넓은 인지적 특징, 즉 이야기 형태로 사고하는 능력이 있어요.

뇌에게는 뇌만의 이야기가 있어요. 뇌는 그저 당신의 기억을 기록하는 것에 그치지 않아요. 기억들을 신중하게 배열해 작은 영화 클립처럼 쌓아 올리고, 그것이 자신이 기록하고 있는 우리 삶의 이야기와 어떤 관련이 있는지를 살펴보고 적절하게 분류해요. 이런 일화기억 덕분에 우리는 경험을 되살리고, 과거의 경험을 되돌아보고, 우리 삶의 지속적인 이야기를 만들어 나갈 수 있어요.

뇨키와 나는 수많은 기억을 공유하고 있지만, 우리의 경험은 아주 다를 거예요. 뇨키는 우리가 처음 만난 날을 기억하고 있을지도 몰라요. 그래서 호두처럼 작은 뇌로 갑자기 그 기억을 의식적으로 상기할 수도 있어요. 그 기억은 아마도 잠시 떠올랐다가 사라지는 이미지일 가능성이 높아요. 특별히 반추해 보거나 분석해야 할 필요가 없는 단편적인 기억일 거예요. 하지만 나의 기억은 달라요. 뇨키를 만난 날을 생각하면 나는 그 뒤로 내 삶이 얼마나 바뀌었는지를 떠올릴 거예요. 우리가 어떻게 서로를 필요로 하는 관계로 성장했는지를 생각할 거예요. 처음 만났을 때는 뇨키가 날씬했던 걸 생각하면서, 내가 뇨키의 보호자로서 너무 살을 찌운 건 아닌지 반성할 거예요. 고양이의 보호자가 된다는 건 무슨 뜻인지도 생각해 볼 거예요. 누군가에게 무언가가 된다니, 아주 이상한 기분이에요! 동물들은 겪을 필요가 없는 끊임없는 내면의 대화를 우리는 하는 거예요. 복잡한 장기기억은 감정적으로나 자서전적으로, 심지어는 실존적인 차원에서도 그 기억을 붙들고 씨름하게 해요.

바로 이 지점에서 예술이 등장해, 끊임없는 내면의 대화에 성찰이라는 도움을 주며 개입해요. 예술은 개성, 문화적인 방식, 스타일, 그리고 역사라는 층위로 이루어져 있고, 우리에게 여러 다른 관점을 제시해요. 하지만 말하는 모든 것이 다른 사람의 해석을 통해 걸러지는 사람의 상호 작용과 달리 예술은 그저 탐색하고 성찰할 수 있는 드문 자유를 줘요. 다른 사람의 방해를 받지도, 의도를 잘못 읽을 이유도 없어요. 예술 속에서 우리는 온전히 우리 자신이 될 수 있는 세상과 대화를 하게 돼요. 극작가 앨런 베넷Alan Bennett의 글에는 그런 사실이 잘 드러나 있어요. "독서에서 누릴 수 있는 최고의 순간은 당신만이 느끼고 알고 있다고 여겼던 생각이나 감정, 세상을 바라보는 방식 등을 책 속에서 만나게 될 때이다. 다른 사람이, 당신은 결코 만난 적도 없고, 심지어 오래전에 죽었을 수도 있는 누군가가 당신의 마음을 그대로 적어 놓은 것을 발견할 때 말이다. 그 순간에는 왠지 책 속에서 손이 튀어나와 당신의 손을 꼭 잡아 준 것 같은 느낌이 든다."[48]

예술이 우리 내면의 이야기에 미치는 영향은 일화적인 이야기만이 아니에요. 미술관을 돌아다니는 사람의 뇌를 들여다보면, 지금 보고 있는 예술 작품을 그 사람이 정말로 좋아하는지를 알 수 있어요. 우리가 정말로 공감하는 예술 작품을 보면 멈추지 않고 자서전을 써나가는 정신 회로, '디폴트 모드 네트워크default mode network'가 활발하게 활동해요.[49-53] 우리는 사적인 형태로 나에게 말을 거는 예술을 좋아해요. 겉으로 보기에 예술가의 삶은 멀리 동떨어진 것처럼 보이지만, 우리는 작품 안에서 자신을 떠올리게 하는 요소를 찾아내요. 내가 좋아하는 두 시인을 소개할게요. 한 명은 젊은 게이의 시선에서 시를 쓰는 베트남계 미국인 오션 부옹Ocean Vuong이고, 한 명은 나보다 수십 년은 앞선 세상을 성찰하고 글을 쓴 메리 올리버Mary Jane oliver예요. 그들의 삶과 경험이 나의 삶과 경험을 반영하지는 않지만, 그럼에도 불구하고 그들의 언어 속에서 나를 발견했어요. 위대한 예술가는 당신의 손을 잡고 그들의 경험 안으로 데리고 들어가, 이야기 속에서 당신의 의미를 찾을 수 있게 도와요.

활동할 예술 분야를 고를 때는 두려워하지 말고 당신의 정체성과는 거리가 멀게 느껴지는 수단이나 장르, 예술가들까지도 탐색해 보세요. 낯선 세계에 들어가 보는 거예요. 평소의 선호도에서 벗어나 당신의 내면세계에 새로운 생명을 불어넣어 줄 새로운 통찰력을 향해 마음을 열어보는 거예요. 우리의 뇌는 탁월한 이야기꾼일 수도 있지만, 듣기에는 거북할 정도로 진부한 이야기를 거듭 만들어 내는 데도 일가견이 있어요. 나의 뇌는 수년 동안 아무것도 이루어내지 못할 바보 같은 소녀 이야기를 하고 또 했지만, 나는 이 이야기에 새로운 재료를 첨가해 주었어요. 맞아요, 과학을 이야기하는 비소설을 꼭 예술이라고 할 수는 없을 거예요. 하지만 그때 나에게는 비소설 과학은 새로운 장르였고, 그 이야기는 나의 이야기를 반영하고 있었어요. 우리는 누구나 간접적인 지혜가 갖는 힘을 경험해요. 한 줄의 시구가, 영화의 한 장면이 내 삶에서 직접 끄집어 낸 것처럼 느껴질 때, 우리는 새로운 관점을 갖게 돼요. 가끔은 그저 우리의 경험을 검증해 주고, 그런 경험을 하는 건 나 혼자만이 아님을 조용히 확증해 주죠. 그 또한 뇌의 이야기 기계에 넣어줄 수 있는 신선한 재료예요. 여러 다른 형태의 예술에 노출되는 빈도가 커질수록 당신의 이야기를 바꿔줄 잠재력도 함께 커져요.

미술관에 가거나, 여행을 떠나보세요. 너무 내성적인 사람이라면 혼자 가면 될 거예요. 미술관에서 예술 작업에 참여하는 방법을 모르겠다면, 감각적인 측면에 집중해 보세요. 당신의 주의를 끄는 걸 찾아보는 거예요. 어째서 이 화가는 가로, 세로 길이가 7.5cm밖에 안 되는 작은 그림을 그렸을까, 같은 걸 생각해 보는 거예요. 그림을 가까이에서 들여다보면서 그림과 당신이 하는 상호 작용이 어떻게 변해가는지를 느껴보세요. 그림에 사용한 색을 감상해 보세요. 밝은색 물감을 사용했나요? 흐릿한 색상을 사용했나요? 색은 마음에 드나요? 별로인가요? 배우자가 절대로 버리지 않겠다고 버티는 티셔츠를 떠오르게 하는 색을 사용했나요? 아니면, 어린 시절 침실을 떠올리게 하는 색을 썼나요? 깊이 있는 성찰을 해야 할 필요도 없고, 작품이 속한 예술 운동의 명칭을 제대로 알지 못하는 것도 문제 될 게 없어요. 어차피 학위를 따려고 감상하는 게 아니니까요. **미술관에서는 실패가 없어요.** 그저 예술에 참여하고, 그 예술이 당신을 어디로 데려가는지만 확인하면 되는 거예요.

문학이나 음악도 같은 방법으로 접근해 보세요. 독립 서점이나 음반 가게에 가서 직원에게 작품을 추천해 달라고 부탁해 보세요. 어떤 작품이라도 좋으니 연극, 음악, 무용 공연장에 들러 열린 마음으로 감상해 보세요. 4년 전에 나는 시를 좋아하기로 했어요. 그전까지 시라는 건 읽어 본 적도 거의 없었는데 말이에요. 중고 서적 판매점에 가서 내가 좋아할 수 있는 시를 찾기 전까지, 시집을 한 권씩 샀어요. 요즘에는 매일 시를 읽고, 우리 지역에서 하는 시 모임에도 나가요. 내가 시를 잘 쓰느냐고요? 천만에요. 하지만 시를 읽고, 시를 쓰고, 낱낱이 들여다보는 과정은 나의 내면세계를 풍성하게 해줘요. 요즘에는 고전음악 추종자 되었어요. 작년 크리스마스에 브루크너 교향악단 연주 CD를 선물해 준 지인 덕분이에요. 당신은 원하는 예술 분야로 들어갈 수 있고, 그곳에서 머물겠다고 결정해도 외면받지 않을 거예요. 문화 홍보 대사로 활동하며 이미 잘 알고 있는 예술의 세계로 다른 사람들을 초대할 수도 있어요. 상호 호혜성이라는 사람의 본성 덕분에 당신의 노고는 많은 경우 다른 사람들의 호의라는 형태로 되돌아올 거예요.

영화 〈아이, 로봇〉은 로봇이 일상의 일부가 되어 설거지부터 복잡한 공공 서비스까지 모든 일을 도맡아 처리하는 디스토피아 세계를 소개해요. 이 세계에서 사람들은 대부분 로봇을 도움을 주는 존재, 일상에서 없어서는 안 될 존재로 여기며 환영해요. 하지만 델 스프너 형사 역의 윌 스미스는 로봇을 의심의 눈으로 봐요. 로봇이 냉정한 알고리즘으로 계산해 어린아이가 아니라 생존 가능성이 더 높다고 판단한 스프너 형사를 구한 자동차 사고 때문이에요. 로봇을 의심하는 스프너 형사는 저명한 로봇 공학자의 의문사를 조사하던 중에 뛰어난 능력을 지닌 소니라는 로봇을 만나게 돼요. 일반적인 심문 활동으로 시작된 두 존재의 대화는 곧 창조성과 의식의 본질, 사람으로 존재한다는 것의 의미 같은 깊은 철학 논쟁으로 발전해요. 스프너는 소니를 도발하죠. "로봇이 교향곡을 작곡할 수 있나? 로봇이 캔버스에 아름다운 그림을 그릴 수 있냐고?" 소니는 전혀 당황하지 않고 응수하죠. "당신은 할 수 있나요?"

이런 차갑고도 냉혹한 완벽함이라니! 모자를 벗어 경의를 표하고 싶을 정도야, 소니. 정말 완벽한 답이었어. 사실 스프너는 시작부터 질 수밖에 없는 틀린 질문을 한 거예요. 스프너가 해야 했던 중요한 질문은 로봇이 창조할 수 있는가가 아니라, 도대체 **왜** 로봇이 창조하려고 하는가, 에요. 창조를 하려는 이유, 그것이 사람과 기계를 구별해 주는 이유거든요. 로봇과 달리 우리는 우리가 만든 결과물로 규정되지 않아요. 게다가 로봇이 걸작을 그리든, 교향곡을 쓰든 누가 신경을 쓰겠어요? 예술 작품을 즐기는 건 어쨌거나 사람이에요. 로봇이 예술과 창작 활동에 도전할 만큼 대담하다면, 우리는 그보다 더 대담해질 수 있지 않을까요?

## 작고 무의미한 예술을 시작하기

### ● 말로 표현할 수 없을 때
언어로 생각이나 감정을 충분히 처리할 수 없을 때는 예술을 선택하세요. 구체적인 창조 활동을 통해 복잡한 경험을 처리할 수 있게 돼요.

### ● 창조하자, 판단하지 말고
결과를 걱정하지 말고 그저 행위 그 자체만을 위해 뭔가 시도해 보세요. 완벽주의를 버리고, 전통적인 기준으로는 '좋다'고 할 수 없을지도 모를 작품을 만들어 보세요.

### ● 일상에 창의력을 더하기
일상의 작은 순간에 창조성을 표현할 수 있는 시간을 마련하세요. 낙서를 해도 좋고 글을 써도 좋아요. 어떤 예술이든 괜찮아요. 꾸준히 할 수 있는 작은 활동을 목표로 하세요.

### ● 자신에게 도전 거리를
특별한 주제로 한정하거나 재료를 제한하는 것 같은, 창작 범위를 좁히는 명확함이 필요해요. 그래야 중압감을 줄이고 뇌가 시도해 볼 수 있는 계기를 마련해줄 수 있어요.

### ● 신경가소성의 힘
창조성은 인지적 유연성을 길러 당신의 뇌가 적응하고 성장할 수 있게 해줘요. 정기적으로 창작 활동을 하면 신경 연결이 강화되고, 정신력이 회복되며, 정서 조절에도 도움이 돼요.

### ● 놀이하듯 즐겁게
창조 활동에는 호기심과 즐거움이 필요해요. 여러 기술과 분야를 실험해 보세요. 경직된 사고방식에서 벗어나 새로운 가능성을 찾는 기회가 될 거예요.

### ● 낯선 예술 양식 탐구하기
안락한 영역에서 벗어나 새로운 장르, 분야, 형태의 예술을 경험해 보세요. 당신의 정체성에 어긋나거나 선호하지 않는 분야라고 해도요.

### ● 정기적 활동
미술관에 가고, 음악을 듣고, 문학 작품을 읽고, 감동적인 영화를 보세요. 다양한 예술 장르를 경험하면 자아 성찰도, 감정적인 연결도 깊어질 거예요.

## 6장

# 움직이는 마음

**마음은 유연하게, 몸은 단단하게**

수십억 년 전, 지구에 생명체가 처음 출현한 뒤로 인간이라는 존재를 등장하게 한 일련의 사건들이 일어났어요. 분자를 세포로, 세포를 복잡한 생명체로 만든 진화의 리듬은 최초의 뇌들이 형성될 때까지 멈추지 않고 이어졌어요. 당신은 뇌가 만들어진 이유를 물을지도 모르겠어요. 어째서 신경계가 출현한 걸까요? 그 대답은 간단해요. 움직이기 위해서죠.[1]

바다에서 그저 동동 떠다닌다고 생각해 보세요. 편할 테고 아무 문제도 없을 거예요. 위험에서 벗어나야 한다거나, 배는 고픈데 가장 가까이 있는 맛있는 조류가 수킬로미터는 더 가야 있는 상황이 아니라면요. 하지만 생명체는 천적도 피하고 먹이도 찾아야 할 필요가 있기 때문에 진화는 서서히 신경계를 만드는 쪽으로 나아갔어요. 생명체가 의지를 가지고 움직일 수 있는 능력을 갖고자 한 것이죠. 물 밖으로 나와 뭍에 올라온 생명체들은 왠지 무너질 것 같고, 노출되어 있다는 느낌이 들기 시작했어요. 이번에도 진화가 구원을 해주었어요. 더 강하고 민첩하게 움직일 수 있는 근골격계를 만들어 낸 거예요. 하지만 예측하기 힘든 다양한 육지 환경에서 살아가려면 신체의 힘만으로는 부족했고 감각 기관의 통합도 필요했어요. 그래서 진화는 촉각과 압력을 측정할 수 있는 기계적 감각수용체를 발전시켰고, 통증을 감지할 수 있는 통각수용체를 만들어 냈어요.

우리 사람이 등장했을 때 포유류가 갖추고 있는 뇌 설계도는 모두 움직이는 데 필요한 특성들을 주로 담고 있었어요. 우리는 이 뇌를 최대한 활용했고, 움직임을 위해 만들어 낸 신경 회로를 의식과 인지를 위한 도구로 재활용했어요.[2,3] 지금 우리가 알고 있는 뇌와 움직임을 위해 발전해 온 초기 뇌를 분리해서 생각하는 건 불가능해요.

움직임은 기능에 불과한 무언가가 아니에요. 우리의 신경 구조를 만든 근본 토대예요. 좀 더 잘 움직이는 기술을 익히기 위해 환경과 복잡한 상호 작용을 해야 했고, 그 덕분에 더 고등한 인지 능력을 획득하게 되었어요. 우리 의식의 모든 부분은 움직임에 둘러싸여 있어요. 우리가 조금만 더 일찍 도착했다면 소파에 파묻히거나 책상 앞에 끝없이 앉아 있을 수 있는 신경계를 요구할 수 있었을 거예요. 그랬다면 현대인의 삶이 조금쯤은 편해졌을지도 몰라요.

당신은 '아이고, 또 시작이네. 그러니까 운동은 몸에 좋다고 말하는 거지?'라고 반응할지도 모르겠어요. 하지만 그보다는 새로운 이야기를 하겠다고 약속해요. 억지로 케일 스무디를 먹으라고 강요하는 것도, 멋진 몸매를 가꿔야 한다고 압력을 행사하지도 않을게요. 운동은 또 다른 두렵고 수치심을 유발하는 하기 싫은 일이 아니라 자유라고 생각하도록 당신을 설득할 수 있을지도 몰라요. 결국 당신의 뇌는 바로 이 목적, 그러니까 움직인다는 목적을 위해 수백만 년 동안 조금씩 설계도를 수정하면서 진화해 왔어요. 그러니 우리에게 운동은 아주 자연스러운 활동이어야 하지 않을까요?

## 당신만의 해마 키우기

내가 운동의 세계로 들어간 건 스무 살 무렵이었어요. 그때 나에게 맞지 않는 최저 시급 일자리를 전전하면서 그저 그런 친구 사이로 발전할 관계에 집착했고, 나의 정체성이 들어가야 할 텅 빈 곳을 채울 것을 찾아 헤매고 있었어요. 그러다가 문득 비싼 헬스장 이용권이 그 공간을 채워줄 거라는 생각이 들었어요.

몇 달이 지나자 아침에 상쾌한 기분으로 일어나고 있다는 느낌이 들었어요. 운동이 나의 몸만이 아니라 뇌에도 영향을 미치고 있다는 걸 느낄 수 있었어요. 뇌에서 어떤 변화가 일어나고 있는지는 정확히 알지 못했지만, 왠지 그 변화를 주도하

는 건 해마라는 생각이 들었어요. 규칙적으로 운동을 하면 해마가 성장할 수 있으니까요.[4-9]

지금쯤이면 당신과 해마는 이 책에서 가장 많은 시간을 함께 보낸 오랜 친구 같은 사이가 됐을 거예요. 이 글을 읽는 동안 공동 기억을 많이 모았을 테니까요. 해마는 학습과 기억을 담당한다고 알려져 있는데, 해마의 기능은 운영실의 크기가 클수록 더 뛰어난 것 같아요.[10,11] 하지만 이런 피상적인 내용에 집착할 필요는 없어요. 당신은 이미 해마에 관한 기본 지식은 다 알고 있으니까요.

해마는 스트레스를 관리하는 데도 관여해요. 해마에는 코르티솔 수용체가 있어, 스트레스 호르몬의 범람을 멈출 시기를 우리 몸에 알려 줘요.[12,13] 하지만 한계에 도달하는 모든 시스템이 그렇듯이, 이런 수용체도 과로하면 고장날 수 있어요.[14] 게다가 만성 스트레스는 코르티솔 수용체에만 영향을 미치는 것이 아니라 뉴런 자체를 손상시키기 때문에 해마를 서서히 먹어 치울 수 있어요.[15,16] 수용체와 결합하지 않은 상태로 오랜 시간 존재하는 코르티솔은 신경독으로 변하고, 신경독으로 변한 코르티솔은 자신이 달라붙는 뉴런에 치명적인 영향을 미쳐요. 해마는 독성 코르티솔이 해칠 수 있는 수용체로 가득 차 있기 때문에 특히 취약해요.

우울증인 사람의 해마가 다른 사람들의 해마보다 조금 더 작은 건 아마도 이런 이유 때문일 거예요.[17-22] 안타깝게도 작은 해마가 스트레스를 이기려면 큰 해마보다 더 애써야 하고, 그 때문에 해마가 더 작아지는 악순환에 갇히게 돼요. 바로 이때 운동은 강한 동맹자가 되어 줘요. 스트레스 때문에 해마가 부식되는 걸 막는 완충제 역할을 하며, 해마가 다시 완전한 크기로 회복해 제 기능을 다할 수 있도록 도와요.[23,24] 매일 운동을 하면서 내가 좀 더 맑은 정신으로 깨어 있고, 살아 있다는 느낌을 받은 건 그 때문이에요.

뇌 구조가 확장되는 건 보통 시냅스가 새로 형성되거나 절연체인 수초(말이집)가 두꺼워지는 구조적 변화 때문인 경우가 많아요. 뉴런의 경우, 뇌는 태어날 때 가지고 있던 뉴런의 수를 그대로 유지한다고 생각하면 될 거예요. 맞아요. 뉴런을 만드는 일은 젊은 뇌가 하는 거예요. 당신의 뉴런들은 이미 오래전에 은퇴했어요. 음, 그러니까, **대부분은요.**

오랫동안 과학계는 어른의 뇌는 새로운 뉴런을 생성할 능력이 없다고 믿었어요. 새로운 뉴런을 생성하는 과정을 '신경 생성neurogensis'이라고 해요. 그런데 과학의 많은 이야기에서 그렇듯이, 신경 생성에도 놀라운 이야기가 숨어 있었어요. 아직 논쟁의 여지는 있지만, 성인의 뇌에는 신경을 생성할 수 있는 특별한 영역이 몇 곳 있을 수 있으며, 그중에 한 곳이 바로 해마 내부예요. 지금까지 해마를 오랫동안 알아 왔고, 여러 상황에서 관찰해 왔기 때문에 해마에 관해서는 모르는 게 없다고 생각했다면 놀랐을 거예요.

뇌 구조는 러시아 인형을 닮은 데가 있어요. 한 층을 벗겨내도 다른 층이 있는 거예요. 뭐랄까, 다른 층이라기보다는 자체적인 임무와 기술을 갖춘 약간 더 작은 하부 구조라고 할 수 있을 것도 같아요. 해마의 하부 구조에는 '치아이랑dentate gyrus'이라는 곳이 있어요.

잠깐, 완전히 새것인 뇌를 만들 수 있다는 기대로 흥분하기 전에 알아야 할 사실이 있어요. 치아이랑은 정확히 말하면 뉴런 생성 공장이 아니에요. 뉴런의 정확한 생성 속도는 밝혀지지 않았지만, 규모를 가늠해 보고 싶다면 전 세계 인구가 매일 몇십 명 정도 증가하는 상황을 생각해 보면 좋을 거 같아요. 새로 생기는 이런 뉴런들은 수적으로는 적지만, 근면함으로 그 부족함을 채우려는 것처럼 보여요. 그들은 자신의 가치를 입증해 보이려고 애쓰는 열정적인 신참들이에요. 좀 더 체계가 잡힌 나이 든 동료들은 가끔은 신경 전달 물질 커피를 한 잔 마시면서 새로운 연결을 만들 때도 있지만, 그보다는 자신들이 이미 구축해 놓은 연결을 유지하는 데 더 관심이 있어요. 그에 비해 신참들은 다른 뉴런들과 연결되려고 분주하게 움직여요. 자신들의 쓸모를 입증하고, 좌우로 새로운 연결을 만들려고 너무나도 열심히 일해요.[25,26]

아직 신경 생성 과정이 모두 밝혀진 건 아니에요. 여전히 알아내야 할 것이 많고, 많은 과학자들도 아직 관련한 자료들을 확신하지 못하고 있어요. 현재까지 운동이 해마의 부피를 늘

리거나 적어도 보존한다는 추론은 널리 받아들여지고 있으며, 정신 건강에도 도움이 되리라고 여겨지고 있어요. 논란의 여지는 있지만 신경 생성이 여기에서도 중요한 역할을 할 가능성을 시사하는 연구 결과들도 있어요.[27-33] 어쨌든 새로 만들어진 뉴런은 코르티솔 분비를 조절하는 신경 회로와 활발하게 통합해 스트레스를 조절하는 해마를 도울 것이라고 추정하고 있어요.[34,35] 코르티솔 수용체가 과도하게 혹사당하고 있을 때도 새로운 뉴런의 유입은 해마에게 힘든 일을 완수해 낼 수 있는 기회를 제공할지도 몰라요.[36-40] 이 새로운 뉴런들은 갑자기 나타나 작은 도움을 주어 업무량을 줄여주는 인턴들이라고 생각하면 될 거 같아요.

하지만 갑자기 나타나 많은 일을 하는 신참들이 하는 일은 단순한 일상 업무만이 아니에요. 이 신참들은 이 세상을 인지하고 세상에 반응하는 방식을 형성하는 데도 적극적으로 관여해요. 새로운 시냅스를 만들고 기존 시냅스를 강화하면서 이 신참들은 새로운 관점으로 세상을 볼 수 있도록 정신 틀을 다시 짤 수 있게 도와요. 똑같은 걱정에 사로잡혀 있거나, 우울한 생각에서 벗어날 수 없는 틀에 박힌 삶에 갇혀 있다면, 그건 당신의 인지적 유연성이 조금 녹슬었다는 신호일 수 있어요. 인지적 유연성은 해마가 이전에 익힌 정보에만 집착할 때 경직될 수 있는데, 이런 인지적 유연성의 경직성이 우울증에서 흔히 볼 수 있는 비관주의를 일으키는 주요 원인이라고 추정되고 있어요.[41-48] 새로 만들어진 뉴런은 이런 경직성을 깨트리고(가설이 맞다면요), 부정적인 사고가 생겨날 수 있는 신경 회로를 부수는 역할을 해요.[49,50] 해마가 새로운 정보를 더 잘 장착할 수 있게 되면, 부정적인 사고 패턴을 막고 변화시키는 능력도 향상되겠죠.

움직임과 생각은 오래 함께한 댄스 파트너예요. 서로를 더 높은 곳으로 올려주는 이 둘은 우리 종이 시작됐을 때부터 관계를 맺어왔어요. 당신이 움직이면 당신의 몸은 이제 새로운 영역을 탐구하게 될 것 같다는, 새로운 경험을 하게 될지도 모르겠다는, 어쩌면 뉴런들을 새롭게 연결해야 할 필요가 생길지도 모르겠다는 신호를 뇌로 보내요. 그런 신호를 받은 뇌는 이렇게 말할 거예요. "우와, 곧 많이 움직일 거야. 우리가 배우게 될 재미있는 일을 처리하려면 뉴런을 좀 더 만들어 두는 게 좋겠어!"

우리의 조상들에게 움직임은 단순히 필요한 것이 아니라, 생존을 위한 열쇠였고, 더 나아가 생존 그 자체였어요. 하지만 지금 우리는 우리를 가만히 있게 하는 세상을 건설했어요. 교실을 만들고, 칸막이를 친 좁은 방을 만들었어요. 게다가 여가조차도 앉아서 즐기는 방법을 고안했어요. 굳이 의자에서 벗어나지 않아도 무한히 지식에 접근할 수 있는 기술들을 개발했어요. 하지만 수백만 년의 진화를 통해 형성된 우리의 뇌는 여전히 학습과 성장을 움직임과 연관 지어요.

마음은 예리하게, 생각은 명석하게 유지하고 싶다면 뇌가 물려받은 유산을 존중하고, 주변 세계와 활발하게 소통하면서 세상일에 적극적으로 참여해야 해요. 마라톤에 참여하고, 암벽 등반을 해야 한다는 말이 아니에요. 물론 그런 활동에 관심이 있다면 하는 게 좋겠지만요. 가게에 물건을 사러 갈 때는 차를 타고 가는 것보다 걸어가는 게 좋아요. 움직일 수 있는 취미 활동을 하고, 적어도 1시간 정도 앉아 있었다면 일어나거나 몸을 움직이는 노력 정도는 해야 한다는 거예요. 강도가 낮은 운동도 해마의 부피를 증가시킨다는 연구 결과가 있어요.[51-54] 사실 활기차게 걷기는 해마를 키울 수 있는 가장 확실한 방법 가운데 하나예요.[55] 중요한 건 일상을 살면서 일부러라도 규칙적으로 움직여야 한다는 거예요.

움직일 필요가 있다는 점 말고도 생존을 위해 매일 투쟁해야 했다는 것도 사람의 뇌를 진화시킨 원동력이에요. 진화의 관점에서 보면 충분히 반응하지 않는 뇌보다는 위험에 지나칠 정도로 과도하게 반응하는 뇌가 훨씬 나아요. 장애, 공포, 평범한 걱정을 모두 아우르는 감정인 불안은 우리가 해를 입지 않도록 보호하기 위해 뇌가 치루어야 했던 대가예요. 문제는 오늘날 우리가 직면한 위협은 예전과 달리 즉각적으로 생명을 위협하는 형태가 아니라 좀 더 추상적이라는 거예요. 도대체 우리는 어떻게 해야 이 세상에 더는 그런 위협은 없다는 걸 뇌에게 분명하게 알려줄 수 있을까요?

## 맥락이 모든 것이다

새로운 기억을 모으는 해마는 비슷한 사건들을 한데 섞지 않으려고 모은 정보를 분류하고 라벨을 붙여요. 이 작업을 패턴 분리pattern separation라고 해요. 슈퍼마켓에 갔을 때 주차한 공간을 기억할 수 있는 건 뇌의 이 기본 기능 덕분이에요. 패턴 분리 기능이 없다면 당신의 뇌는 오래된 기억과 새로운 기억을 한데 섞어, 주차한 곳을 찾으려고 한참을 헤매야 할 거예요. 아마 그런 경험이 모두 한 번쯤은 있을 거예요. 인지 능력도 인간이 늘 그렇듯 오류가 발생하기 쉬워요!

해마에게는 모든 경험을 체계적으로 정리하려고 끊임없이 애쓰는 치아이랑이라는 통합된 팀이 있어요. 다소 폭압적인 방법으로 해마는 각 뉴런에게 단지 하나의 독특한 기억 패턴만을 처리해야 한다는 아주 지루한 임무를 부여해요.[56,57] 이 작업의 지루함은 아무리 강조해도 지나치지 않아요. 그저 책상에 앉아서 밤이고 낮이고 각자 자신만이 들고 있는 고무도장을 손에 들고 할당된 패턴이 나타나기만을 기다려야 해요. 그 패턴이 나타나는 순간에만 뉴런은 아주 즐거워하며 도장을 내리찍을 수 있는 거예요. **혹시, 치아이랑한테 노조를 결성해야 한다고…… 말해줘야 하는 게 아닐까요?** 이건 정말 인턴들에게 시키면 딱 좋은 일이에요. 아무튼 신경 생성 과정이 꾸준히, 건강하게 이루어진다면 패턴 분리 능력이 향상되리라

고 믿는 건 바로 그 때문이에요.[58]

하지만 신경 생성 과정이 정신 건강에 공헌하는 방법은 명확하게 알기 힘들 때도 있어요. 렘 수면 때 해마와 편도체가 그들의 작은 심장과 심장을 맞대고 있어야 한다고 했던 거 기억하나요? 해마와 편도체 모두 과거의 경험을 바탕으로 특정한 상황이나 장소를 위험과 연관 짓는 과정인 맥락적 공포 조건화contextual fear conditioning에도 관여해요.[59] 초대를 받고 간 생일 파티에서 광대와 주먹다짐을 하게 됐다고 생각해 보세요. 해마가 적절하게 개입하지 않으면 편도체는 이 세상 모든 광대는 물론이고, 서커스 공연, 심지어 생일 파티까지도 어떻게 해서든 피해야 할 위협이라고 판단해 버릴 수도 있어요. 경쾌한 옷을 입은 거리의 악사를 지나칠 때마다 갑자기 식은땀을 흘리게 될지도 몰라요. 친구들은 당신이 무엇 때문에 컵케이크를 먹을 때면 탁 트인 공간에서, 그것도 탈출구가 여러 개인 장소에서 먹어야 한다고 고집을 부리는지 그 이유를 몰라 어리둥절할 거예요.

하지만 당신의 해마가 개입하면, 편도체에게 광대와 주먹다짐을 한 건 일회성 사건으로, 특정 파티에서 특정 광대하고만 일어난 일임을 알게 해줘요. "진정해, 친구. 그냥 어쩌다 일어난 일이야. 두려워할 일이 아니야." 훈련이 잘된 해마는 상황이 처한 맥락을 좀 더 잘 이해할 수 있어요. 하지만 작고 약한 해마는 상황에 따른 맥락을 제대로 이해하지 못하고, 결국 당신을 엄청난 불안에 빠뜨려요.

편도체는 정말로 나쁜 평가를 받고 있어요. 불안과 근거 없는 두려움은 편도체 때문이라는 비난을 받을 때가 많거든요. 하지만 사실 편도체는 자신이 확보한 정보를 가지고 최선을 다하고 있는 것뿐이에요. 정확하게 말하면, 자신에게 없는 정보를 가지고 최선을 다하는 거지만요. 맥락을 해석하는 건 해마가 해야 할 일이에요. 해마가 제 역할을 하지 못할 때 편도체는 당신을 위험에 빠뜨리지 않기 위해서 공포 반응을 일반화할 수밖에 없어요. 간신히 억누른 공포에 몸을 떨며 '후회하는 것보다는 안전한 게 나아!'라고 생각하며 훌쩍이는 거예요. 이 불쌍한 친구는 그저 자기가 해야 하는 일을 하는 것뿐이에요. 지나치게 열성적으로 한다는 게 문제지만요.

불안장애는 다른 모든 정신 건강 문제와 마찬가지로 복잡하고 다층적이며, 다루기 힘들 때가 많아요. 그러니 나는 운동이 모든 것을 해결해 주는 만능 치료약이라는 말은 하지 않을 거예요. 더구나 당신이 우울증을 앓고 있거나 불안에 사로잡혀 있다면 달린다는 생각은 전혀 매력적이지 않을 뿐 아니라 불가능한 것으로 보일 수도 있어요. 바로 여기가 대화가 막히는 지점이에요. 운동의 혜택을 말하는 건 쉽지만, 운동을 하기까지 그 길을 막는 실제적이고도 압도적인 장벽을 인정하는 건 너무 어려워요.

정신적으로 힘든 사람들은 아마도 운동을 하라는 말이 지겹게 느껴질 거예요. 그 이유는 운동을 궁극의 치료법인 것처럼 말하는 경우가 너무나 많기 때문이라고 생각해요. 그러니까 이런 식으로 강요하는 거죠. 우울해? 불안하고 갈피를 못 잡겠어? 그럼 빨리 걸어 봐. 요가를 좀 해. 헬스장에 나가. 한두 세트만 하고 오면 분명 괜찮아질 거야. 아무 효과가 없다고? 그건 네가 충분히 열심히 하지 않아서 그래.

이런 식의 말들은 운동이 모든 걸 해결해 줄 거라고 믿기에 많은 사람이 하는 깔끔하고 편리한 답변이에요. 보통 소셜미디어 댓글에서 언제나 볼 수 있어요. 단 하루도 정신 질환을 경험해 본 적이 없는 사람이 '운동하세요'라는 말을 조언으로 제시해요. 하지만 이런 조언은 상황을 너무 단순화한 것으로, 오히려 그 때문에 더 큰 해를 입을 수도 있어요.

더구나 운동을 하려면 에너지가 필요하다는 사실도 생각해야 해요. 정신 건강에 문제가 있는 사람들은 에너지가 부족할 경우가 많아요. 우울증 때문에 겪어야 하는 극도의 피로를 경험해 본 적이 없는 사람이라면 그런 문제를 모르겠지만, 우울증을 앓아 본 사람들은 침대에서 일어나는 것조차 엄청나게 힘이 들 수 있다는 걸 알아요. 물론 자기 인생을 주도적으로 이끌면서 책임을 다하는 게 정신 건강에 도움이 되지 않는다는 말은 아니에요. 당연히 도움이 돼요.

가볍게 뛰는 것만으로 정신 건강 문제를 모두 해결할 수 있는 것처럼 단순화시키는 일도 문제가 되지만, 그 어떤 해결책도 없다는 것처럼 과장하는 것도 분명히 해로운 태도예요. 나는 이런 맥락에서 엄마를 생각해 볼 때가 많아요. 어느 순간, 엄마는 너무나도 피곤해졌고, 일을 그만두었어요. 아마도 이제는 자신이 통제할 수 없는 상황이 되었고, 스스로 상황을 바꿀 방법은 전혀 없다는 생각을 믿는 것이 엄마에게는 더 쉬운 선택이었을 거예요. 그래서 엄마는 '당신에게 의미가 있는 건 결국 당신에게 올 거예요' 같은 진부한 문구에 매달렸어요. 그런 문구들은 엄마가 주체성을 포기해도 된다고 말하고 있었으니까요. 질병은, 천천히, 조용하게 다가와 덮쳐버려요.

여기에는 섬세한 균형이 필요해요. 일단 정신 질환 때문에 생기는 실제적이고 분명한 한계가 있음을 인정해야 해요. 하지만 그런 한계들이 전혀 노력하지 않는 변명으로 작동하게 해서는 안 돼요. 당연히 당신을 밀어붙여야 해요. 가끔씩만 밀어붙여서는 어떤 일도 일어나지 않아요.

운동은 정신 건강에 도움이 되지만, 심각한 질환이라면 운동은 그저 다양하게 실행해야 할 치료 전략의 일부일 뿐이에요. 운동은 무기고에 놓여 있는 무기의 한 종류로, 전략적으로 사용할 수 있는 추가 화력인 거죠. 스트레스나 우울증, 불안을 다스릴 때는 해마가 클수록 더 좋은 효과를 보는 것 같아요.[60-64] 가장 강력한 불안장애로 꼽을 수 있는 외상 후 스트레스 장애의 경우에도 해마의 부피가 클수록 치료 가능성은 더 높았어요.[65,66] 실제로 해마의 부피 증가는 항우울제와 관계가 있어

요. 항우울제의 효능은 해마의 부피를 크게 늘릴 수 있는가에 달려 있다고 할 수 있어요.[67-72]

해마도 뇌의 나머지 부위처럼 뇌유래신경영양인자brain-derived neurotrophic factor, 즉 BDNF가 있어야 융성할 수 있어요. 뇌에 비료 역할을 하는 이 단백질은 뉴런의 건강을 유지하고, 새로운 뉴런이 자랄 수 있게 해줘요. 하지만 뇌가 이 BDNF를 처리하는 방법은 사람마다 달라요. 어떤 사람들의 뇌에는 BDNF 유전자가 변이를 일으킨 Val66Met가 있는데, 이 변이 유전자는 뇌가 BDNF를 방출하고 사용하는 걸 막아요.[73,74] 예를 들자면 온라인으로 세트 상품을 주문했는데, 택배가 너무 늦게 도착한 데다 포장이 제대로 되지 않았고, 상품 중에 몇 개가 누락된 채 왔다고 생각해 보세요. 뇌에 Val66Met 유전자가 있을 때는 이런 일이 일어나요. 이럴 경우 BDNF가 효율적으로 전달되지 않기 때문에 운동과 항우울제 처방처럼 기분 장애 치료를 위해 시행한 개입들이 제대로 효력을 발휘하지 못하는 거예요.[75,76]

하지만 그렇다고 방법이 전혀 없는 건 아니에요. 변이 유전자가 있어도 운동을 하면 상황은 나아질 수 있어요.[77-80] Val66Met의 방해를 모두 막을 수는 없지만 운동을 하면 뇌가 사용할 수 있는 BDNF의 양을 늘릴 수 있어요.[81,82] 뇌에 비료를 추가로 주문할 수 있는 거죠. 주문한 비료 중 일부는 여전히 사라져버릴 수도 있지만, 남은 비료로 해마를 키우고 제대로 기능할

수 있게 도울 수 있어요.[83]

이건 단지 여러 메커니즘 가운데 하나일 뿐이에요. 항우울제와 운동은 뇌에서 일어나는 여러 과정과 무수히 많은 유전·환경·생리 요인에 영향을 미쳐요. 이런 이야기들이 포괄적인 조언은 물론 아니에요. 하지만 심각한 어려움에 직면한 사람들에게 운동이 정신 건강에 어떤 식의 도움을 줄 수 있는지는 알려줄 수 있어요. 그리고 다른 사람들보다 더욱 극적인 효과를 얻는 사람들은 무엇 때문에 그런 것인지, 어떤 운동을 했기에 그런 것인지도 알려주고 싶어요.

운동을 단 한 번만 해도 뇌의 BDNF 수치는 증가하는데,[84-86] 수치가 증가하는 즉시 기분이 좋아지고 인지 능력이 높아질 수 있어요.[87-89] 해마의 세포들을 지켜줄 수 있는 일시적인 방패 역할도 해줄 수 있고요.[90] 물론 정신 질환을 밖으로 나가 거리를 몇 바퀴 돌면 해결할 수 있다는 듯이 단순화해 말하는 것은 내가 지양하는 경솔한 태도이지만, 정신 건강 문제에서는 아주 작은 이득이 중요할 때도 있어요. 시간을 들여 아주 조금씩 점진적으로 양을 늘리는 운동은 뇌가 회복력을 기르고 반격할 힘을 갖게 해줄 수 있어요.

운이 따르지 않는 힘든 시간을 보내고 있을 때, 규칙적으로 하는 운동은 매일 아주 조금씩이지만 내게 유리한 방향으로 가능성을 쌓아주고 있는 것처럼 느껴졌어요. 하지만 진실은, 운동과 나의 관계는 언제나 복잡했다는 거예요. 운동이 절망의 수렁에서 나를 구해준 이야기는 깔끔하고 영웅적인 단 하나의 이야기로 정리할 수 없어요. 진짜 이야기들이 흔히 그렇듯이, 나의 14년간의 운동과 신체 단련의 여정도 복잡하고 다층적이고 엉망이에요. 흔히 우리는 우리 자신의 삶을 신화로 만들고자 하는 욕망에 휩싸이고, 하나의 명확한 이야기로 합쳐질 수 없는 부분은 그냥 얼버무리고 지나가려고 해요. 운동이 내 정신을 멀쩡하게 유지해 준 근본 원인이었던 때도 많지만, 문제가 없었다는 식으로 말하는 건 내가 운동과 맺는 관계가 건강하지 않았을 때를 편리하게 무시해 버리는 거예요.

## 실패는 선택이 아니에요

시작은 소박했어요. 매일 밤 같은 음식을 먹는 것을 천천히 일상으로 만들어 갔어요. 칠면조 가슴살, 브로콜리, 피리피리 소스가 나의 저녁 식사 메뉴였어요. 간식으로는, 가끔 우리집에서 가까이 있는 귀여운 테이크아웃 전문 식당에서 햄버거를 사 먹었어요. 먹은 후에 죄책감이 너무나도 커져서 더는 먹지 않기 전까지는요. 그때 일어났던 일을 명확하게 말로 설명할 수 있는 재주가 없네요. 그때는 정신 건강의 일부를 개선하는 일이 다른 부분을 악화시킬 수 있다는 생각은 전혀 하지 못했어요.

스물세 살이 된 나는 자주 식사를 거르고, 강박적으로 운동을 했고, 가만히 앉아 있어야 할 때는 일부러라도 다리를 움직였어요. '움직여야 열량이 소비되는 거야. 모든 열량을 계산해야 해.' 그런 행동들이 나에게 해가 된다는 사실을 인식하지 못한 채, 그렇게 생각했어요. 몇 분에 한 번씩 내 몸에 대해서 생각했고, 누군가 나를 볼 때면 내가 증오했던 울퉁불퉁한 엉덩이와 툭 튀어나온 배를 보고 있는 거라고 생각했어요. 이런 행동들이 낳은 결과는 수년이 지난 후에야 깨달았어요.

내 이야기는 조금도 독특하지 않아요. 운동의 세계와 멋진 몸매라는 이미지는 너무 깊이 얽혀 있어서 떼려야 뗄 수 없는 관계를 맺고 있으니까요. 사실 이런 경향은 균형 잡힌 몸이 고귀한 인격을 반영한다고 믿어 숭배했던 고대 그리스까지 거슬러 올라가요. 그리고 이런 관계는 오늘날 피트니스 인플루언서들이 육체의 완벽함을 전파하며 건강과 미적인 이상주의 사이에 그어져 있던 선을 흐릿하게 만드는, 소셜미디어의 시대에 새로운 생명력을 갖게 되었어요.

인플루언서들의 조언 속에는 누구나 자기 몸을 '선택'할 수 있다는 메시지가 담겨 있어요. 당신의 몸은 당신의 일부로 받아들여지기보다는 순수한 의지력으로 향상시키고 최적화할 수 있는 대상으로 취급되고 있어요. 아름다운 몸을 갖는 것은 완전히 새로운 자아를 갖게 되는 관문이며, 이 경이로운 기적을 이룰 때 필요한 대가는 그저 몇 가지 고결한 선택을 하는 것이라고 믿게 돼요. 그 때문에 이런 기준을 충족하지 못하는 것은 가치가 없는 게으른 사람임을 나타내는 증표라고 생각하게 되었어요.

더 마르고 근육질인 몸은 자동적으로 더 건강함을 보여주는 증거라는 널리 퍼진 믿음 덕분에 사실은 정상적이지 않은 행동인데도, 그런 행동들이 '건강한' 운동 습관으로 둔갑할 수 있는 완벽한 환경이 갖추어졌어요.[91] 노르웨이에서 800명의 피트니스 강사를 대상으로 한 설문에서 남자 강사 22%, 여자 강사 59%를 섭식장애로 진단할 수 있다는 결과가 나왔어요.[92] 그들의 수업을 받는 사람들이 그들의 생활방식이 건강한 삶을 보여주는 모범 사례라고 여길 걸 생각하면, 정말 놀라운 일이에요.

20대 후반에야 나는 엉덩이와 뱃살에 대한 나의 집착은 단순한 자아비판을 넘어선 질병이라는 걸 알았어요. 그 병의 이름은 신체이형장애body dysmorphic disorder, BDD였어요. 그때까지 나는 나의 신체 결함을 끊임없이 생각하고, 실내에 들어갈 때마다 사람들이 나를 뚫어지게 쳐다본다고 느끼는 건 완벽하지 않은 내 몸 때문에 생기는 자연스러운 결과라고만 생각했어요. 이런 문제를 겪는 사람은 나만이 아니에요. 26개 연구 결과를 분석한 자료는 보디빌더나 역도 선수 같은 운동선수들도 '운동이형장애bigorexia nervosa'라고 부르는 장애에 특히 취약하다는 것을 보여주고 있어요. 운동이형장애도 크게 보면 신체이형장애에 속해요. 마찬가지로 운동과 운동 과학을 전공하는 학생들도 생물학이나 영양학을 전공하는 학생들에 비해 신체이형장애에 걸릴 가능성이 더 높다는 연구 결과도 있어요.[93]

내가 애초에 피트니스 문화에 끌렸던 이유가 나의 무의식 속에 조용히 숨어 있던 신체이형장애 때문인지, 아니면 그 문화 자체에 내재된 문제 때문인지는 알 수 없어요. 신체이형장애와 운동 환경 사이에서 흔히 볼 수 있는 연관성은 이 같은 딜레마에 봉착해 있어요. 하지만 분명한 점은 이상화된 몸매를 미화하며 운동을 재촉하는 메시지가 외모에 대한 불안과 건강을 해치는 행동을 조장하는 데 분명히 어떤 역할을 한다는 거예요.[94-103]

당신이 좋아할 우상과 인플루언서를 현명하게 선택해야 하는 건 그 때문이에요. 당신의 소셜미디어 피드에 몸을 매력적으로 만들려면 운동을 해야 한다고 조언하는 글이 되도록 적게 노출되도록 관리하세요. 이건 정말 중요해요. 연구 결과에 따르면 순위 전 세계 100위 안에 드는 유명한 피트니스 인플루언서 가운데 거의 3분의 2가 정신과 신체 건강에 해를 미칠 수 있는 글을 게시하며, 그들 중 약 절반은 공식 자격을 갖추지 않았다는 연구 결과가 있어요.[104]

'**지방을 불태워요!**' '**뱃살을 공격해요!**' '**뚱뚱한 허리를 없애버려요!**' 같은 공격적인 언어를 사용해 목표를 설정하는 홍보

성 콘텐츠를 조심해야 해요.[105] 반드시 그런 건 아니지만, 그런 콘텐츠는 건강과 체력을 기르는 것이 목적이 아니라 외모를 지상 최고의 가치로 여기는 외모 파시즘을 반영하고 있을 때가 많아요. 그들의 콘텐츠가 죄의식이나 수치심을 불러일으킨다면 그 즉시 팔로우를 끊으세요. 당신의 피드에는 즐겁게, 과정을 즐기며, 강해지고, 정신이 건강해질 수 있게 돕는 콘텐츠가 넘쳐나게 해야 해요.[106]

물론 신체 목표라는 태그를 달거나 야심차게 운동할 계획을 세우는 것에 본질적인 문제가 있다고 말하는 건 아니에요. 당연히 당신에게는 몸을 변화시킬 권리가 있고, 세상에는 건강한 방법으로 몸매를 가꿀 수 있는 방법들도 많이 있어요. 다만 자기수용이 없는 상태에서 이런 변화를 추구할 때 문제가 생기는 거예요. 완벽한 몸을 만들겠다는 오만한 생각이 마음속에 떠오른다면, 그건 한 발 뒤로 물러나서 운동을 하는 이유를 다시 고민해야 한다는 신호예요.

이런 메시지는 보디빌더나 미인대회 참가자를 비롯해 거의 모든 운동선수에게 특히 중요해요. 몸을 자신의 기술 도구로 사용할 때는 몸을 물건처럼 생각하고 남용하려는 유혹이 커질 수 있어요.[107,108] 모든 패배, 비판, 좌절을 지나치게 개인적인 것으로 받아들인다면 자기 계발과 자기 파괴를 가르는 경계선이 모호해져요. 이런 현상이 운동계에만 있는 건 아니에요. 배우나 모델처럼 자아가 캔버스 역할을 하는 분야라면 언제든지 일어날 수 있는 일이에요. 실험을 하고 책을 쓰는 나는 실패로 끝난 실험이나 신랄한 서평에서 나 자신을 조금쯤은 쉽게 분리할 수 있는 것 같아요. 그저 나에게 '내가 한 일이 실패했어'라고 말해줄 수 있으니까요. 이런 표현은 **'나는 실패했어'**라고 표현하는 것보다 훨씬 쉽게 그 상황을 견딜 수 있게 해줘요.

실패는 분명 그다지 즐겁지 않지만, 살아가는 법을 배우려면 필연적으로 겪어야 하는 경험이에요. 실패를 건설적으로 받아들여 좀 더 나은 자신을 만들기 위한 동기로 삼는 사람이 있는가 하면 무질서한 습관에 무릎을 꿇는 사람, 다시는 시도조차 하지 않고 포기하는 사람까지, 실패를 대하는 사람들의 반응은 천차만별이에요. 당신과 당신에게 가끔 찾아오는 운동 실패 사이에 심리적 거리감을 둔다면 자아 개념을 안전하게 지킬 수 있어요. 이런 거리감은 본질적으로 기분이 나아지게 할 뿐만 아니라 좀 더 성장할 수 있는 방향으로 반응을 이끌 수도 있어요.[109-113] 사고방식이나 목표를 설정하는 방법과 같은 다른 요인들도 당신이 실패에 대처하는 방식을 결정하는 데 영향을 미칠 거예요.

완벽은 도달할 수 없는 기준이에요. 완벽을 목표로 세우면 매번 목표에 도달하지 못할 테고, 끊임없이 실패한다는 기분을 느낄 수도 있어요. 완벽함이 도달할 수 없는 목표라면, 당신의 운동 여정에서는 어떤 현실적인 목표를 세워야 할까요?

## 운동의 역설 – 무거운 운동의 가벼움

어렸을 때 나에게는 뚜렷한 정체성도 방향성도 없었기 때문에 운동의 세계로 들어왔다는 것은 마침내 무엇이 되었든 하고자 하는 일이 생겼다는 뜻이었어요. 매장 직원으로 일했던 나는 특히나 힘든 한 주를 보낸 뒤에 내 운동 트레이너인 크리스에게 가서 개인 트레이너가 될 수 있는 괜찮은 자격증 코스가 있는지 물어봤어요. 그때 크리스는 나에게 더 큰 계획을 제시했어요. "그냥 자격증을 따지 말고 대학에 가서 학위를 따요. 누가 알아요? 당신이 언젠가는 세계 일류 선수들을 가르치게 될지?" 한 달 뒤에 나는 대학교에서 스포츠과학을 공부하기 시작했어요.

엘리트 선수를 가르친다는 꿈은 결코 실현되지 못했지만, 고등 교육을 받겠다는 나의 결심은 신경과학 석사 과정을 밟게 했고, 일류 트레이너가 되겠다는 꿈 못지않게 웅장한 야망을 실현할 수 있는 길을 열어주었어요. 그게 이 이야기의 핵심이라고 할 수는 없지만, 그저 믿어주는 것만으로도 사람이 사람에게 커다란 영향을 미칠 수 있다는 건 정말 놀라운 일이에요(고마워요, 크리스!).

나는 무질서한 식습관과 운동 습관을 온몸에 장착한 채로 대학교에 갔지만, 다행히도 마른 몸을 위한 식습관 따위는 전혀 관심사가 아닌 건장한 남자들이 구성원인 집단에서 생활하게 됐어요. 물론 나는 아니었지만, 그 집단에 있던 적은 수의 여자들도 마른 몸매가 아니라 더 강하고 더 빠른 몸을 만드는 데 관심이 있는 선수들이었어요. 그들에게 고무된 나는 근력 운동 동아리에 가입했어요. 결국 점진적으로, 나도 모르는 사이에 나의 목표는 바뀌었고, 전혀 다른 시각으로 내 몸을 보기 시작했어요.

  육체적으로나 비유적으로 자신을 축소하는 데에만 너무나도 많은 에너지를 쏟아부으며 살았던 나에게 몸을 팽창시킨다는 생각, 더 강하게 성장하고 더 많은 능력을 갖춘다는 생각은 정말 신선했어요. 저울에 나타나는 숫자가 내 몸에 근육이 붙고 있고, 몸의 능력이 향상되고 있음을 알려주는 동안, 나는 열량이 아닌 식품 라벨에 적힌 단백질의 양을 확인하는 나 자신을 발견했답니다. 운동을 잘하려면 연료인 탄수화물도 필요하다는 사실을 깨달았을 때, 마침내 탄수화물도 오명을 벗게 되었어요.[114,115] 나에게 체육관은 고행의 장소가 아니라 승리의 장소였어요. 봉의 양쪽 끝에 1.5kg 중량의 원판을 추가할 때마다 꼭 승자가 된 것 같았어요. 영양 결핍과 낮은 자기 믿음 덕분에 오랫동안 저점을 찍고 난 뒤였기에 더 기뻤어요.

  날씬함에서 강함을 추구하는 것으로 나의 마음을 바꾸는 것은 운동에서 내가 느끼는 즐거움이 너무나도 컸기 때문에 전혀 어렵지 않았어요. 땀을 흘리고 응원해 주는 운동선수들이 가득 찬 새로운 환경, 힘과 체력을 기르는 데 집중하는 체육관은 정말로 내가 있고 싶은 공간이 되었어요. 물론 너무 지치고 의욕이 없는데도 체육관에 가야 했던 날들도 있었지만요. 장기 프로젝트에서 가끔 지치는 건 어쩔 수 없는 일이죠. 하지만 운동과 체육관, 나의 동료 선수들과의 관계는 수치심이나 두려움이 아니라 기쁨과 고마움에 기반했어요. 그전에 다녔던 체육관 사람들도 나에게 불친절했던 사람은 없었지만, 모든 운동 시간이 사회인으로 사는 것이 적합한지를 시험하는 오디션인 것처럼 완벽한 모습을 보여야 한다는 압박을 끊임없이 느껴야 했어요. 그곳에서 나는 언제나 받아들여지기를 갈망하는 아웃사이더였어요. 하지만 새로운 환경으로 옮긴 뒤에는, 그런 불안은 사라져 버렸어요. 갑자기 나는 팀의 일원이 되었고, 그 느낌은 굉장했어요. 자유롭고 새로운 시각을 갖게 됐어요. 나도 옆에 있는 소녀만큼이나 귀여운 운동복을 좋아하지만, 새 체육관에는 밤새 지역 영주의 성을 헤매고 다녔던 창백한 빅토리아 시대 여인처럼 입고 와도 괜찮다는 분위기가 퍼져 있었어요. 이런 분위기가 마음에 든다면, 당신에게도 작고 독립적인 체육관이 더 어울릴 거 같아요.

누구나 새로운 일을 시도하거나 낯선 영역에 들어가게 되면 약간의 자의식을 갖게 되죠. 하지만 익숙해지고, 일상이 되면 그런 자의식은 보통 사라져요. 그런데 가끔은 아무리 노력해도 부끄러움이나 불안이라는 기분이 사라지지 않고 지속될 때가 있어요. 지금 당신이 그런 상황이라면 환경을 바꿔보는 게 좋을 수도 있어요. 이 원칙은 단순히 체육관에 국한되지 않고, 모든 운동에 적용할 수 있어요. 우리 뇌는 특별한 환경과 정서 경험을 강하게 연관 지을 때가 많아요. 특정 체육관이나 상황에서 자의식이나 불안을 느꼈다면, 우리 뇌는 그런 감정을 불러일으킨 원인이 사라진 뒤에도 같은 곳에 가거나 비슷한 상황에 처할 때면 같은 감정을 불러일으킬 거예요. 새로운 환경에서는 이런 연관성이 없기 때문에 새롭게 출발할 수 있어요. 완전히 새로운 상황에서는 같은 활동도 완전히 다르게 느껴질 수 있는 거예요.[116,117]

당신은 운동을 싫어할 수가 없어요. 아니, 그냥 하는 말이 아니에요. '고통이 없으면 결실도 없다'라는 격언은 우리의 집단의식에 깊숙이 스며들어 운동을 유익한 활동이 아니라 징벌 수단처럼 보이게 했어요. 자신의 한계에 도전하는 건 중요해요. 하지만 자신의 한계까지 밀어붙이는 것과 자신을 비참하게 만드는 건 같지 않아요. 매 순간 즐기지도 못한 채 자신을 한계 상황으로 밀어붙이면 쉽게 그만둘 뿐 아니라 완전히 지칠 수 있어요. 기분을 좋게 하고 스트레스를 줄이려고 운동을 하는데, 매 순간이 고역이라면 원하는 목표는 이루기 힘들어져요.[118-120]

순전히 즐겁다는 이유로 했던 마지막 일은 무엇이었나요? 좋아하는 영화를 봤다거나, 포장 충전재 뽁뽁이를 터트렸다거나, 양파 절임 한 통을 다 먹어버렸다거나 하는 일 말이에요. 즐거움은 행동을 이끄는 내재적 동기이자, 더 많이 누리고 싶어 다시 같은 일을 하게 만드는 원동력이에요. 진정으로 하고 싶은 일을 할 때, 사람들은 그 일을 계속하게 될 가능성이 커져요.[121,122] 운동이라고 다를 게 있을까요? 당신이 즐길 수 있는 운동 루틴을 발견한다면, 그것은 당신 삶의 일부가 될 거예요. 그저 할 일 목록의 하나가 아니라요.

신체이형장애를 앓고 있을 때 내가 그랬던 것처럼 순전히 자신을 혐오하기 때문에 운동을 하는 것도 가능하기는 하지만, 그런 식의 접근법은 큰 대가를 치러야 해요. 자신은 부적절한 사람이라는 감정을 바탕으로 무언가를 시작한다면 낙심하게 될 뿐만이 아니라 육체적으로나 정신적으로 지칠 수밖에 없어요.[123-128] 당신을 정신적으로 풍성하게 해줄 것이라는 기대로 하는 바로 그 일이, 당신의 정신 건강을 고갈시켜 버릴 수 있는 거예요.

자신을 사랑할 수 있는 장소에서 운동을 하면 상황을 완전히 바꿀 수 있어요. 몸에 벌을 가하고자 하는 욕망이 아니라 당신의 몸을 사랑하고자 하는 마음에서 하는 운동은 매 순간 당신이 할 수 없는 것을 상기시키는 고약한 심술이 아니라 할 수 있는 것을 축하하는 의식이 될 거예요. 자신을 강하게 밀어붙여야 더 많은 것을 이룰 수 있다고 생각할 수도 있지만, 사실은 그 반대예요. 자신을 사랑하는 것이 동기가 될 때 변할 수 있다는 믿음이 더 커지고, 같은 실수를 반복할 가능성이 줄어들며,

목표를 이룰 수 있게 끈질기게 노력할 가능성이 커져요.[129-132] 이런 마음가짐은 좌절한 뒤에도 쉽게 회복할 수 있는 힘이 돼요.[133] 운동은 당신의 몸을 경멸하기 때문이 아니라, 보살펴야 하기 때문에 하는 거예요.

이상적인 형태의 운동은 적어도 당신을 기대하게 만드는 것이어야 해요. 언제나 즐겁고 활기찰 수는 없겠지만요. 예를 들어, 3분의 1 법칙을 원칙으로 삼는 게 좋을 거 같아요. 세 번의 운동 시간 중에 한 번은 즐거운 운동 시간으로, 한 번은 살짝 힘든 시간으로, 한 번은 아주 힘든 시간으로 구성한다면, 이상적이라고 생각해요.

스포츠와 운동은 생리적인 수준에서 건강에 좋을 뿐 아니라 적절한 운동을 하면, 그러니까 ―3분의 1 규칙에 따르는― **실제로 즐거운 운동**을 하면 육체적인 완벽함을 추구한다는 함정을 피할 수 있어 자신과 맺는 관계도 근본적으로 변화시킬 수 있어요.

## 앞으로 나가기 그리고 우스꽝스럽게 움직이기

마라톤 훈련을 시작한 첫 여름에 내 삶의 리듬은 일정해졌고, 그 덕분에 토요일이면 일요일에 오래 달리기 위해 일찍 잠자리에 드는 습관을 들일 수 있었어요. 지금까지도 그 습관을 유지하고 있고요. 문제는 한여름이 유학을 떠났던 친구들이 모두 돌아와 토요일 밤마다 맥주 파티를 벌이는 시간이라는 거예요. 그러니 토요일 초저녁은 맥주와 친구들에게 굴복할 수밖에 없다는 건, 당연한 일이었어요.

당연히 나는 많이 마시지는 않았어요. 하지만 몇 달 동안 늦은 밤까지 웃고 떠든 여파로 일요일에 늦게 일어났을 때는 음, 그다지 기분이 **좋지 않았어요.** 그 상황에서 내려야 하는 합리적인 결정은 분명히 16km를 뛴다는 일정을 취소하거나 적어도 내 머리가 울리지 않을 때까지 기다리는 거였어요. 하지만 그건 내 훈련 주간을 완전히 개편해야 한다는 뜻이었고, 월요일 오전에 장거리 달리기를 한다는 건 일요일에 컨디션 저조로 못 뛰는 것보다 더 끔찍한 일이라는 생각이 들었어요. 그러니까 진퇴양난이었던 거지요. 그래서 뛰기로 결정했어요. 그날 나를 괴롭힌 건 진퇴양난이 아니라, 위에서 올라오는 신물이었지만요.

욱신거리는 머리와 뒤집어지는 위장을 움켜잡고 사경을 헤매지만 않았어도 너무나도 평화롭게 느껴졌을 10km 환상 도로를 따라 나는 간신히 리비에르 세이트 찰스Rivière St. Charles까지 갔어요. 정말 의심할 여지없이 내 생애 최악의 질주였어요. 한 걸음 뗄 때마다 이런 터무니없는 운동이 아니라 어두운 방에서 드러눕고 싶다고 애원하는 나의 몸과 협상을 벌여야 했어요. 태양은 너무 밝았고, 길은 너무 길었고, 머리는 포장도로를 밟는 나의 발과 정확히 같은 박자로 쿵쿵 뛰었어요. 한 걸음, 한 걸음, 뛸 때마다요. 그때 나는 분명히 죽을 것 같은 표정을 짓고 있었을 거예요. 보통은 뛰어가는 선수들을 향해 격려의 고갯짓을 해 보이는데 나를 보는 사람들 얼굴에 정말로 걱정하는 표정이 서려 있었거든요.

어쨌든 난 그날 완주했어요. 모든 근육이 아우성치는 몸을 이끌고 집으로 돌아오면서 문득 깨달았어요. 난 포기하지 않았어. 비참함, 숙취, 가까운 공원 벤치에 드러누워 죽음을 기다리고 싶다는 유혹에도 불구하고 나는 끝까지 달렸어요. 그때 나는 생각했어요. '나는 포기하지 않는 사람이구나. 내가 나에 대해서 몰랐었구나.'

몇 달 전에 트위터에서 누군가 쓴 글을 우연히 발견했어요. 그는 그 아팠던 완주의 날 내가 느꼈던 감정을 아름답게 묘사하고 있었어요. '당신의 몸이 이전에는 할 수 없었던 일을 해낸 경험은 당신의 삶이 변할 수 있다는 무의식에 대한 본능적이고도 부정할 수 없는 메시지이다.'[134] 마라톤을 완주한 날처럼, 그전에는 하지 못했던 일들을 해낼 때마다 몸은 내 정신의 깊은 곳으로 강력한 메시지(**이걸 할 수 있다면 다른 것도 할 수 있지 않을까?**)를 전해요.

스포츠나 운동은 당신의 실제 모습을 밖으로 드러내 주고, 오랫동안 자신을 향해 했던 끔찍한 말들이 틀렸음을 보여줘요. 자신의 행동을 지켜봄으로써 스스로에 대해 더 잘 알게 돼요. 운동을 위해 세운 목표는 자신의 멋진 모습을 볼 수 있는 기회를 줘요. 삶을 바꿀 수 있다는 강력하고도 부정할 수 없는 메시지를 당신의 잠재의식에 전달할 야심 찬 목표를 세워보라고 권하고 싶어요. 물론 거창한 목표를 세워야 하는 건 아니에요. 유행하는 레깅스를 입거나 훈련 계획을 따르지 않아도 움직일 수 있는 방법을 분명히 찾을 수 있을 거예요. 당신의 필요와 흥미에 더 맞는 방법을요. 하지만 내 말에 귀를 기울일 마음이 있는 분들에게 말해보자면, 나의 (아주 소박한) 운동 성과는 내 삶과 정체성을 풍성한 의미로 가득 차게 해주었어요. 나 자신의 잠재력을 보는 시각이 확장됐다는 것도 그렇게 될 수 있었던 이유일 거예요.

2018년 전에 좀비가 출현하지 않은 건 정말 행운이었어요. 솔직히 그때까지는 5분 이상 뛴다는 건 나로서는 상상도 할 수 없는 일이었으니까요. 스물여덟 살이 되기 전 나에게 마라톤 훈련을 받게 되리라는 말은커녕 뛰게 될 거라는 말을 했어도 웃었을 거예요. 하지만 그저 바벨을 들어 올리는 것이 아닌 새로운 도전을 간절히 원했던 나는 이 터무니없는 생각을 현실로 만들어버렸어요. 서른네 살이 된 지금, 마라톤을 완주할 수 있는 몸은 여전히 만들지 못했어요. 하지만 뛰는 게 두렵지 않다거나 좀비가 나타나도 괜찮을 거 같다는 기분을 느끼는 건 좋아요. **근데, 좀비는…… 마라톤을 완주할 수 있을까요?**

다른 사람들의 삶과 경험을 둘러보면서 그런 영광은 나에게 올 수 없다고 스스로 믿는 건 너무 쉬워요. 땀에 흠뻑 젖은 운동복을 입은 사람들이 창문 옆을 지나가는 모습을 보면서, 그들이 운동 체질을 타고났다고 생각하고 싶은 건 당연해요. 하지만 소시지샌드위치 애호가에서 아마추어 운동선수로 변신한 사람으로서 장담하건대, 그들 대부분은 내가 그랬듯이 평범한 습관을 가진 평범한 사람들일 거예요. 그저 어느 날 러닝화 끈을 묶으면서 이 신발이 자신을 데려가는 곳을 확인해 보고 싶다고 결심한 사람들일 거예요. 나의 비공식 새엄마 린다는 55세에 '코치 투 5' 훈련 프로그램으로 달리기를 시작했고, 그 뒤로 계속 뛰고 있어요. 어디서 시작했는지는 중요하지 않아요. 시작점이 어디든 스포츠와 운동의 영역으로 이끌어 줄 길이면 되는 거예요. 아주 눈곱만큼 적은 양이라도 내면에 운동을 하는 자신에 대한 환상이 있다면, 운동을 시작해야 해요. 아마 스스로에게 놀라게 될 거예요!

사실은 중급이나 고급 수준에 맞는 체력이 필요한 운동 프로그램을 무턱대고 시작한다는 게 초급자들이 흔히 하는 실수예요. 시간이 지나고 꾸준한 훈련과 함께 할 때 비로소 심리적인 변화들이 생겨요. 이런 변화는 자기 능력의 한계까지 몰아붙일 때 나오는 '제발 그만!'이라는 신호를 어느 정도는 완화해 주는 역할을 해요.[135-138]

초심자의 실수는 매년 1월이면 체육관에서 자주 보게 되는데, 안타깝게도 일부 운동 강사들 때문에 상황이 더 나빠질 수 있어요. 운동을 해본 적이 없는 초심자들에게 고강도 서킷 운동을 거듭해 시키는 건 정말 보기 힘들어요. 그건 사람들 대부분이 운동을 시작했을 때보다 훨씬 더 운동을 싫어하면서 체육관을 떠나게 하는 가장 확실한 방법이니까요. 고통스러웠다는 기억과 자신은 운동에 적합하지 않다는 느낌은 운동과 그 사람의 관계를 쉽게 규정해 버릴 거예요.[139]

특히 서킷 운동은 격렬한 유산소 운동과 정확하게 동작하기 위해 고도의 집중력을 요구하는 근력 운동을 함께 해야 하는 힘든 과정이에요. 초심자로서는 뚫고 나가기 힘든 난관이죠. **당신이 '회원님, 할 수 있어요!'라고 소리치는 이런 강사의 피해자라면, 당연히 보상을 요구해야 해요**(법적으로는 아니에요. 그냥 농담이에요).

운동을 시작하는 첫 단계에서는 운동을 일상으로 만들고, 운동과 사랑에 빠질 수 있도록 일종의 허니문 기간을 조성해야 해요. 서킷 운동을 시작하려는 초보자에게는 넷플릭스를 보면서 경사진 러닝머신 위를 30분 정도 활기차게 걷고 그 뒤에 기구를 이용한 저항운동을 30분 정도 하면 생리적으로 이점을 얻을 수 있다는 조언을 해주고 싶어요. 이런 방법으로 운동을 하면 체육관을 나설 때는 '이거 별로 어렵지 않은데?'라고 생각하게 되고, 운동을 하는 게 두려워서 체육관에 가지 않을 변명을 찾는 대신 다음에도 체육관에 오게 될 거예요.

우리는 운동이 반드시 어렵고 전문적인 활동일 필요는 없다는 점을 쉽게 잊어요. 놀이를 통해서도 '움직인다'는 목표를 쉽게 이룰 수 있어요. 운동을 한다는 건 햇빛을 받으며 걷거나 공원에서 자전거를 타는 것처럼 분명한 활동을 해야 한다는 의미가 아니에요. 거실에서 빠른 재즈 음악에 맞춰 파트너와 춤을 추는 것도 괜찮아요. 정원에 간이 워터슬라이드를 설치하고 아이들이나 친구들과 놀아도 돼요. 부모와 자녀 관계가 아니라고 해도 정신없이 망가져도 돼요. 분필로 바닥에 줄을 그어 사방치기를 해도 되고, 공원에서 원반을 던지고, 해변에서 연을 날리고, 점심시간에 사무실을 돌아다니며 술래잡기를 해도 돼요. '운동은 자유로운 것'이라고 했던 말 기억하죠? 몸을 움직이기 위해 터무니없이 바보 같은 일을 하는 것보다 뇌가 뉴런을 연결할 수 있는 더 좋은 방법은 없을 거예요.

 운동은 그래서 아름다운 거예요. 뇌 연결로 이루어지는 진화의 유산을 활용하려고 갑자기 운동광이 될 필요는 없어요. 그저 자신에게 맞는 자연스럽고 즐거운 방식으로 더 많이 움직이면 돼요. 동물의 왕국에서 사람은 신체 능력 분야의 챔피언 자리를 차지하고 있는 분야가 없어요. 우리 종은 가장 빠른 동물도 아니고 가장 강한 동물도 아니에요. 가장 민첩한 동물도 아니고요. 산양처럼 절벽을 뛰어오르는 재주도 없고 치타처럼 내달릴 능력도 없어요. 하지만 그 모든 분야의 재주를 아주 조금씩은 부릴 수 있다는 정말 **탁월한** 장점이 있답니다.

 창을 던져야 한다고요? 아무 문제없죠. 옷을 꿰매라고요?

물론이에요. 레고 조각을 밟고서 망했다는 몸짓을 해 보이라고요? 이렇게요? 우리는 물건을 들어 올리고, 전속력으로 달리고, 물건을 운반하고, 언덕을 오르고, 펄쩍 뛰고, 움켜잡고, 발로 차고, 던지고, 걷고, 헤엄치고, 심지어 세상에, 야한 춤도 출 수 있어요! 사람의 뇌와 몸은 움직임이라는 말을 가장 폭넓게 적용할 수 있는 방식대로 설계되어 있어요. 우리가 움직일 수 있는 방법은 1백만 하고도 한 가지나 더 있으니, 원하는 대로 선택하면 돼요.

움직임이 상업화되고 의식화된 세상에서는 우리 존재의 자연스러운 일부가 되는 자발적이고도 즐거운 움직임을 빼앗길 때가 많아요. 그 때문에 생기는 비극은 일상이 지루해진다는 것만이 아니라 놀이로서의 움직임이 갖는 잠재력을 활용할 기회를 놓친다는 거예요. 앞에서 살펴본 것처럼 진정한 형태의 움직임은 자유와 관계가 있어요.

당신이 가고 있는 운동 여정이 어디쯤이든, 몸의 소유권을 존재의 일부로 삼아야 해요. 몸은 객체도 아니고 기계도 아니에요. 살아 있는 취약한 조직이고, 건강할 수도, 아플 수도, 다칠 수도, 고통을 받을 수도 있는 존재예요. 몸이 고통스러우면 당신도 고통스러워요. 당신의 몸은 분리할 수 없는 일부니까요. 너무 자명한 사실이라 언급할 필요도 없을 것만 같지만, 몸을 물건처럼 취급하는 사회에서는 이 사실을 반드시 기억하고 있을 필요가 있어요.

몸은 사람마다 형태도, 크기도, 구조도, 능력도 천차만별이에요. 우리는 외모에 어느 정도 통제력을 가지고 있지만, 사람들은 간단하게 완벽함을 '선택'할 수는 없어요. 심지어 완벽한 것처럼 보이는 신체를 만든다고 해도 자신을 본질적으로 바꿀 수는 없어요. 아무리 몸이 미학적으로 완벽하다고 해도 그 때문에 사람이 저절로 완벽해지는 건 아니에요. 그런데도 사실과는 반대인 내용을 주장하는 사람들이 많은 돈을 벌어들이는 게 현실이에요.

움직인다는 선택을 하세요. 왜냐하면 당신—과 당신의 몸—은 진화가 준 천부권으로 그럴 자격을 얻었기 때문이에요. 그전까지는 불가능하다고 생각했던 일을 하면서 얻는 즐거움과 자존감을 위해 운동 목표를 세우세요. 나이를 의식하지 말고 바보처럼 행동하고 즐겁게 놀 수 있는 자유를 위해 운동하세요. 결국 계속 활동할 수 있는 가장 좋은 방법은 그저 계속 움직이는 것, 그리고 그 과정에서 얻는 모든 것을 즐기는 거니까요.

## 일단, 움직일 것

● **일단은 소박하게**
가볍게 걷기 같은 아주 강도가 낮은 활동도 해마 기능을 강화하고 뉴런 생성을 도와요. 움직임이 습관이 될 수 있도록 간단한 목표를 세워 시작하세요.

● **피트니스 문화의 위험**
비현실적인 기준에 자신을 맞추려고 애쓰지 마세요. 특히 소셜 미디어에서 부추기는 기준에 말이에요. 건강한 습관에 집중하세요. 극단적인 목표와 유행이 아니라 꾸준히 지속할 수 있는 습관을 들여야 해요.

● **외모만을 중시하지 말 것**
운동을 하는 유일한 목적이 외모 향상이면 안 돼요. 육체와 정신 모두가 더 강해지고 건강해지기 위해 운동해야 해요.

● **내적 동기**
운동을 하면서 벌을 받는다는 느낌이 들면 안 돼요. 움직이는 건 의무가 아닌 자기 관리와 재미를 위한 활동, 개인의 성장에 도움이 되는 활동이라고 생각하세요.

- **움직이는 재미**

정말로 재미를 느끼는 활동을 하세요. 춤을 추는 것도 좋고, 아이들과 놀아도 되고, 잠시 걸어도 돼요. 운동이라고 해서 반드시 고강도 활동이거나 고통을 수반할 이유는 없어요.

- **즐겁게 움직이고**

운동과 긍정적인 관계를 맺으려면 자발적이고 활기차게 꾸준히 움직여야 해요. 신체 활동에 엉뚱한 재미를 첨가해 뇌에 긍정적인 연결이 생길 수 있게 해주세요.

- **몸의 욕구를 존중하기**

당신의 몸은 기계가 아니에요. 몸이 어떻게 느끼는지 살펴주고, 완전히 지칠 때까지 밀어붙이지 마세요. 격렬한 운동은 휴식과 자기 연민과 균형을 맞추어야 해요.

7장

# 나와 나 자신, 그리고 와이파이

온라인으로 연결되기

2000년대 후반을 기억하나요? 그때는 왠지 이상하고도 신나는 일이 일어날 것 같다는 분위기가 팽배해 있었어요. 스키니 진의 시대였고, 페이스북, 한쪽으로 머리 넘기고 다니기의 시대였어요. 미국 3인조 힙합 그룹 블랙 아이드 피스The Black Eyed Peas가 발표한 〈아이 가러 필링I Gotta Feeling〉이 어디서나 흘러나왔고요. 유튜브가 자리를 잡고, 매번 클릭을 할 때마다 릭롤링의 뮤직비디오를 봐야 하는 난처한 상황에 처했어도 우리는 그 위험을 기꺼이 감수했었죠. 생애 첫 스마트폰을 사려고 애플 스토어로 당당하게 들어갔던 그 시기에 바야흐로 디지털 혁명이 시작되려고 하고 있었어요.

그 무렵에 한 설문 조사는 디지털 전환기에 있는 세상을 잘 보여주는 질문을 했어요. '인터넷은 당신의 삶을 어떻게 바꾸었나요?'[1] 이 질문을 받은 사람들은 대부분 옛 친구들을 다시 만날 수 있게 되었다거나 온라인 쇼핑이 편리해졌다고 대답했어요. 하지만 최고의 대답은 이거였어요. 우리가 정보에 접근하는 방법이 바뀌었다는 것. 갑자기 세상의 지식은 클릭 한 번으로 바뀌었고, 디지털 도구들이 우리의 마음을 어떻게 바꿀지 모른다는 불안이 많은 사람들 마음에 퍼져 나갔어요.

우려의 속삭임은 이미 2005년에 나오기 시작했어요. 휴렛팩커드는 인포매니아(디지털 기기를 이용해 새로운 정보나 뉴스를 확인하려는 강박적인 욕구) 연구에서 '받은편지함에 도착한 이메일은 우리의 집중력을 해칠 뿐 아니라 IQ도 10정도 낮춘다'고 했어요. 맞아요. 제대로 읽은 거예요. **이메일을 한 통 읽으면 IQ가 10점 낮아져요!** 이 대담한 주장은 엄청난 소동을 일으켜서 BBC 뉴스,[2] 〈포브스〉,[3] 〈뉴 사이언티스트〉[4] 같은 주요 언론매체에서 다루었어요. '마리화나보다 더 IQ를 낮추는 인포-매니아' '인포매니아를 조심하라' 같은 제목이 사람들을 불안하게 만들었어요. 그런데 많은 곳에서 휴렛팩커드의 연구 결과를 기사로 다루었지만, 정작 연구 방법은 한 번도 세상에 공개된 적이 없어요. 이 연구를 온라인에서 검색하면 나중 기사가 이전 기사를 참조하고, 이전 기사가 더 이전 기사를 참조하는 아찔한 순환 과정만을 확인할 수 있어요. 연구를 진행한 글렌 윌슨Glenn Wilson은 훗날 그 연구와 거리를 두면서 "이 연구는 내 인생의 오점입니다. HP는 한 홍보 프로젝트에 자문을 구한다며 나를 하루 채용했어요. 그때는 미디어에서 그 프로젝트(와 내 책임)를 부풀려서 보도할 거라는 걸 전혀 예상하지 못했습니다."[5,6] 라고 말했다.

비공개로 진행된 연구가 언론의 지나친 관심을 받는 것이 놀라운 일은 아니에요. 그 관심의 많은 부분이 언론사 웹사이트나 개인 블로그라는 온라인 매체를 통해 전개된다는 건 더더욱 놀랄 일은 아니에요. 그런데 온라인의 광기에는 뭔가 시적인 부분이 있어요. 온라인이 검증되지 않은, 다시 말해서 거짓일 가능성이 있는 주장을 증폭시켜 우리에게 온라인에 대해 경고한다는 거예요. 온라인은 자신의 왜곡된 이미지를 다시 반사해 우리에게 보여주는 거울로 가득 찬 방과 같아서 조용히 온라인 정보의 진짜 위험을 드러내 보여요. 거짓말은 진실보다 훨씬 더 빠르게 전파된다는 것 말이에요.[7]

온라인에서 우리는 사소한 것부터 중요한 것까지, 다양한 거짓말을 해요. 사진 필터는 평범한 얼굴을 현실에는 존재할 수 없는 이상적인 모습으로 바꾸고, 거짓 뉴스는 대중의 인식을 왜곡해 엄청난 정치적 결과를 초래해요. 인플루언서들은 완벽한 결혼 생활의 단계별 스냅사진을 게시하고, 가짜 건강 전문가들은 잘못하면 생명을 앗아갈 수도 있는 입증도 되지 않는 허위 정보를 퍼뜨려요. 이런 기만들은 차곡차곡 쌓여 결국 무엇이든 사실이 될 수 있는 대체 현실을 만들 발판이 되어줘요. 그런데 왜 우리는 기꺼이 그런 정보를 수용할까요? 아니, 애초에 우리가 거짓말을 하는 건 무엇 때문일까요?

스스로 자신을 얼마나 이성적이라고 생각하든 우리의 뇌를 움직이는 건 감정이에요. 수치심·외로움·두려움·분노보다

주의를 더 잘 끌 수 있는 건 없어요.[8-13] 알고리즘은 빠르게 학습해 이런 취약함을 정확하게 파악해요. 바로 여기서 덫은 조여오는 거예요. 더 많은 스크롤은 우리에게 더 많은 감정을 느끼게 하고 그럴수록 스크롤 횟수도 늘어나요. 그에 따른 반응으로 우리는 ―우리 자신과 타인에게― 거짓말을 하기 시작해요. 우리가 정신의 대본을 다시 쓰는 이유는 그 감정들을 이성적으로 이해하고 싶기 때문이에요. 다른 사람의 허구가 자신의 허구와 일치할 때 자신도 의식하지 못한 채로 무언의 약속을 하게 돼요. 당신이 나의 왜곡을 묵인해 준다면 나도 그렇게. 그럼 우리는 함께 우리의 불안이 정당해 보일 현실을 만들 수 있어. 두려움이 합리적인 것으로, 분노가 정의로운 것으로 보이는 현실을 말이야. 그러면서 아주 천천히 거짓말을 쌓아 나가요. 결국 결심과 신념이 증거보다는 감정적 검증에 좌우되는, 전적으로 자신이 만들어 낸 세계에서 살게 되는 거예요.

　보이지 않는 곳에서 냉혹하고 계산적인 힘이 우리를 조종하고 있다고 상상하면서 기술을 비난하기는 쉬워요. 하지만 그렇지 않아요. 인터넷은 그것을 사용하고 그 모습을 형성해 가고 있는 수백만 명의 마음을 연장한 거예요. 온라인은 바로 우리예요. 우리는 기계와 싸우고 있는 게 아니라 자신과 싸우고 있는 거예요. 우리가 맞서야 하는 가장 큰 위협은 우리가 똑바로 보기를 거부하는 직감적인 반응들, 감정을 따르는 성급한 결론, 비논리적인 편향 같은 사람의 인지력이 갖는 특징들이에요. 하지만 우리는 마음을 이끄는 법을 배울 수 있고, 그렇게 함으로써 무의식적으로 관심 경제 attention economy•에 굴복한 주체성을 찾아올 수 있어요.

## 인터넷은 사람을 바보로 만들까

인포매니아 연구가 주의를 끈 이유는 사람의 깊은 곳에 있는, 미지에 대한 두려움을 건드렸기 때문이에요.[14] 지적 세계에서 기술은 언제나 이런 두려움을 불러일으켰어요. 아주 오래전 소크라테스는 글을 쓰는 사람들이 늘어난다며 애통해했어요. 공교롭게도 우리가 그 사실을 아는 건 플라톤이 쓴 『파이드로스 Phaedrus』라는 글 덕분이지만요. 『파이드로스』에서 소크라테스는 "이것은…… 이것을 배운 사람들의 영혼에서 망각을 불러일으킬 것이다. 그들은 기억을 사용하지 않을 테니 말이다. 그들은 외부 문자를 믿고 자신의 기억력은 믿지 않게 될 것이다."[15]라고 했어요. 19세기에는 먼 거리까지 빠르게 소식을 전할 수 있는 전보 때문에 깊게 논의하는 사람의 능력이 사라질 거라는 비판이 있었어요.[16] 그로부터 약 100년쯤 뒤에는 TV를 보면 뇌가 썩을 수도 있다는 걱정을 하는 사람들이

• 사람들의 주목을 받는 것이 경제 성패의 주요 변수가 되는 경제

있었고요.[17] 지금은 인터넷, 스마트폰, AI가 끝없이 쏟아내는 정보가 결국 우리를 바보로 만들 거라는 두려움을 느끼고 있어요. 물론 일부는 타당한 걱정이지만, 대부분은 예부터 있었던 걱정을 그저 재활용한 것에 지나지 않아요. 인터넷을 인지 변화와 연결하는 연구 결과들도 나와 있는데, 세부 내용을 자세히 살펴보면 진짜 위협은 정보에 접근하는 것이 아니라 끊임없이 산만해진다는 데 있다는 걸 알게 될 거예요.

이 글을 쓰려고 자료를 조사하는 동안 계속 보이던 연구 결과가 있어요. '구글이 기억에 미치는 효과- 손가락 끝으로 접하는 정보가 인지력에 미치는 결과 Google Effects on Memory: Cognitive Consequences of Having Information at Our Fingertips'[18]라는 연구였어요. 이 연구는 디지털로 정보에 접근하면 외부 저장 장치에 의존하기 때문에 결국 기억력이 약화될 수 있다는 증거로 거듭해서 다른 논문에 인용됐어요.[19-21] 분명히 글쓰기에 관한 소크라테스의 두려움을 떠오르게 하는 반응이에요. 하지만 이 연구 제목은 다소 오해의 소지가 있어요. 실제로 구글과 이 실험은 전혀 관계가 없었어요. 연구자들은 실험 참가자들에게 컴퓨터에서 여러 정보를 무작위로 보게 했고, 나중에 그 정보들 가운데 몇 개를 기억하는지 확인했어요. 자신이 본 정보가 삭제될 거라는 말을 들은 사람들은 31%를 기억했고, 컴퓨터에 정보가 저장될 거라고 들은 사람들은 22%를 기억했어요. 여기서 살짝 뒤로 물러나 큰 그림을 봐야 해요.

기억은 무작위로 형성되지 않아요. 뇌에게 그래야 할 이유가 있을 때만 사건은 기억으로 암호화되어 저장될 수 있어요. 그런데 당신도 경험한 적이 있겠지만, 무엇이 중요한가라는 문제에서 뇌가 언제나 자신의 소유주와 의견이 일치하는 건 아니에요. 그럼에도 불구하고 해마와 전전두엽피질은 보존할 가치가 있는 정보인지를 결정하기 위해 함께 협력해 정보의 중요성과 맥락을 평가해요.[22] 해마와 전전두엽피질이 실험실 환경에서 무작위 사실을 처리할 때와 똑같은 방식으로 온라인에서 접하는 모든 정보를 처리할 거라고 가정하는 건 비약일 것 같아요. 당신이 테일러 스위프트에 관한 기사 제목을 훑어보고 있다고 가정해 봐요. 나중에 기사 제목을 기억할 확률은 관심이 어느 정도인가에 비례할 거예요. 정말로 스위프트를 좋아하는 사람이라면 기억할 가능성이 아주 높겠죠. 하지만 별 관심이 없는 사람이라면 잊어버릴 거예요. 정보가 ―우리의 직업이나 열정, 혹은 경험처럼― 중요한 일과 연결되어 있을 때, 그 정보는 신경생물학적으로 좀 더 묵직한 의미를 갖게 되고, 뇌가 기억을 저장할 준비를 시작할 만큼의 충분히 강력한 신호가 되어 뇌 속으로 흘러 들어가게 돼요.[23-26]

하지만 그렇다고 가짜 구글 연구를 너무 성급하게 기각해 버리면 안 돼요. 컴퓨터에 정보가 저장된다는 말을 들은 사람들은 기억 점수가 낮았어요. 그건 우리가 무의식적으로 기계에 기억을 의지한다는 뜻일까요? 어쩌면 그럴지도 몰라요. 하지만 이런 행동이 비단 컴퓨터에만 국한되지는 않아요. 예를 들어, 팀 활동이 학습에 어떤 영향을 미치는지를 살펴본 연구에서도 사람들은 자신의 기억을 다른 존재에게 의지한다는 결과가 나왔어요.[27] 연구자들은 자신이 2인 1조로 실험에 참가한다는 말을 들은 사람들에게 업무 관련 단어를 외우라고 요청했어요. 팀을 이룬 사람이 자신과 비슷한 분야에서 일한다는 말을 들은 사람들은 여러 목록에서 고르게 단어를 기억했어요. 하지만 팀원이 다른 부서에서 일한다는 말을 들었을 때는 범위를 좁혀 주로 자신의 전문 분야와 관련이 있는 단어를 기억했고, 다른 분야는 팀원의 기억력을 믿고 느슨하게 기억하는 모습을 보였어요. 우리 뇌는 그렇게 하는 것이 합리적이라고 판단할 때 기억을 저장한다는 부담을 다른 사람에게 넘겨요. 사실, 기억은 그저 쌓기만 하는 단독 행위가 아니라 관계와 환경에 의해 형성되는 공동 과정이자, 함께 공유하는 기억이에요. 이는 사회적으로 협력해 온 기반에서 태어난 탁월한 적응으로, 이제 사람이 아닌 존재에까지 이 적응을 확장하려는 의지가 있는 것 같아요. 생각해 보면 슬리퍼를 물어 오는 개, 메시지를 전달하는 비둘기, 물체를 운반하는 도르래와 지렛대처럼, 우리를 대신해 주는 존재들을 끊임없이 만들어 냈어요. 그런 일을 직접 할 수 없기 때문이 아니라, 사람이라는 존재가 원래 시간과 에너지를 절약하는 걸 선호하기 때문이에요.

에너지 절약은 인간이란 존재의 행동과 생리 기능 모두에서 핵심적인 역할을 해요. 우리가 모든 것을 기억하지 않는 건 분명히 그 때문이에요. 모든 것을 기억한다면, 뇌는 과부하 되고, 삶의 모든 부분을 세세하게 분류하면서 엄청나게 많은 에너지를 소모해야 할 거예요. **잊음은 버그가 아니라 조용히 마음을 정리할 수 있게 해주는 기능이에요.** 또한 우리가 기억해야 하는 중요한 일들을 의미 있게 연결하는 뇌의 능력을 활용할 수 있다는 뜻이에요. 사람의 인지력이 갖는 마법인 거예요. 우리는 기억하기 위해서가 아니라 이해하기 위해서 존재해요. 실제로 필요하지 않은 기억 저장소는 정리해도 돼요. 당신이 동료가 담당하는 고객들의 이름과 그들의 커피 취향을 기억하는 걸 동료들에게 맡기는 것처럼, 어떤 배우의 출연작을 정확히 분류해 두는 것도 인터넷에 맡길 수 있어요.

사람들이 흔히 하는 또 한 가지 걱정은 화면에서 정보를 찾고 읽는 것은 실제 책의 페이지를 넘기는 것만큼 뇌가 깊이 관여하지 않는다는 거예요. 이런 걱정은 어느 정도는 사실에 근거해요. 정보를 수집할 때 온라인에서 검색하는 것이 백과사전을 참고하는 것보다 기억할 가능성이 낮다는 연구 결과도 있어요.[28] 하지만 다시 한번 말하지만, 세부 사항을 고려하는 게 중요해요. 책이 아니라 화면을 참고 자료로 선택할 때는 정보와 상호 작용 하는 방식도 달라지고, 새로운 변수―시간―도 생겨요. 온라인 검색은 즉각적인 결과를 보여주지만 이 속도는 우리의 작업기억을 넘쳐나게 할 수 있어요. 작업기억은 비유하자면 정보를 실시간으로 붙잡아 처리하는 뇌의 스케치 패드예요. 작업기억이 처리할 수 있는 정보에는 한계가 있어서, 너무 많은 정보를 빠르게 적어나가면 생각이 뒤섞이다가 사라져 버릴 수 있어요.[29] 그에 비해 책을 뒤적이며 느리게 정보를 얻는 과정은 뇌가 정보를 흡수하는 능력과 속도를 맞출 수 있어요. 책을 뒤적이는 동안 작업기억은 가지고 있는 내용물을 비우고 일시 정지 상태가 되어서 정보 가운데 일부를 다음 단계의 처리 과정으로 보내 단기기억으로 만들어요.

여기서 우리가 알아야 할 점은 인터넷은 기억에 위협이 되는 것이 아니라, 우리보다 **빠른** 속도로 작동한다는 거예요. 우리가 속도를 높일 수 없으니, 인터넷이 속도를 줄여야 하는데, 고맙게도 인터넷은 그런 건 신경 쓰지 않는 것 같아요. 그저 눈 하나 깜빡이지 않고 도를 닦는 사람처럼 가만히 앉아서 우리가 준비가 되어 다시 검색할 때까지 기다릴 뿐이에요. 만일 온라인으로 정보를 수집해야 한다면, 속도를 늦춰보세요. 가끔은 화면에서 멀어져 먼 곳에서 아련하게 바라보세요. 의자에서 일어나 몸을 좌우로 비틀어보거나 가까이 있는 고양이 배에 얼굴을 대고 눌러보세요. 당신의 뇌가 임무를 수행하지 않아도 되는 휴식을 취해 보세요. 보통 쉴 때 뭘 하면서 시간을 보내죠? 스마트폰을 손에 들고 계속 화면을 내리고 있을 거예요. 그건 마라톤을 한 뒤에 휴식을 취한다며 100미터 질주를 하는 것과 같아요.[30] 계속해서 들어오는 정보를 처리해야 하기 때문에 뇌는 충전할 시간을 갖지 못하게 되는 거예요.[31]

뉴런은 놀라울 정도로 탐욕스러워요. 끊임없이 산소와 포도당을 요구해요. 그래야 제대로 기능할 수 있거든요. 뉴런이 너무나도 많은 일을 하게 되면 당신도 뉴런의 피곤함을 느낄 수밖에 없어요.[32,33] 뉴런에게 공급되어야 할 자원이 부족하기 때문은 아니에요. 실제로 뇌가 소비하는 전체 에너지양은 비교적 안정적으로 유지돼요. 변하는 건 뇌가 필요로 하는 곳에 자원을 보내는 분배 방식이에요. 우리는 과제와 과제 사이를 뛰어다니고, 새로운 것들을 배우고, 여러 인지 저장소의 내용물을 꺼내 쓰도록 되어 있어요. 하지만 하루 종일 화면 앞에 앉아서 일을 하거나 계속 우울한 뉴스들만 쳐다보고 있으면 뇌는 계속 같은 지역으로만 산소와 포도당을 공급할 거예요.

뉴런은 자원을 소비할 뿐만 아니라 자원을 소비하고 남은 노폐물도 생산해요.[34] 뇌에는 노폐물을 처리하는 자연 청소부들이 있지만, 뉴런이 과도하게 일하면 청소 속도가 따라가지 못해요. 결국 뇌에 노폐물이 쌓이고 당신은 피곤해질 수밖에 없어요.[35,36] 이 과정은 생각보다 빨리 일어나기 때문에 적어도 30분에서 90분에 한 번은 화면에서 벗어나 휴식을 취한다는 목표를 세워야 해요.[37-39]

인간의 기억 능력이 약화되고 있으며, 정보에 **편리하게** 접근할 수 있다는 것 자체가 위험하다는 경고를 받을 때가 많아요. 이런 주장에는 도덕적인 면이 있어요. 노력하는 것은 미덕이며, 힘들여 얻은 것만이 진정으로 가치가 있다는 생각이 깔려 있는 거예요. 지금은 지식을 추구하는 일이 '너무나도 쉬운 것'처럼 보이는 거죠. 지나치게 도덕에 집착하는 사고방식은 우리가 틀렸다고 배운 것과 실제로 틀린 것 사이에 놓인 경계선을 흐릿하게 만들곤 해요. 사실 뇌는 인터넷 때문에 정보를 쉽게 얻는다거나 끊임없이 인터넷을 탐색한다고 해서 수동적으로 변하지 않아요. 오히려 그와는 정반대예요. 우리 뇌는 끊임없이 쏟아지는 데이터 공격을 처리하려고 애쓰면서 너무 오랜 시간 일을 하고 있어요. 현재 인간은 인류의 역사에서 그 어느 때보다 더 많은 정보를 생성하고 있고, 그 정보를 끊임없이 소비해야 한다는 압박을 받고 있어요. 지금 위험에 처한 건 기억력이 아니에요. 주의력이에요. 한꺼번에 천 갈래 방향에서 주의력을 잡아당기고 있으니, 우리의 주의력은 너무나도 얄팍해져 버렸어요.

## 분할 화면 인생

주의력은 유한해요. 신중하게 소비할 수 있고, 부주의하게도 소비할 수 있는 자산이에요. 스크롤 하면서 지나치는 모든 인스타그램 게시글, 트윗, 문자 메시지, 챗지피티ChatGPT에 하는 요청까지, 이 모든 것이 당신의 뇌가 가진 자원을 두고 경쟁해요. 뇌는 당신에게 필요하지 않을 거라고 생각하는 것을 선택적으로 잊어버리고, 기억 저장소를 정리하는 일을 할 거예요. 하지만 주의력에 부담을 덜어주는 건 당신이 해야 할 일이에요. 이는 화면에서 물러나야 하는 때를, 앱을 하나 더 확인하고 싶거나 링크를 하나 더 클릭하고 싶은 충동을 참아야 할 때를 알아야 한다는 뜻이에요. 발톱이 무엇으로 만들어졌는지를 굳이 챗지피티에 물어볼 필요가 있나요? 끝없이 이어지는 위키피디아 하이퍼링크 토끼굴에 빠져야 하는 걸까요? 몸이 없는 얼굴들을 계속 쳐다보며 화면을 넘기면서 귀중한 휴식 시간 15분을 써버리는 게 과연 현명한 일일까요?

전 세계가 화면 하나에 모두 담겨 있는 지금은 전 세계 어디라도 손을 뻗어 만질 수 있다고 생각하기 쉬워요. 우리는 부분적으로는 지루해지기 싫다는 이유로 끊임없이 산만해져요. 사람은 정말로, 정말로 지루함을 싫어해요. 너무 지나친 과장이 아니냐고 생각할지도 모르지만, 이런 성향을 완벽하게 포착한 연구가 있어요.[40] 이 연구에서 실험에 참가한 사람들은 자신이 버튼을 눌러 전기를 흐르게 할 수 있는 전기 충격기를 들고서 오롯이 생각만 해야 하는 상황에 15분 동안 놓였어요. 참가자들이 해야 할 일은 그저 앉아서 생각하는 것뿐이었지만, 그들 중 절반이 넘는 사람들이 자신에게 전기 충격을 가한다는 선택을 했어요. 그 짧은 시간에 지루함을 참지 못해 190

번이나 전기 충격기 버튼을 누른 사람도 있었어요. 190번이나요. 도대체 그 사람은 무슨 생각을 한 건지, 생각을 하기는 한 건지 궁금해요. 이봐요, 190번 씨? 혹시 이 책을 보고 있다면, 제발 자신에게 지루할 기회를 줘보라고 부탁하고 싶어요.

지루함은 사람이 경험해야 하는 중요한 상황 가운데 하나예요. 지루함은 우리를 소파에서 일어나게 하고 신선한 공기를 마시게 하는 원동력이에요. 마침내 전화기를 들어 옛 친구에게 만나자고 말하게 하는 이유이고, 코딩, 요리, 바느질 같은 다양한 기술을 배우게 하는 원인이에요. 지루함은 새로운 세계를 열게 하는 마법의 주문이에요. 지루하지 않았다면 결코 발견하지 못했을 우리의 모습을 발견하게 해주는 열쇠예요. 하지만 우리는 이 지루함을 화면의 틱톡이나 인스타그램 같은 앱의 화면을 계속 넘기면서 채울 때가 많아요. 다음번에도 그러려고 한다면 재빨리 휴대폰을 내려놓으세요. 그저 앉아서 지루함을 느껴보세요. 온몸에 지루함이 스며들게 하고, 그 지루함이 당신을 어디로 데려가는지 확인하세요.

지루하기 때문에 계속 화면을 내리는 행위는 진정한 몰입과는 거리가 멀어요.[41] 그런 행위는 단지 지루함이 영감을 주는 행동을 수행하는 것을 막을 뿐이에요. 한 가지 디지털 활동을 끝내면 또 다른 디지털 활동으로 이동하는 미디어 멀티태스킹 성향에서 그런 모습을 확인할 수 있어요. 동영상을 틀어놓고 다른 화면을 내려보는 건 누구나 흔히 하는 일이고, 그에 더해 세 가지, 네 가지 디지털 활동을 한꺼번에 하는 일도 드물지 않아요. 영화를 틀어 놓은 상태에서 아이패드로 기사를 훑어보고, 가끔씩 친구에게 문자를 보내고, 아무 생각 없이 인스타그램을 살펴보는 일을 예사로 해요. 우리의 불쌍한 뇌는 사방에서 공격을 받는 거예요.

이런 성향을 보이는 이유는 자극을 추구하는 것이 사람의 자연스러운 성향이기 때문이에요. 초기 인류는 자신에게 주어진 시간의 대부분을 음식과 쉴 곳을 찾아다녔어요. 그러니 지루할 틈이 거의 없었을 거예요. 생존하는 삶이란 끊임없이 자극을 받아들여 육체적으로 힘들고 정신적으로 다양한 과제를 완수한다는 의미였죠. 결과적으로 우리가 진화할 수 있는 능력을 발전시킨 이유는 단순히 진화하는 뇌가 끊이지 않고 지속되는 활동에 익숙해졌기 때문인지도 몰라요. 약용 식물을 찾아다니게 하거나, 짝이 될 수 있는 사람과 시시덕거리게 하는 등, 어쩌면 지루함은 고대 인류를 행동할 수 있게 하는 진화적 이점을 제공했을 수도 있어요.[42,43]

지금도 우리는 상당히 많은 과제를 처리하고 있지만, 그 업무들은 과거에 해야 했던, 명백하게 생존과 관계가 있던 활동과는 거리가 멀어요. 우리가 일상에서 치뤄야 하는 전투는 연달아 참가해야 하는 줌 모임이나 끝나지 않는 빨래 같은 일이에요. 그러니까 승리했다는 기쁨이나 지적 성취감을 느끼기는 힘든 평범한 작업들이에요. 그 때문에 생기는 헛헛함을 보상하려고 화면을 번쩍이는 여러 기기를 한데 쌓아두고 주의력을 분산시키고 있어요. 문제는 우리 뇌가 이런 상황에서 작동하도록 만들어지지 않았다는 거예요. 미디어 멀티태스킹은 진화가 우리의 주의력 계에 대비시켜 놓지 않은 일, 즉 한꺼번에 몇 가지 일에 동시에 집중하게 하는 일을 하도록 강요해요.

우리의 주의력 계는 신경을 써야 할 일과 무시해도 되는 일을 결정함으로써 우리의 실재를 형성해요. 대부분의 시간 무의식은 어떤 정보를 의식적으로 인식할 것인지를 결정하고 원활하게 처리해요. 이 선택 과정은 대부분 무대 뒤에서 행해지는 주의력 필터의 작용으로, 우리가 일상생활을 해나가면서 실제로 어떤 세부 사항에 주목할 것인지를 아주 조용하게 결정해 줘요.[44] 옆에서 윙윙거리는 냉장고 소리가 들리지 않는 것도, 익숙한 출근길이 흐릿해지는 것도 모두 주의력 필터가 그런 자극을 희미하게 만들기 때문이에요.[45] 주의력 필터가 없다면 뇌는 주위에서 벌어지는 모든 일의 세부 사항을 처리하려고 끊임없이 애쓰다가 결국 피로를 이기지 못하고 마비되고 말 거예요.[46] 우리가 끊임없이 과제를 바꾸면, 그것도 SNS를 보느라 계속 화면을 넘기고 이메일에 답장하는 것 같은 주의력을 요구하는 작업을 계속해서 하게 되면 주의력 필터는 과부하 되고 말아요.[47] 끊임없이 집중력을 다른 곳으로 돌린다는 것은 깊이 생각하는 능력을 약화시키겠다는 의미예요.[48-50]

당신의 뇌는 한꺼번에 여러 일을 하도록 만들어지지 않았어요. 그러니 단일 작업의 힘을 받아들이세요! 한 번에 한 가지 일을 처리해야 해요. 직장에서도요. 단일 작업을 할 수 없다면, 그다음으로 좋은 방법은 멀티태스킹의 부담을 줄이고, 가능한 한 많은 항목을 제거하는 거예요. 사람인 우리에게 세상으로 가는 가장 중요한 통로는 눈이에요. 그래서 주의력 필터는 눈을 특별히 우대해요. 우리는 주로 보는 것을 통해 주위를 탐색하고, 배우고 상호 작용하기 때문에 시각 자극은 인지 자원에 가장 큰 부담을 줘요. 사람과 달리 개는 강력한 후각으로 이 세계를 경험해요. 냄새를 맡고 있는 개를 아무리 불러도 오지 않는다고 해서 개가 당신을 사랑하지 않는다고 생각하면 안 돼요. 그저 소리보다 냄새를 더 중요하게 생각하는 개의 주의력 필터가 작동하는 것뿐이니까요. 그러니 한꺼번에 여러 가지 일을 할 수밖에 없는 상황이라면 가능한 시각 요소의 많은 자극을 제거하는 것도 방법이에요. 예를 들어 요리를 할 때는 팟캐스트를 듣는 게 좋아요. 당신의 뇌에 시각 자극이 되도록 적게 들어갈 수 있게 해주세요.

끊임없이 디지털 기기에 노출되면 또 한 가지 난처한 결과가 생길 수 있어요. 온전한 주의력이 아니라 반쯤만 주의를 기울이다 보면 보고 있는 것에 의문을 제기하거나 반발할 가능성이 낮아져요. 멀티태스킹은 뇌를 지치게 할 뿐 아니라 지적 방어력도 약해지게 해요.

## 던지고, 낚고, 생각하고

정보의 흐름이 인쇄와 대화 속도에 얽매여 있던 1970년대 초반에 두 심리학자가 예지력이라고 불러도 좋을 기이한 생각을 떠올렸어요. 존 키팅John Keating과 티모시 브록Timothy Brock은 사람들이 주의를 다른 곳에 빼앗기고 있을 때, 어떤 정보든 받아들일 가능성이 더 높다는 가설을 세웠어요.[51] 냉소주의에 기반한 가설이 아니라 전략적인 산만함을 이용하면 여론의 흐름을 바꿀 수 있지 않을까 생각한 거죠. 두 사람은 자신들의 가설을 시험해 보려고 간단한 실험을 설계했어요. 학생들에게 다양한 정도로 주의를 빼앗으면서 수업료 인상을 옹호하는 동영상을 보여줬어요.[52] 예상한 것처럼 더 산만한 상태로 동영상을 본 학생들이 수업료 인상에 더 많이 찬성했어요. 키팅과 브록이 발견한 건 뇌가 너무 많은 생각을 하느라 바쁠 때는 지름길을 택한다는 거예요. 그런 지름길 가운데 하나가 그저 동의하는 거예요. 동의하는 게 생각하고 판단하는 것보다 쉬우니까요.

좀 더 최근에는 한국에 있는 고려대학교 연구자들이 비슷한 실험을 했어요. 미디어 멀티태스킹이 우리가 들은 내용을 비판적으로 사고하는 방식에 미치는 영향력을 알아보는 실험을 한 거예요.[53] 실험 참가자들은 뜨거운 사회 문제에 관한 설득력 있는 내용을 세 편 보았는데, 다양한 미디어를 번갈아 보앉던 참가자들은 논쟁에서 결함을 발견하거나 이의를 제기하는 능력이 떨어졌어요. 손에는 스마트폰을 들고 마음은 어딘가로 가버린 채 우리가 직접 만든 기만의 공범자가 되어 버리다니, 이런 이야기는 현대판 신화처럼 느껴져요.

가짜 뉴스는 그저 오해만 불러일으키는 게 아니에요. 본질적으로 의식적인 자유 의지를 해쳐요. 건강과 잘 사는 삶에 대한 우리의 결정이 언제나 완벽한 것은 아니지만, 우리는 객관적인 진실을 바탕으로 결정할 권리가 있어요. 위험이 잘 알려져 있다고 해도 담배를 피우는 사람이 많다는 게 그런 예일 거예요. 담배가 해롭다는 정보를 제공하고 사람들의 동의를 거쳐 유통되죠. 우리의 결정은, 그 결정이 아무리 비논리적이라고 해도, 동의하지 않을 결과를 불러온다고 해도, 조작의 술책이 아니라 우리가 직접 내려야 해요. 매일 같이 당신은 결정을 내려야 하는데, 어떤 결정은 힘들지 않게 내릴 수 있어요. 수천 개 좋아요 리뷰가 달린 상품, 기적적인 건강 개선 효과가 있다고 증언하는 식단 변화, 전문가들의 의견이 완벽하게 뒷받침되는 투자 기회 같은 것들은 말이에요. 이런 선택들은 상식에 근거한 아주 명확한 결정처럼 보여요. 하지만 그런 정보들은 그와 관련된 모든 사실을 미리 알고 있었다면 우리 대부분이 절대로 고려하지 않았을 불운한 결정들이에요. 하지만 우리는 눈을 반쯤 감고 주의력도 인지적 자원도 제대로 갖추지 못한 채 콘텐츠의 흐름 속에서 수동적으로 화면을 내리고 있을 뿐이에요. 그렇게 함으로써 잘못된 정보를 받아들일 수 있도록 마음의 문을 활짝 여는 거죠.

지금 당장 SNS 앱을 지우고 와이파이가 없는 곳에서 새로운 삶을 시작하라고 주장하는 건 아니에요(물론 당신이 그런 결심을 한다면 전적으로 지지하지만요). 내가 말하고 싶은 건 한 번에 한 작업에만 주의를 기울이는 것만으로도 당신의 분산된 주의력 때문에 이득을 보는 사람들에게 대항할 수 있는 강력한 힘이 생긴다는 거예요. '한 번에 하나씩 하기'는 당신의 인지력에 자율성을 찾아줘요. 뇌가 온라인에서 본 가짜 뉴스에 엄청나게 빠르고 감정적으로 반응을 한다는 걸 생각해 보면, 인지력의 자율성 획득이 정말 중요함을 알 수 있어요(가짜 뉴스에 반응하는 속도는 우리가 콘텐츠를 인지할 수 있는 시간보다 빠른 250분의 1초 이내랍니다).[54,55] 감정이 가득 담긴 소셜미디어 피드를 재빨리 내려보는 것만으로도 우리가 세상을 보고 결정을 내리는 방식에 영향을 미칠 수 있어요. 또한 격분, 혐오, 정의로운 분노를 불러오는 이야기, 감정을 불러일으키는 콘텐츠를 보았을 때 공유할 가능성이 더 높아요.[56] 주의를 끌기 위해 엄청난 경쟁을 하는 온라인 세상에서 가짜 뉴스가 독보적인 우위를 차지하는 건 이 때문이에요.

그런데 진짜 문제는 일단 감정이라는 갈고리가 박히면 벗어나기가 힘들다는 거예요.[57] 유명한 자선 단체가 취약 계층을 속여 이득을 얻고 있다는 기사를 봤다고 생각해 보세요. 도덕적 분노와 화가 뒤섞인 마음은 곧바로 감정을 공유하게 해요. 그 뒤로 후속 기사가 올라와 이전 주장을 논리적으로 해체하고, 자선 단체를 옹호하더라도 당신은 이 후속 기사의 정당성을 의심하게 돼요. 설사 자선 단체가 무죄임이 밝혀져도, 그 단체에 대한 인식에는 처음 느꼈던 분노가 남아 있어요. 당신이 후원할 자선 단체를 결정하는 행동은 언제나 처음 각인된 감정에 영향을 받게 될 거예요.[58] 그처럼 수많은 게시글과 밈, 이야기를 탐색해 나가는 동안 우리의 인식과 판단은 그동안 접한 그 모든 좋아요와 공유, 댓글에 교묘하게 영향을 받으며 형성돼요.

## 박진감 넘치는 도파민 추적

화면에서 벗어나지 못하는 것도 강박적으로 이메일을 확인하는 것도 모두 우리의 신경 프로그래밍에 치명적인 결함이 있기 때문이에요. 사회적 상호 작용은 우리가 누리기를 원하는 평온한 삶에 중요한 역할을 하기 때문에 뇌는 사회적 상호 작용을 음식이나 섹스처럼 공들여 찾아야 하는 자원으로 분류해요. 이런 탐색 작업에 동기를 부여하려고 뇌는 도파민 신호를 활용해 우리를 사회적 상호 작용을 찾을 수 있는 곳으로 이끌어요. 문제는 뇌가 이 알림을 혼동한다는 거예요. 따라서 레딧 트롤•과의 짧은 만남이 실제로 당신의 사회적 욕구를 충족시켜 주지는 않지만, 도파민은 계속해서 그런 관계를 더 많이 맺기를 바라게 해요.

사실 우리는 집단적으로 도파민을 오해하고 있어요. 온라인에서 흔히 접할 수 있는 '쾌락 분자'라는 이름은 적절하지 않아요. 뇌에는 도파민의 주요 경로가 네 개 있는데, 각 경로가 우리의 경험과 지시에 반응하는 독특한 역할을 수행해요.[59] 예를 들어, 팔을 움직이기로 결정했다면 흑질 선조체 경로 nigrostriatal pathway의 뉴런들이 서로에게 도파민을 전달해 팔을 움직이겠다는 요청을 운동 피질에 대한 지시로 바꿔요. 흑질 선조체 경로는 또한 중뇌 피질 경로 mesocortical pathway와 중뇌 변연계 경로 mesolimbic pathway와 협력해 뇌의 보상 경로를 형성해요. 이 세 경로는 당신의 경험을 처리하려고 협력하며, 어떤 장소와 물건이 다시 돌아갈 가치가 있는지를 기억해 둬요. 우연히 찾은 카페에 들어갔는데, 학자금 걱정 따위는 완전히 잊어버릴 수 있을 정도로 맛있는 초콜릿케이크를 발견했다면, 이 세 경로는 그 사실을 기억해 두는 거예요. 차 안에서 무심코 〈보헤미안 랩소디〉를 흥얼거리고 있을 때, 이 세 경로가 재빨리 행동에 나서는 거예요. 그것은 뇌의 메커니즘과 당신 행동 사이에 놓인 틈을 메우려는 뇌의 시도예요. 뇌가 생각하기에 당신의 생존에 도움이 되는 무언가를 만났을 때, **'제발, 저**

- 온라인 커뮤니티에서 의도적으로 다른 사용자를 도발하거나 불쾌감을 주는 댓글이나 게시물을 작성하는 사람

걸 더 많이' 찾으라고 보내는 신호인 거죠.[60] 궁극적으로 뇌는 당신이 살아남을 수 있도록 애쓰지만, 앞에서 본 것처럼 그 방법을 항상 제대로 알고 있는 건 아니에요. 아이의 웃는 얼굴이든, 코카인 같은 중독 물질이든, 그 형태에 상관없이 보상 경로는 당신이 좋다고 생각하는 것을 계속 추구하게 만들어요.

도파민이 유도하는 행동 영역에서는 한 플레이어가 최고 자리를 차지해요. 바로 놀라움이라는 감정이에요. 범죄 실화를 다룬 팟캐스트의 병적인 매력을 생각해 보세요. 그런 방송을 매력적으로 만드는 것은 롤러코스터를 타는 반전과 역전, 아무것도 밝혀내지 못하고 끝나는 실망스러운 추리, 예상치 못한 충격적인 결말 같은 요소들이에요. 첫 에피소드에서 미스터리의 핵심을 다 드러내 보이면 청취자들은 신중하게 놓아둔 모든 빵가루가 갑자기 제자리를 찾는 마지막 반전에 절대 만족하지 못할 거예요. 1930년대에 심리학자 B. F. 스키너가 개척한 개념처럼 뇌도 예측 불가능한 보상을 선호해요.[61] 스키너는 실험 쥐들이 맛있는 사료를 먹고 싶을 때면 레버를 잡아당기도록 훈련했어요. 쥐들에게 음식 배달 서비스를 제공한 거예요. 실험실 상황이 쥐에게 그다지 나쁘지는 않았을 거예요. 아마도 쥐들이 믿을 수 있는 간식 배달원이 되어 주는, 당길 때마다 어김없이 사료가 나오는 레버를 선호할 거라고 생각할 거예요. 그런데 스키너는 쥐들이 가끔은 사료가 나오지 않는 레버를 당기는 경우가 더 많다는 걸 알았어요. 앞에서 예측 오류 신호가 사회적 맥락에서 어떤 식으로 작용해 우리의 정신 모형을 업데이트하면서 자존감을 조정하는지를 살펴보았었죠. 그와 마찬가지로 보상 예측 오류 부호화도 뇌가 잠재적 보상에 반응하는 방법을 조정할 수 있게 도와요. 좀 더 정확하게 말하면 보상 회로 내 도파민 관련 뉴런이 유발하는 흥분의 강도를 조절하는 일을 돕는 거예요.[62] 보상이 예측보다 나쁘면 정신 모형을 업데이트해 다음번에는 도파민의 발화량을 줄이고, 보상이 괜찮았다면 도파민의 발화량을 늘려요.[63] 그 때문에 생기는 의도치 않은 결과는 보상을 예측할 수는 없을 때 추격이라는 스릴에 빠지게 된다는 거예요.

이 같은 통찰을 수십 년 동안 활용한 곳이 바로 도박장이에요. 계속 돈을 딸 수 있다는 희망과 아직 부족하다는 기분을 느낄 정도의 손실을 적절하게 제공해 계속 돈을 걸게 하는 슬롯머신은 보상 예측 오류를 기반으로 설계되었어요. 물론 돈을 따는 건 본질적으로 보상에 해당하기 때문에 도파민 분비가 균형을 이룬 안정적인 상태라고 해도 이길 때는 계속해서 돈을 걸게 될 거예요. 하지만 계속 따게 하는 건 도박장 입장에서는 수익성이 상당히 낮은 전략이에요. 스키너의 쥐들이 끊임없이 먹이 당첨을 기대하며 레버를 내리는 것처럼 도박사들은 다음번 당김에서는 돈을 딸 수도 있다는 기대로 계속 레버를 당기게 돼요. 이제 쥐나 도박사가 아닌 당신을 생각해 보세요. 이번에는 좀 더 재밌는 숏츠를 볼 수 있다는 기대로 계속 '새로 고침'을 누르고 있는 모습을 말이에요.

 소셜미디어 앱은 슬롯머신처럼 도파민이 유도하는 예측을 능숙하게 활용해 우리의 시선을 고정시켜요. 화면을 내리거나 젖히거나 새로 고침 할 때마다 레버가 사료를 줄 것인지 말 것인지를 확인하는 거예요. 보상이 무작위로 주어질 때는 지속적으로 소셜미디어 피드를 점검해요. 안타깝게도 우리는 뇌의 기능을 바꿀 수 없고, 소셜미디어 앱을 마음대로 고칠 수도 없어요. 따라서 할 수 있는 일은 하나밖에 없어요. 소셜미디어 피드를 확인하기 어렵게 만드는 거예요. 일일 사용량을 제한하는 소셜미디어 차단 앱을 다운 받아 기술과 싸울 수도 있겠죠. 주기적으로 소셜미디어 앱을 삭제해 쉬는 시간을 확보할 수도 있을 거예요. 친구들과 함께 있거나 업무를 수행하는 중이라면 휴대폰을 멀리 떨어뜨려 놓으세요. 당신과 검색하기 사이에 장벽이 많으면 많을수록 소셜미디어 앱을 들여다보는 주기를 더 쉽게 깨뜨릴 수 있어요.

 쥐나 도박사에게는 이런 산발적인 보상이 어느 정도는 가치가 있어요. 하지만 당신에게는 어떤 이득이 있죠? 아마도 누군가 전기자동차 이슈를 둘러싸고 점점 더 험악해지는 당신의 댓글에 답을 단 걸 보면 신이 날 수도 있을 거예요. '좋아요'를 많이 받으면 행복할 수도 있어요. 운이 좋으면 링크를 클릭하게 하거나 당신의 신용카드 정보를 공유하게 유도하는 봇이 생성하는 DM을 받을 수도 있겠죠. 오, 좋았어! 도대체 온라인의 이런 매력을 어떻게 거부하라는 거죠?

## 키보드 워리어

많은 사람이 이미 어느 정도는 자신이 당기는 것이 사료 레버에서 얻을 이익은 크지 않다는 걸 알고 있어요. 그런데도 멈추지 못하는 거 같아요. 우리는 뇌가 정의하는 매우 경솔한 보상 개념에 얽매여 있을 뿐만 아니라 그런 보상이 조금이라도 위협을 받는다고 느낄 때는 언제라도 보상을 추구하는 행동을 해야 한다고 느껴요. 또한 우리의 신념이나 정체성에 가해지는 아주 작은 도전도 민감한 촉진제가 되어 싸우거나 도망치기 반응을 불러일으킬 수 있어요. 적대적인 글에 반응하는 것은 기분이 좋지 않고, 그에 들이는 노력이 삶을 풍요롭게 해주지도 않아요. 하지만 온라인에 올라오는 내용들이 뜨거운 논쟁을 불러일으킨다면 우리가 그 논쟁에 끼어들 가능성은 높아져요.[64] 뇌는 실제와 상상 모두에서 위협이 될 수 있는 것들로부터 자신을 방어해야 한다는 강박을 느끼기 때문에 우리를 이런 논쟁에 끌어들여 발로 차고 비명을 지르게 해요. 온라인에서 발생하는 작은 충돌 때문에 분비되는 아드레날린을 맛보고 싶다는 이유만으로 그런 논쟁에 휩쓸릴 때도 있어요.[65] 사람의 행동 방식에는 이렇듯 자신의 하루를 완전히 망쳐버릴 수 있는 무한한 잠재력이 내포되어 있어요.

학습에 도움을 줄 수 있는 온라인 대화는 사람을 끌어당기는 매력이 없어요. 예를 들어, 나는 전기자동차에 관해서는 거의 아는 것이 없기 때문에 전기자동차를 둘러싼 유용성 토론에서는 사람들이 제시하는 모든 내용을 기꺼이 받아들일 거예요. 전기자동차가 얇게 썬 빵 이후에 발명된 가장 멋진 발명품이라고 한다면, 좋아요. 멋지네요. 잘 알겠습니다. 안녕히 가세요, 라고 말해 줄 거예요. 하지만 고양이는 사람에게 애정을 느끼지 않는다고 말하는 사람이 있다면, 그때는 소매를 걷어붙이고 앞으로 나설 거예요. 세계 최고 고양이 행동 전문가와 논쟁을 벌인다고 해도 내 주장을 전혀 꺾지 않을 거예요. 왜냐고요? 나는 직접 경험하고 있으니까요. 뇨키는 나의 자랑이자 행복이에요. 내가 그의 생애 진정한 사랑이라고 믿고 싶어요. 뇨키가 나를 자신에게 참치 통조림을 따주고 자기 몸을 따뜻하게 해주는 라디에이터로만 여긴다고 믿는다면, 대체 나는 어떤 현실에서 살게 될까요? 고양이의 사랑 문제는 분명히 나의 정체성(과 나와 뇨키의 관계)에 대한 근본적인 부분을 건드리고 있으니, 나는 입장을 분명하게 고수하고 방어하려고 이 논쟁에 거침없이 뛰어들 거예요. 그에 반해 고양이 행동 전문가는 고양이가 사람을 사랑하지 않는다는 주장을 뒷받침해 주는 연구를 15년이나 진행해 왔는지도 몰라요. 이런 배경을 근거로 그 사람도 자신의 주장을 철회하지 않을 거예요. 우리는 둘 중 한 명이 이제 더는 하지 않겠다고 판단할 때까지 계속 교착 상태에 갇히게 될 거예요.

온라인에서 벌어지는 논쟁에 어떤 해결책이 있는 경우는 드물어요.[67] 애초에 확고하게 고수하고 있는 생각이 아니라면 온라인에서 논쟁을 벌이지도 않았을 테니까요. 싸움을 위해 싸우며, 그 과정에서 무엇도 얻지 못해요. 이런 싸움이 가져오는 더 나쁜 문제도 있어요. 가상 세계에서 벌인 이런 전투는 삶의 다른 영역으로 스며들 수 있는 분노를 남긴다는 거예요. 테슬라의 배터리 성능 저하에 대해서는 전혀 모르고 댓글을 단 이에게 날카롭게 응수한 뒤에 곧바로 식기 세척기에 그릇을 제대로 넣지 않았다며 배우자를 날카롭게 비난할 수 있는 거예요. 분노는 분노를 낳기 때문에 격렬하게 오간 댓글들을 쭉 읽는 것 같은 단순한 행동도 당신의 행동에 부정적인 영향을 미칠 수 있어요.[68]

가상의 전투는 현명하게 선택해야 하고, 피를 끓게 하는 댓글이나 콘텐츠는 철저하게 피해야 해요. 자판을 두드리는 손가락에서 분노의 불꽃이 튀고 있음이 느껴지면 휴대폰을 내려놓으세요. 그리고 10까지 세어보는 거예요. 가까이 있는 베개에 얼굴을 묻고 소리를 질러도 돼요. 하루를 망치는 온라인 논쟁에서 벗어날 수 있도록 당신이 보유한 마음 안정 도구를 모두 활용하세요. 물론 절대로 당신의 의견을 내세우면 안 된다거나 온라인에서는 다른 사람에게 무언가를 배울 방법이 없다고 말하는 건 아니에요. 하지만 당신이 새로운 관점을 받아들이거나 이성에 귀를 기울이고 싶다면 까다롭고 편향된 뇌를 다루는 법을 배워야 해요.

## 편하고 싶은 욕망

한때 우리는 '필터 버블'이 범인이라고 생각했어요. 작가이자 디지털 활동가인 엘리 파리저Eli Pariser가 제시한 필터 버블은 온라인니 나와 반대되는 생각들을 차츰 걸러낸다는 개념이에요.[69] 하지만 실제로 소셜미디어 사용자들의 미디어 식단은 더 다양하고 중도적이에요.[70,71] 진짜 문제는 어떤 생각에 사로잡히면, 그 시간이 아주 짧았다고 해도 떨쳐내기가 힘들어진다는 거예요. 우리 뇌가 그저 걸러낼 뿐이라면 반대 생각에 노출되는지는 중요하지 않아요. 새로운 생각을 접했을 때 뇌는 무심한 객관성을 가지고 그 생각들을 점검하지 않아요. 그보다는 오히려 인지 편향이라는 프리즘을 통해 바라보며, 미리 정의되어 있는 현실감에 맞도록 왜곡시켜요.

인지 편향 카르텔은 편향 편향bias bias이라는 적절한 이름을 가진 편향을 비롯해 너무나도 보편적으로 존재해요(편향 편향이란 다른 사람에게 미치는 편향의 영향력은 적절하게 평가하면서도 자신에게 미치는 편향의 힘을 과소평가하는 걸 말해요). 앞서,

우리는 무언가를 배울 때 나중에 그 내용이 거짓이라고 판명이 나도 처음 알게 된 사실에 강하게 집착하는 경향이 있다고 했던 걸 기억하셔야 해요. 그리고 세상에는 기존 믿음을 지지하는 정보에 이끌려 나머지 생각은 교묘하게 무시하거나 왜곡하는 상당히 구시대적인 확증 편향confirmation bias이라는 것도 있어요. 사람들은 총기 규제와 범죄율에 관한 자신의 신념에 어긋나는 정답이 나오는 문제는 제대로 풀지 못하는데, 이것은 우리가 확증 편향에 사로잡혀 있음을 분명히 보여주는 증거예요.[72] 논리로부터의 이런 이탈을 흔히 '정신 체조mental gymnastics'라는 말로 설명해요. 현실은, 이런 정신 체조 상태를 뇌가 가장 편하게 느낀다는 거예요. 인지 편향은 뇌가 안락하게 잠들 수 있는 편안한 안락의자와 같아서 정보를 처리하거나 고정된 신경망을 업데이트하는 등의 어려운 일을 피할 수 있게 해줘요.

우리는 얼마나 자주 자신의 견해에 반박하고, 증거에서 모순을 찾고, 그 결과에 따라 생각을 조절할까요? 솔직히 말하면, 그런 시도를 많이 하지는 않을 거예요. 혹시 다음번에 이미 구축해 놓은 믿음에 들어맞지 않는 생각을 기각하려는 자신을 발견하면, 조심하세요. 오래전에 배운 것을 놓아버리는 게 너무 힘들다면, 잠시 멈추고 깊이 생각해 보세요. 새로운 생각으로 업데이트를 못 하는 건 게으른 뇌가 안락의자에 앉아 익숙한 생각과 믿음이라는 낡은 피난처를 찾기 때문이에요. 물론 이런 성찰의 순간들이 당신의 믿음이 만들어 놓은 굳건한 체계를 한 번에 무너뜨리지는 못할 거예요. 익숙한 모든 것이 갑자기 파문당하지는 않을 거예요. 하지만 이런 조그맣고 지속적인 노력들은 점점 당신이 세상을 이해하는 능력을 교정하고, 당신의 믿음이 면밀한 조사를 견딜 수 있는 곳으로 우리를 이끌어 줄 거예요.

마음을 열어두기 위해서는 의식적으로 노력해야 해요. 그건 불확실성, 불편함, 틀릴 가능성을 받아들인다는 뜻이에요. 그를 위해 쉽게 해볼 수 있는 첫 번째 단계는 '나는 그걸 ……라고 생각했어'라든가 '내가 틀렸으면 고쳐줘. 하지만……' 같은 식으로 말하는 거예요. 나의 옳음을 완벽하게 확신한다고 해도 이런 식으로 표현하세요. 당신이 옳다면 이런 표현들은 긴장을 완화하고 듣는 사람으로 하여금 조금 더 열린 마음을 갖게 해줄 거예요. 만약 당신이 틀렸다면—결국 틀리게 될 거라면— 당신의 존엄성을 유지한 채로 침착하고도 차분한 상태로 난처한 상황에서 벗어날 수 있을 거예요. 시간이 지나면 틀리는 것이 고통스럽거나 위협적인 일이 아니라는 증거가 쌓일 거예요. 결국 당신 말은 틀린 것으로 판명되는 것은 정말 잔인한 상황이에요. 너무나도 당혹스러운 결과예요. 하지만 더 끔찍한 것은 당신은 틀렸음에 맞서는 뇌의 저항력을 강화했다는 거예요. 접근 방식이 부드러워질수록 결국 어떤 생각에든 집착하지 않게 되는 일이 더 쉬워져요. 생각에 집착하지 않는 것보다 더 큰 자유는 없어요.

　우리는 스스로를 완전히 통제할 수 있고, 신중하게 선택하고, 의도대로 삶을 이끌어 가고 있다는 생각을 해요. 하지만 안타깝게도 현실은 조금 당혹스러워요. 행동의 대부분은 신중한 계획이나 자유 의지의 결과가 아니에요. 우리를 아주 좁은 범위의 선택지로 끌어들이는 일련의 신경계 사건들의 자동적이고도 반사적인 결과들이에요. 우리는 광범위하고 자발적인 선택을 할 수 있다고 느끼지만 사실은 아주 제한적인 정신의 어항에 갇혀 있어요. 아마도 이런 말을 들으면 사람들은 대부분 정말 불편할 거예요. 그토록 소중하게 여기는 자유 의지가 제한될 수 있다는 생각은 분노, 방어 기제, 주제의 빠른 전환 같은 본능적인 반응을 불러일으키는 경향이 있어요. 사람들을 정말로 괴롭히는 것은 그런 생각이 불러일으키는 무력감이라고 생각해요. 우리가 실제로 통제하는 게 아니라면 무엇을 한다는 게 무슨 의미가 있을까? 무엇 때문에 해야 하는 거지? 이런 마음이 들게 하는 거예요.

　비록 지금까지는 실존적 절망이라는 벼랑 끝으로 밀어붙이기는 했지만, 이제는 내가 당신을 좀 더 희망적인 곳으로 안내할 때인 것 같아요. 일단 칼릴 지브란의 『예언자』로 시작할게요.[73] 이야기는 성스러운 예언자 알 무스타파가 오스팔레스 시를 떠나는 것으로 시작해요. 그를 데려갈 배가 도착했을 때, 도시 사람들이 몰려와 그에게 마지막으로 사람의 경험에 관한 질문들을 하게 해달라고 요청해요. 그 질문들에 대한 답이 책의 각 장을 이루는데, 저는 그 질문들을 모두 사랑하지만 특히 더 사랑하는 질문이 있어요. 그 질문은 한 석공이 '집에 대해서 말해주세요.'라는 말로 시작해요. 무스타파는 이 질문에 인간 본성의 핵심을 꿰뚫는 답을 해요. '우리는 애초에 새로운 지평선을 찾아가는 탐험가이자 추구자로 설계되었지만, 우리가 만든 집은 우리를 가둘 때가 많다. 안락을 추구하는 욕망이 영혼의 열정을 죽인다.' 예언자는 그리고 계속 말하죠. '그 은밀한 존재(우리가 추구하는 편안함)는 우리집으로 들어와 손님이 되었다가, 집 주인이 되었다가, 결국 삶의 주인이 된다.' 온라인에서도 우리는 이 순서대로 행동해요. 인지 편향 속에 자리 잡은 뒤에 익숙한 견해에 집착하게 되는 거예요. 알 무스타파가 집에 대해 경고한 것처럼 이런 편향들은 우리를 가두고 점점 줄어드는 편안함의 영역 안으로 우리의 운신의 폭을 줄이고, 우리의 세상을 줄여요.

　1923년에 출간된 『예언자』가 100년이 넘게 흐른 지금도 반향을 일으키고 있다는 건, 지브란이 얼마나 지혜로운 사람인지를 입증해 주고 있어요. 그는 상충하는 두 충동 사이의 긴장감이 사람의 경험에 내재해 있음도 상기시켜 줘요. 우리는 모험을 원하지만, 편안함도 갈망해요. 상대성 이론을 생각하고 호빗의 영웅적인 모험을 상상할 수 있는 뇌가 있지만, 가끔은 아무 생각 없이 인터넷을 바라보며 화면을 내리기도 해요. 타고난 호기심은 새로운 차원의 지식을 추구하게 하지만, 뿌리 깊은 편향은 실망스럽게도 우리 발을 땅에서 절대로 떨어지지 않게 하기도 해요. 그렇다면 그런 자신과 맞서 싸운다는 도전에 나서야 해요. 감정이 조작되고 있고, 편견이 강화되고 있으며, 우리가 경멸한다고 주장하는 바로 그 패턴에 우리가 희생되고 있음을 알아볼 수 있어야 해요. 물론 쉬운 일은 아니에요. 경계해야 하고 의식적으로 살펴야 해요. 무엇보다도 중요한 것은 자신이 생각하는 것보다 논리적이지 않음을 기꺼이 인정할 수 있어야 한다는 거예요. 이런 갈등을 인정하는 태도는 한계가 있는 자유 의지라는 어항에서 언제나 사용할 수 있는 선택지 가운데 하나예요. 이 선택지를 택할 때마다 당신은 아주 조금씩 환경이 좋아진 어항을 갖게 될 거예요. 그 어항은 당신이 되고자 하는 사람에 좀 더 가까이 다가갈 수 있는 새로운 선택지들을 제공해 줄 테고요.

끊임없이 콘텐츠와 상호 작용을 공급하는 인터넷은 어디로 가지 않아요. 어디로 갈 이유도 없고요. 인터넷은 엄청난 도구예요. 하지만 이제는 가상 세계에서의 행동을 화면 너머에 있는 진짜 나와, 그리고 내가 되고자 소망하는 나와 일치시켜야 할 때예요.

## 온라인으로 연결되기

● **정보는 천천히 신중하게**
온라인에서 정보를 찾을 때는 시간을 들여야 해요. 올라온 글을 성급하게 읽어내고, 여러 링크를 건너뛰면서 찾으면 안 돼요. 잠시 멈춰서 읽은 내용을 숙고하고 뇌가 정보를 처리하고 저장할 수 있도록 여유를 주세요.

● **뇌가 다시 힘을 모을 수 있는 시간을 주자**
장시간 화면을 보느라 정신이 피로해지는 것을 막으려면 30분에서 90분 정도에 한 번씩은 화면에서 벗어나야 해요. 스트레칭을 하거나 밖에 잠깐 나가는 등, 디지털 활동이 아닌 다른 활동을 하세요. 그래야 뇌가 제대로 쉴 수 있어요.

● **주의력 자원을 지키자**
소중한 주의력에는 한계가 있음을 알아야 해요. 어디에 어떻게 사용할 것인지, 경계를 설정하고 지켜주세요. 가치가 낮은 디지털 활동에 주의를 빼앗기게 하는 함정에 빠지지 마세요.

● **지루함 되찾기**
당신이 지루할 수 있게 해주세요. 지루함은 창조성, 자아 성찰,

문제 풀이를 위한 강력한 촉매 역할을 해요. 비는 시간을 무의미한 디지털 활동으로 채우지 마세요.

● **한 번에 한 가지 일만**
한꺼번에 여러 디지털 활동을 번갈아 하는 일은 피하세요. 한 번에 한 가지 작업을 해야 집중력이 높아지고 스트레스가 줄어들어요. 사람의 뇌는 한 가지 일에 집중하도록 설계되어 있음을 기억하세요.

● **감정을 쏟는 건 신중하게**
강렬한 감정을 유발하고 감정을 쏟아내게 하는 콘텐츠를 파악할 수 있어야 해요. 온라인에 귀중한 감정을 쏟아내기 전에 잠시 멈추세요. 특히 분노와 화를 불러일으키는 내용이라면 더욱 멈춰서 그 콘텐츠의 가치를 판단하세요.

● **장벽을 만들 것**
끊임없이 아무 이유 없이 전화기를 확인하고 소셜미디어 앱의 새로 고침을 누르는 습관을 버려야 해요. 작업에 집중해야 할 때는 멀리 떨어뜨려 놓거나 소셜미디어 사용을 제한하는 앱을

까는 등 여러 장벽을 도입하세요.

● **온라인상에서 논쟁은 신중하게**
참여할 온라인 전투는 신중하게 택해야 해요. 귀중한 시간을 쓰게 할 가치는 없고 좌절감만 느끼게 할 것이 뻔한 논쟁에 참여하고 싶다는 충동은 피해야 해요. 뒤로 물러나서 곰곰이 생각해보고, 자신에게 중요한 토론에만 참여하세요.

● **자신의 인지 편향에 저항하라**
당신이 온라인에서 하는 상호 작용을 걸러내는 확증 편향이나 기준점 편향 같은 여러 편향을 조심해야 해요. 자신의 관점을 흔들 수 있는 다른 관점을 찾아보고, 열린 마음을 가질 수 있도록 노력하세요.

8장

# 인생 이야기

인생의 의미를 발견하는 여정

내가 당신에게 대안 현실을 제안한다면 어떨 것 같아요? 두개골 기저부에 신경 인터페이스를 이식해서 뇌를 가상현실에 영구적으로 연결하는 거예요. 이 가상현실에서는 당신의 소망이 모두 충족돼요. 상상하는 것만으로도 맛있는 음식을 먹을 수 있고, 당신의 기분에 맞춰 주변 풍경이 달라질 거예요. 평범한 일상에서 겪어야 하는 온갖 어려움에서 해방된, 당신만의 맞춤 유토피아인 거죠.

완벽한 결혼, 이상적인 집, 당신이 선택한 분야에서의 확실한 성공. 이곳에서는 무엇이든 해낼 수 있어요. 모든 꿈이 이루어지고, 모든 고민이 사라져요. 하지만 문제가 있어요.

당신이 완벽한 판타지 세계에 사는 동안에도 바깥세상은 정신없이 흘러갈 거예요. 그리고 새로운 디지털 보금자리가 주는 환상이 감각을 철저하게 속일 정도로 교묘하다고 해도 당신은 그 모든 것이 진짜가 아님을 분명하게 인식할 거예요.

사랑하는 존재들을 그리워하는 괴로움을 마법처럼 지워버릴 수 있다고 해도, 나는 당신이 가상세계에 지치게 될 거라고 강하게 확신해요. 시간이 지나면 가상세계에서 느꼈던 반짝이는 놀라움은 익숙함이라는 감정에 자리를 내주고 빛을 잃겠죠. 여전히 맛있는 음식을 즐기고, 끝없이 사람들과 교류하며, 쉬지 않고 성공해 나갈 테지만, 조용히 울리는 경고가 결국 당신의 무의식을 잡아당길 거예요.

아무리 낙원이 주는 기쁨에 젖어 있다고 해도 마음속 깊은 곳에서 조그맣게 들려오는 목소리는 항상 당신에게 같은 질문을 해요.

'도대체 이 모든 게 무슨 의미가 있는 거지?'

우리에게는 내면의 경험 외에 다른 것이 필요해요. 인간의 삶은 외부 세계를 형성하려는 강력하고 부인할 수 없는 욕구에 이끌리며, 비록 아주 조금이라고 해도 우리 존재의 작은 흔적을 남기고 싶어 해요. 우리 행동에 목적이 있기를 바라며, 우리의 인생 이야기가 의미 있게 울려 퍼지기를 소망해요. 도대체 왜 그런 걸까요?

## 중요한 건 뭐지?

의미를 갈망하는 우리의 욕구는 철학적인 것을 넘어서 세포생물학의 깊은 영역에까지 도달해요. 그렇게 추상적인 개념이 생리 작용에 실질적으로 영향을 미친다는 건 상상하기 힘들 테지만, 연구 결과는 정확히 그럴 가능성이 있음을 시사하고 있어요.

연구자들은 강한 목적의식을 가지는 것이 정신 건강에 도움이 될 뿐 아니라 세포의 건강도 좋게 할 가능성이 있음을 발견했어요.[1] 설문 조사 결과와 혈액 표본 조사를 통해 뚜렷하게 다른 두 가지 형태의 삶의 만족도를 비교하여 정신 건강을 특정 유전자의 발현 패턴과 연관시킬 수 있음을 알아낸 거예요. 첫 번째 형태의 삶은 '쾌락적 행복을 추구하는 삶'이라고 이름 붙일 수 있는 삶으로, 즐거움과 기쁨이 기반이 되는 것이기 때문에 당신의 맞춤 유토피아에서 충분히 누릴 수 있는 삶이에요. 두 번째 형태의 삶은 '고결한 행복을 추구하는 삶'이라고 이름 붙일 수 있는 삶으로, 이 삶의 행복은 의미와 목적에서 와요.

두 형태의 삶 모두 우울증 수준이 낮은 것과 상관관계가 있지만, 좀 더 나은 면역 반응은 고결한 행복을 추구하는 삶과 관계가 있어요. 그러니까, 두 번째 형태의 삶에서는 염증을 일으키는 유전자의 활동은 줄어들고 바이러스와 싸우는 유전자의 활동은 증가한다는 뜻이에요. 간단하게 말하면, 삶의 즐거움을 누리는 것은 당신을 행복하게 해줄 수 있지만 당신의 세포까지 건강하게 해주는 것은 목적을 추구하는 삶이라는 거죠. 이런 연관성은 명확한 목적의식이 수면의 질을 높이고[2] 뇌졸중과 심장마비를 줄이며,[3] 심지어 치매 발병률까지 낮추는 등[4] 다양한 건강 문제에 도움이 되는 이유를 설명하는 데 도움을 줄 수 있을지도 몰라요. 보잘것없는 나라는 존재에게서 더 많은 의미를 끌어낼수록 우리는 그 의미를 더 오래 즐길 수 있는 것 같아요.[5] 실제로 6천 명이 넘는 참가자를 14년 이상 추적한 결과 목적의식이 강한 참가자가 사망할 확률이 15% 정도 낮았다고 발표한 연구 결과도 있어요.[6] 그러니까 내 말은, 이게 가장 중요한 거 아닌가요? 죽지 않는 거?

하지만 **죽지 않으려는** 우리의 노력에 앞서 일반적으로 더 우선시되는 시급한 문제들이 있어요. 그러니까 날아오는 청구서를 처리하고 주린 배를 채우려면 해야 하는 직업 같은 것 말이에요. 이런 현실은 어떤 목적의식도 의미도 없이 그저 일주일에 40시간 이상 일해야 하는 상황으로 해석될 때가 많아요. 그리고 현재 취업 시장에서 다양한 선택을 할 수 있는 사람들조차도 직업에서 깊은 의미를 갖기란 결코 쉬운 일이 아니에요. 경력을 쌓을 수 있는 다양한 기회, 마음껏 선택할 수 있는 삶의 형태, 수많은 신념 등에 직면했을 때 우리는 오히려 선택하지 못하고 마비될 수도 있어요. 선택지 과부하라고 부르는 상황에 처하는 거예요.[7] 직관에는 어긋나겠지만, 실제로 선택지가 많을수록 최종 결정에 만족할 가능성은 줄어들어요.[8]

기후 변화, 불안정한 정치 상황, 사회적 불평등 같은 중요한 문제에 관심을 갖는 사람이 늘었으니, 이론적으로는 변화를 불러일으킬 수 있는 의미 있는 참여가 많아지는 것이 당연해요. 하지만 이런 대규모의 복잡한 문제는 극복할 수 없는 문제처럼 느껴지기도 해요.[9] 그 때문에 긍정적인 변화를 일으키는 데 동참해야겠다는 생각이 아닌 실존적인 두려움만을 느끼는 무력감에 빠지는 경우가 많아요.[10,11]

이런 상황은 세계 많은 곳에서 공동체 참여, 종교 활동, 가족의 역할 같은 전통적인 의미의 기둥이 약화됐거나 변형되면서 더더욱 힘들어졌어요. 점점 더 세속적이고 개인적으로 변해가는 세상 속에서 우리는 새로운 의미의 원천을 찾아야 한다는 과제를 안고 있어요.

다행인 점은 의미와 목적은 찾는 것이 아니라 만들어 가야 한다는 거예요. 우리 모두에게는 각자의 고유한 가치관이 있지만, 성취감을 찾을 때 도움을 주는 보편 원칙은 있어요. 궁극적으로 '무엇이 중요한가?'라는 실존적 질문의 답은 당신이 찾아야 해요. 하지만 당신은 혼자가 아니에요. 연구자들과 철학자들이 수세기 동안 이 어려운 문제를 풀려고 애써왔어요. 그러니 우리는 그들이 멈춘 곳에서 시작할 수 있지 않을까요?

## 타인에게 친절해야 하는 이유

이제 가상현실에 만들었던 유토피아 사고 실험을 뒤집어 바깥에서 내면을 들여다보며 존재를 탐구해 봐요.

가즈오 이시구로의 소설 『클라라와 태양』은 AI를 장착한 로봇인 인공 친구(에이에프)들과 사람이 함께 거주하는 디스토피아를 그려요.[12] 이야기는 에이에프인 클라라와 클라라의 주인인 인간 조시를 중심으로 진행돼요. 조시는 병명을 알 수 없는 불치병에 걸린 어린 소녀예요. 책을 읽으면서 우리는 차츰 클라라가 조시의 본질을 완전히 재현하기 위해 조시의 행동과 생각, 성격 같은 세세한 특징을 모두 흡수해야 하는 임무를 맡고 있음을 알게 돼요. 이 임무를 완수하면 클라라는 조시의 모습을 한 모형으로 다시 만들어져 조시가 죽은 뒤에 조시의 역할을 할 예정이에요. 그건 비통한 어머니가 선택한 마지막 위안이었어요.

소설을 읽어나가는 동안 독자들은 잘 설계된 인공지능 로봇과 사람이라는 존재를 구별해 주는 것이 무엇인지 묻게 돼요. 로봇이 한 사람의 사소한 세부 사항 하나까지 모두 복제할 수 있다면, 그 로봇을 그 사람과 같은 존재라고 생각해도 될까요? 조시의 아버지는 클라라가 딸을 대신할 수 있다는 생각에 격렬하게 반대하며, 그런 생각에 동의하지 않아요. 그는 클라라가 복제할 수 없는 부분이 분명히 있다고 생각하지만, 그것이 정확히 무엇인지는 스스로 알아내지도, 다른 이에게 설명하지도 못해요.

우리도 같은 질문을 고민하고 있어요. 생각부터 외모에 이르기까지, 기술이 우리의 모든 특성을 재현할 수 있다면, 기술이 재현하지 못하는 우리 내면의 특성이 있기는 할까요? 기억이나 영혼이 그런 특성일까요? 소설의 끝에서 클라라는 스스로 그 답을 찾아요. "아주 특별한 무언가는 **있어**. 하지만 그건 조시 안에 있는 게 아니야. 그건 조시를 사랑하는 사람들 안에 있는 거야."

**이런, 클라라! 너 때문에 내 마음이 찢어질 거라고 경고해 줬어야지!** 너무나도 마음이 아픈 소설이라는 것 외에도(나는 아직도 슬픔에서 헤어 나오지 못하고 있어요) 클라라의 이야기는 상호연결성이 사람의 경험에는 반드시 필요하다는 사실을 상기시켜 줘요.

실존주의 철학자 마르틴 하이데거도 1927년에 발표한 논문 「존재와 시간」에서 비슷한 결론에 도달했어요.[13] 논문에서 그는 존재는 언제나 '존재와 함께한다'고 강조했어요. 우리 세상은 본질적으로 다른 사람과 연결되어 있다는 의미예요. 하이데거는 인간이 고립된 존재가 아니고, 인간의 존재가 부분적으로는 관계에 의해 정의되는 공동체라는 현실 안에서 살아가고 있다고 했어요. 비록 당신이 동네에서 악취를 풍기고 다니고, 모든 사회적 상호 작용이 당신 옆을 재빨리 지나쳐 가는 사람들뿐이라고 해도 다른 사람들이 당신이 존재하는 데 역할을 한다는 사실은 변함이 없어요. 『클라라와 태양』의 조시처럼 당신 본질의 일부는 다른 사람들의 마음에 존재해요.

직관적으로 우리는 그 사실을 잘 알고 있어요. 여러 번 만났는데도 당신 이름을 기억하지 못하는 사람이나 당신을 파티에 초대하지 않은 사람이 있을 때 어떤 느낌일지 생각해 보세요. 잊힌다는 것은 의미를 추구하는 우리의 실존적 욕구를 위협해요.[14] 내가 중요하지 않은 사람이라는 느낌이 들게 하니까요. 의미 있는 삶을 살아가는 데 있어 중요하다는 느낌은 본질적인 거에요.[15] 이 느낌은 어떤 식으로든 다른 사람들이 참여하지 않는다면 느낄 수 없어요. 우리가 사람들과 교류하고 기억되는 방식을 추구하는 방법은 다양해요.

의미를 추구하는 것은 파괴와 잔혹함으로 손상된 길을 따라 걷게 할 수도 있어요. 특히 사회에서 보이지 않거나 저평가되었다고 느끼는 사람들은요. 중요한 사람이 되고 싶다는 욕망이 테러리스트 같은 폭력적인 극단주의자를 만들 때가 많아요.[16-19] 하지만 폭력 행위는 잠깐은 힘이 있는 중요한 사람이 된 것 같은 느낌을 주지만, 그 여파는 암울해요. 왜냐하면 그런 선택은 심리적으로 흉터를 남기고 사회에서 소외될 가능성이 매우 높기 때문이에요.[20-22] 폭력에 의지해 자신이 중요한 사람임을 입증해 보이고자 필사적으로 노력하는 사람은 그전보다 더 고립되고 배척받아요.

사람들이 진심으로 당신이 중요한 사람이라고 여기게 만드는 방법은 사실 너무나도 간단해요. 앞에서 나의 코치 크리스 이야기를 했었죠. 벌써 몇 년이나 크리스를 만나지 못했고, 대화를 나누지 못했지만, 내가 대학에 진학할 수 있게 했던 그의 제안은 영원히 나의 마음에서 사라지지 않을 테고, 크리스도 나에게는 영원히 중요한 사람으로 남을 거예요. 나의 아주 작은 몸짓도 다른 사람에게는 중요할 때가 있어요. 혹독하게 추웠던 어느 날 몬트리올의 몽로얄Mont Royal을 올라가려고 애쓰다가 발을 헛디며 땅바닥에 얼굴을 부딪치며 넘어졌을 때 나를 치료해 주었던 자상한 약사님도 나에게는 중요한 사람이에요. 그분은 나에게 "이런 힘든 하루를 보내야 한다니, 안타까워요."라고 했어요. 그 짧고 평범한 말은 정말 위로가 됐어요. 그때 나는 이별을 겪는 중이었고, 그 약사님의 자상함은 아마도 그가 의도했던 것보다 훨씬 더 나에게 많은 힘을 주었어요. 이제는 이마에 남은 작은 흉터를 볼 때마다 넘어진 순간이 아니라 그 약사님의 친절이 생각나요.

이런 일은 생각보다 훨씬 자주 일어나요. 한 연구에 의하면 무심코 친절함을 발휘한 사람들은 그 친절함을 받은 사람들이 그 행동을 얼마나 오래 기억하는지를 잘 모르는 경우가 많다고 해요.[23,24] 사람들은 친절의 실질적인 가치를 계산해 행동을 평가하는 경향이 있어요. 그 친절이 몇 마디 위로의 말이냐, 알코올을 적신 티슈냐, 붕대냐 같은 물질적 가치를 기준으로 평가하는 거예요. 하지만 친절을 받은 사람들은 그런 가치 외에도 따뜻함이라는 또 다른 요소를 평가 결과에 반영해요.

우리 중에 세상을 바꿀 고귀한 활동을 하거나 획기적인 발견을 할 사람은 많지 않아요. 그저 사소한 일상에서 조금씩 중요함을 쌓아 나갈 수 있을 뿐이에요. 낯선 사람에게 친절한 말을 건네는 것 같은 작은 행동으로 자신을 중요한 사람으로 만들 수도 있고, 사별한 친구를 돕는 행동으로 자신을 중요한 사람으로 만들 수도 있어요. 어쨌거나 중요한 건 친절함이에요.

우리를 더 건강하고 행복하게 해줄 의미와 목적이 정확히 무엇인지를 생각해 보면 폭력이 아닌 이타주의를 통해 자신의 가치를 보여주겠다는 선택은 훨씬 더 중요해져요. 우리가 완벽하게 확신할 수 있는 건 없어요. 그럼에도 불구하고 가장 널리 받아들여지는 이론 가운데 하나는 의미를 찾으려는 노력이 일반적으로는 건강에 도움을 주는 활동과 행동, 그리고 상황으로 우리를 이끈다는 거예요.[25] 폭력은 중요해지고 싶다는 당신의 목표에서 멀어지게 할 뿐 아니라 건강에도 영향을 끼쳐요. 폭력을 통해 아주 적은 양의 목표를 간신히 이룰 수 있었다고 해도, 결국 그런 식의 목표 달성은 당신에게 그 어떤 도움도 되지 않을 가능성이 높아요.

그런 예는 얼마든지 볼 수 있어요. 뇌는 보통 우리가 잘 살 수 있는 행동을 하도록 이끌지만, 혹시라도 잘못 생각한 뇌가 틀린 방향으로 이끈다면, 우리가 그걸 막아야 해요. 예를 들어, 당신의 뇌는 코카인을 흡입하거나 끊임없이 패스트푸드를 먹는 걸 기꺼이 허용할 수도 있어요. 그럴 때 당신이 진정으로 원하는 건 균형 잡힌 영양 공급과 기본 자원 획득임을 알고 그런 뇌의 결정에 맞서야 해요.

사람들에게 당신이 중요한 사람임을 알려주고 싶을 때 뇌는 따뜻하고 폭신한 옥시토신 담요를 원하고 있을 거예요. 옥시토신이 엄마의 모습을 하고 뇌의 이곳저곳을 떠다니면서 행복과 보살핌을 느끼게 해주는 모습을 상상해 보세요. 이타적인 행동을 하면 감각 정보와 감정 정보가 우리의 내부 온도 조절기 역할을 하는 시상하부로 들어가요. 그런데 시상하부는 체온만 측정하는 것이 아니라 배고픔에서부터 에너지의 양, 스트레스 정도에 이르기까지, 거의 모든 것에 점수를 매겨요.[26] 당신이 친절한 행동을 했다는 소식을 들은 시상하부는 옥시토신이 뇌의 여러 부위로 흘러가게 해요.[27,28]

방출된 옥시토신은 넓은 범위에 효과를 미쳐요. 아주 먼 거리까지 떠다닐 수 있는 특별한 능력이 있기 때문이에요. 옥시토신은 언제나 감정적인 편도체에 영향을 미쳐 불안과 정서적 반응을 낮춰져요.[29-31] 그러고는 보상 신호 전달의 핵심 지역인 복측피개영역ventral tegmental area, VTA으로 들어가 도파민 신경 세포가 발화해 활동할 수 있도록 활력을 불어넣어요.[32] 도파민 신호가 증가하면 장차 더 많은 이타적 행동을 해야겠다는 의욕이 생겨요.[33] 친절이 또 다른 친절을 낳는 건 그 때문이에요.

옥시토신은 시상하부를 설득해 코르티코트로핀 방출 호르몬 CRH이 분비되지 않게 해 직접 스트레스를 낮추기도 해요.[34,35] 일반적으로 CRH 방출은 연속적으로 일어나는 스트레스 반응의 첫 번째 단계로, 이 반응은 코르티솔 수용체가 활성화됐을 때 해마가 개입해 멈추게 돼요.[36] 하지만 옥시토신이 진정 효과를 주면 스트레스 반응은 시작도 하기 전에 멈출 수 있어요.[37] 이건 정말 현명한 상황이에요. 스트레스 호르몬이 줄어들면 옥시토신이 번성할 수 있는 환경이 조성되니까요. 실제로 이런 환경에서는 더 많이 분비된 옥시토신이 스트레스 호르몬의 수치를 낮추고, 더 낮아진 스트레스 호르몬의 수치 덕분에 옥시토신의 분비량이 증가하는 선순환 고리가 시작될 수도 있어요. 당신의 뇌에 행복을 싣고 돌아가는 회전목마가 생길 수도 있는 거예요.

우리가 다른 사람에게 미치는 영향을 직접 알 수는 없지만 나의 건강과 행복을 증진시키는 이런 효과가 있다면, 그걸로 된 게 아닐까요? 그리고 가끔은 당신이 아는 사람이 ―혹은 오랫동안 연락이 끊어졌던 사람이― 불쑥 찾아와 당신이 했던 조그만 행동이 자신의 삶을 어떻게 바꾸었는지를 말해줄 수도 있어요. 그보다 더 의미있는 것이 있을까요?

옥시토신의 힘이 어디에서 왔는지를 찾아 진화를 거슬러 올라가면 부모와 아이의 유대감을 형성하는 것이 그 시작임을 알게 될지도 몰라요.[38] 앞에서 우리는 수많은 사회적 협력이 인간의 진화를 형성해 왔음을 살펴보았어요. 우리는 서로 소통하고 함께 일하도록 만들어졌어요. 사람의 인지력이 지금처럼 구조화된 이유는 상당 부분 그 같은 특성으로 설명할 수 있을 거예요.[39] 그래서 상징적 사고가 복잡한 생각을 서로에게 표현할 수 있게 된 이유와 방법에 대해서, 그리고 사회적 접촉을 빼앗겼을 때 일어나는 일에 관해 이야기했어요.

지금까지 사람이 채운 진화 쇼핑 목록에는 공감을 기반으로 하고, 관계를 갈망하는 복잡한 의사소통 능력이 있었어요. 왠지 인간은 '사회적으로 협력하는 생물종을 만드는 조리법' 같은 걸로 만들어진 존재 같지 않나요? 하지만 이렇게 성급하게 결론을 내릴 수는 없지요.

## 사느냐, 죽느냐? 아니, 그보다 훨씬 많은 선택지

방금 당신은 물이 가득 찬 욕조와 컵, 싱크대 하나를 이용해 다른 사람과 함께 해결해야 하는 과제를 받았어요. 두 사람 모두 소통 능력이 뛰어난 사람이고, 같은 언어를 쓰며, 타인에게 정말로 공감하는 사람이에요. 그런데 당신이 받은 지시는 욕조를 비우고 싱크대를 채우라는 것이고, 당신의 팀원이 받은 지시는 싱크대를 비운 채로 두고 욕조는 채워두라는 거예요. 자신들이 처한 곤경에 대해 두 사람은 얼굴이 퍼렇게 될 때까지 이야기할 수는 있겠지만, 둘 중 한 사람이 전술을 바꾸지 않는 한 물은 계속 왔다 갔다 하게 될 거예요.

이 이야기는 대학교에서 진행하는 팀 프로젝트의 절망을

회상하게 할 뿐 아니라 사회적으로 협력하는 생물종에게 반드시 필요한 요소를 분명히 보여주고 있어요. 사회에서 성공하려면 공동 목표를 추구해야 한다는 것 말이에요. 아무리 당신이 공감 능력이 뛰어나고 말을 잘한다고 해도 근본적으로 상충하는 목표는 협상으로 해결할 수 없어요.

개미는 아주 적은 수의 뉴런을 가지고도 사회적으로 협동하는 법을 찾았어요. 사람의 뇌에 존재하는 뉴런을 개미의 머리에서 찾으려면 34만 4천 마리의 개미가 필요해요.[40,41] 이렇게 작은 뇌를 가지고도 개미는 도로를 짓고 함께 자손을 기르고 긴급 구조를 펼치는 등, 다양하고 복잡한 공동 목표를 달성하기 위해 작은 사회 안에서 함께 일하고 있어요.

그들의 작은 뇌는 주로 본능에 의해 작동하기 때문에 이런 강렬한 조정 능력을 발휘할 수 있어요. 개미의 행동은 신경 구조에 깊이 연결되어 있죠. 본질적으로 의식적인 생각이나 깊은 고민 없이 빠르게 반응하도록 미리 프로그래밍 되어 있어요. 그렇기 때문에 경비가 허술한 소풍 바구니를 발견하면 고민하거나 계획하지 않아요. 그저 본능적으로 '여기로 올 것'이라고 표시하는 페로몬을 떨어뜨리면서 군대를 모아와 잔칫상을 덮쳐 전리품들을 집으로 가져가죠.

당신이 우연히 버려진 소풍 바구니를 본다면 아무도 모르게 페로몬을 조금 방출할 수도 있겠죠. 어쩌면 동료들과 공모해서 작은 범죄를 저지를 수도 있을 테고요. 당신은 침입자가 될 수도 있는 존재―사람일 수도 있고 곤충일 수도 있는―를 막겠다며 경계 근무를 설지도 몰라요. 어쩌면 사람들이 만찬을 잊었다고 생각할 수도 있어요. 지역 신문사에 연락해 사람들이 버리고 간 소풍 바구니를 언급하면서 음식물 쓰레기 낭비에 관한 기사를 쓰라고 촉구할 수도 있을 테고요. 소풍 바구니가 놓여 있는 돗자리에 올라가서 즉흥 공연을 하면서 사람들에게 자본주의 사회의 폭식에 관해 연설을 해야겠다고 생각할 수도 있겠죠. 더 나아가 그 돗자리를 독자적인 국가, 미국에 파견한 외교관이 있는 주권 국가로 선포할 수도 있을 거예요. 구호도 외치면서요. **샌드위치를 버리고 가지 않는 세상을 위하여!**

이 이야기는 본능이 이끄는 대로 하는 생명체와 그보다는 더 유연하게 사고하고 인지할 수 있는 생명체의 차이를 보여주려고 해봤어요. 수많은 선택으로 어수선한 사람의 뇌에는 의사 결정을 가능하게 해줄 복잡한 메커니즘이 필요해요. 도파민을 이용한 단순한 보상 신호나 두려움을 통한 혐오만으로는 충분하지 않아요. 적어도 그런 메커니즘만으로는 사회를 건설하고, 기술을 개발하고, 사람의 문명을 정의하는 놀라운 발전을 이룩할 수 없었을 거예요.

행동해야 할 상황에 직면했을 때 당신의 뇌는 그 행동이 당신의 생물학적이고도 추상적인 필요와 얼마나 관계가 있는지를 평가할 거예요. 때로는 그냥 배가 고프기에 먹는다는 간단한 선택을 할 때도 있어요. 하지만 가족과 헤어져 낯선 도시로 가게 될지라도 꿈을 좇아야 하는가, 같은 아주 복잡한 선택을 해야 할 때도 있을 거예요.

우리가 하는 모든 행동은 기저에 깔린 믿음과 목표를 기반으로 해요. 나는 그곳이 부분적으로는 인간이 가진 의미와 목적에 대한 열망이 뿌리내리는 곳이라고 생각해요. 우리에게는 활동의 복잡성과 범위에 맞는 행동을 이끌어줄 시스템이 필요해요. 그리고 그 시스템은 진화사에서 생존에 반드시 필요했던 다른 사람들의 공동 관심사와 개인의 욕망 사이에 균형을 맞추는 일에 기반해야 해요.

사고는 행동을 선택하는 과정과 직접 관련이 있어요. 복잡한 사고 과정에서 중요한 역할을 한다고 알려진 사람의 전두엽피질은 정보를 거르고 다음에 할 행동을 결정할 임무를 맡고 있어요. 실제로는 아주 복잡한 일을 하고 있지만, 일단 전두엽피질의 역할은 행동을 평가하고, 준비하고, 이끄는 것이라고 요약할 수 있을 거예요.[42]

실존적 불안이 목적을 달성하는 건 그 때문이에요. 실존적 불안은 세상에서 나의 위치, 나의 행동이 미치는 영향, 그 행동이 사회 규범에 일치하거나 어긋나는 방식을 되돌아보게 해요. 이런 성찰은 계속 변하는 무한한 가능성 속에서 결정을 내리는 데 필요한 고차원적인 사고를 가능하게 해줘요.

나는 왜 이런 말을 하고 있을까요? 그건 이런 렌즈를 통해 보면 삶의 의미가 단순해지기 때문이에요. 우리가 의미를 갈망하는 이유는 의미가 없다면 다음에 해야 할 일을 도무지 결정할 수 없기 때문이에요. 의미는 우리가 기본적인 생물학적 욕구를 초월하도록 하고, 사회의 이익과 대략적이라도 일치하는 목표를 추구할 수 있도록 우리에게 동기를 유발하는 충동이에요. 이런 말이 당신을 무섭게 하는 건 아니죠?

사회 발전은 더디게 진행돼요. 아주 작은 행동 때문에 다른 사람이 당신을 중요하게 생각할 수 있는 것처럼 아주 작은 단계들이 모여서 의미 있는 거대한 목표를 실현할 수 있어요. 가장 쉬운 시작은 '무엇을 도와줄까?'라고 스스로 묻는 거예요. 야생화 씨를 한 봉지 사 와서 가장 처음 발견한 버려진 토양에 심어 볼 수 있어요. 한 달에 하루는 친절한 댓글을 남겨 온라인의 어두움을 해소하는 데 공헌해 볼 수도 있을 거예요. 집에 있는 책을 지역 공동체 센터에 가져가 지식과 영감이 퍼지게 해 인류가 진보하게 해줄 수도 있을 거예요. 친절한 말과 당신의 서평을 적은 책갈피를 가까운 커피숍에 하나씩 가져다 둘 수도 있고요. 낯선 사람이 당신이 숨겨 놓은 보물을 발견할 때 느낄 기쁨을, 그 때문에 생겨난 호기심과 지식이 낳을 파급 효과를 상상해 보세요.

의도적으로 하는 이런 작은 일들은 시간이 지나면 누적될 뿐 아니라 결국 당신이 만족하게 될 무언가를 발견하게 될 가능성도 높아져요. 누가 아나요? 야생화 씨 한 봉지가 언젠가는 혁신적인 도시 농업 해법을 중점적으로 다루는 기술 기업으로 성장할 수 있을지요.

당신에게 목적의식을 갖게 하는 것이 무엇인지 도통 모르겠다면 경험을 쌓을수록 당신의 뇌가 활용할 수 있는 자료를 더 많이 얻을 수 있다는 걸 기억하면 좋겠어요. 새로운 활동들은 모두 당신의 기억 저장소를 풍성하게 해주기 때문에 전전두엽피질이 다음번에는 더 의미 있는 선택을 할 수 있게 해줘요. 야생화를 심는 건 사소한 일처럼 느껴지겠지만, 해볼 만한 가치가 있어요. 그런 경험은 뇌에 주는 비료와 같아요.

여러 경험을 했는데도 의미를 찾는 것이 **여전히** 힘들게 느껴진다면 한 세대의 지혜를 다른 세대로 전하는 것은 사회 발전의 중요한 경로 가운데 하나임을 기억해 주세요. 우리는 성공과 실패, 모두를 통해서 가치 있는 교훈을 얻어요. 그렇다면 당신은 실패한 게 아니에요. 당신에게 주어진 과제는 그저 참여하는 거예요. 밖으로 나가서 무엇이든 하세요. 크고 작은 모든 활동이 당신을 성장시키고 이 세상이 발전하는 데 공헌할 거예요.

자, 이제 다른 사람들을 생각하는 건 충분히 한 거 같아요. 그렇다면 당신은 어떤가요? 의미를 찾는다는 건 지극히 개인적인 일인데, 당신의 독특하고 멋진 개성은 이 모든 과정에서 어떤 역할을 할까요?

## 당신만의 모험을 선택하세요

뇌의 내부 작용을 설명할 때는 일상을 비유로 들 때가 많아요. 하지만 잠깐 분위기를 바꿔서 뇌 기능을 사람이라는 존재를 이해하기 위한 비교 가능한 예시로 사용해 보려고 해요.

개인 한 사람이라고 비유할 수 있는 단일 뉴런은 혼자서는 그다지 큰일을 하지는 못해요. 훨씬 큰 시스템의 아주 작은 일부일 뿐이니까요. 무슨 일이든 하려면 그 뉴런은 다른 뉴런들에게 신호를 보내 한꺼번에 행동하게 만들어야 해요. 당신이 하는 생각과 움직임은 모두 수십억 개에 달하는 뉴런들이 아주 작은 세상에서 플래시몹을 하는 것처럼 함께 기능했기 때문이에요.

그런데 뉴런들이 직접 연결되어 있는 건 아니에요. 시냅스라고 하는 아주 작은 접합부를 사이에 두고 떨어져 있어요. 시냅스는 신호를 보내고 받는 커뮤니케이션 포트COM port라고 할 수 있어요. 당신은 '왜 뉴런들이 분리되어 있는 거죠?'라고 물을 수도 있을 거 같아요. 연결되어서 직접 신호를 주고받으면 더 편리할 것 같은데 말이죠. 뉴런들이 모두 연결되어 있으면 한 뉴런이 발화할 때마다 뇌에 있는 모든 뉴런이 발화해서 정신없는 폭죽놀이를 하는 것처럼 되어 버릴 거예요. 정말 장관일 테지만, 너무나도 정신없을 게 분명해요. 그런 식의 배열은 뇌가 다양하고 복잡한 작업을 수행할 수 있는 능력을 빼앗긴다는 뜻이에요. 그런 식으로 뉴런이 배열되어 있으면 뇌는 두 가지 상황만을 선택할 수 있어요. 완벽하게 작동하거나, 아예 작동하지 않거나.

마찬가지로 모든 사람이 같은 생각과 행동을 공유하며 한 몸처럼 기능하는 사회를 생각해 보세요. 우리가 모두 기계의 톱니바퀴처럼 정확히 같은 방식으로 움직이면 창조성은 시들고 발전은 제자리걸음을 하게 될 거예요. 연결이 없으면 문명이 번성하는 데 필요한 협력 구조를 구축할 수 없지만, 자율성이 없다면 억압적인 획일성에 빠질 위험이 있어요.

뇌에서 시냅스 구조가 중요한 이유는 뉴런에게 협력할 때와 홀로 행동할 때를 선택할 수 있게 해주기 때문이에요. 사람들이 모인 사회에서 그 형태가 가족이건 사회건 직장이건 간에 우리의 연결은 시냅스처럼 작용해요. 생각을 교환하고 함께 일하게 해주는 동시에 우리가 독자적으로 생각하고 행동할 수 있는 자유를 줘요.

인간이 사회적 동물이라고 해서 하나로 공유된 벌집 같은 마음으로 작동하는 것은 아니에요. 우리는 자신만의 욕망과 주체 의식을 지닌 개인이에요. 그건 정말 다행이라고 생각해요! 지금부터 모든 고등학교 졸업생이 마술사가 되기로 결심했다면, 얼마나 큰 혼란이 생길지 상상해 보세요. 모두가 마술사가 되겠다는 세상에서는 식량을 생산하고, 아이들을 가르치고, 세탁기를 고칠 사람을 어디에서 찾아야 할까요? 결국 우리는 굶주리고, 교육받지 못하고, 기본 편의 시설조차 누리지 못할 거예요. **물론 적어도 깜짝 놀라고 싶다는 욕망은 영원히 충족될 테지만요.** 이 세상을 원활하게 돌아가게 하는 건 사람들이 품는 다양한 열망이에요. 그런 열망들이 추는 정교한 춤이에요. 사회가 제대로 기능하려면 공동 목표를 추구하는 동시에 개성을 길러야 해요.

완벽한 순응과 관련이 있는 또 다른 위협이, 어쩌면 더욱 교활한 위협이 하나 더 있어요. 하이데거 기억하죠? 우리라는 존재가 다른 존재와 어떤 식으로 얽혀 있는지를 유창하게 설명해 준 그 철학자 말이에요. 그런데 그의 삶이 그의 철학과 크게 모순됐음을 알면 깜짝 놀랄 거예요. 상호연결성이 중요하다는 철학적 통찰을 지닌 하이데거였지만, 그 자신은 나치당과 관계를 맺었답니다.[43,44] 1933년 프라이부르크 대학교의 총장이었던 하이데거는 나치당을 적극적으로 지지하면서 '지도자 원칙the Führer principle'을 발표해 아돌프 히틀러에게 충성을 맹세하는 연설을 했어요. 하이데거의 사례는 단결은 중요하지만, 절대적으로 순응하는 태도는 재앙 같은 결과를 초래할 수 있음을 보여주는 경고가 되어 버렸어요.

2차 세계대전이 끝나고 나치 전범들을 처벌하기 위해 뉘른베르크 전범 재판이 열렸지만, 많은 범죄자가 그저 '명령을 따른 것뿐'이라고 주장하며 자신의 행동을 변호했어요. 하지만 그건 맹목적인 복종이 말로 표현할 수 없는 공포를 초래할 수 있음을 보여주는 공허한 변명일 뿐이에요. 나는 그들의 예가 우리 각자가 엉뚱한 권위에는 의문을 제기하되 도덕적 자율성을 반드시 지켜야 한다는 사실을 분명하게 보여준다고 생각해요. 망가졌거나 해로운 현상유지 상태에 도전하는 것, 그것이 당신이 취할 수 있는 가장 의미 있는 행동일 때도 있어요.

이런 극적인 이야기가 역사라는 장엄한 무대에서만 펼쳐지는 건 아니에요. 일상에서도 이런 극적인 이야기는 펼쳐져요. 박사 학위를 준비하는 동안 나는 이 책을 쓰는 것을 비롯해 나의 자부심을 채울 수 있는 수많은 프로젝트에 참여하고, 의미 있는 결과를 만들 특권을 누렸어요. 하지만 모든 사람이 나와 같은 열정을 공유한 건 아니었어요. 나의 작은 연구 센터에 있는 교수들 중에는 박사 과정 학생들이 일주일에 50~80시간 정도를 전적으로 실험실 업무에만 할애해야 한다고 생각하는 분들도 있어요. 캐나다 달러로 고작 2만 달러(대략 2천만 원)의 연봉을 받으면서 말이에요. 더 최악인 것은 학생들 중에는 8년이나 열심히 공부하지만 결국 학위를 받지 못하고 떠나는 사람들도 많다는 거예요.

학계에서는 연구소 밖에서의 삶을 신성모독처럼 여길 때가 많아요. 과외 활동을 통해 조금이라도 돈을 벌면 더더욱 그렇고요. 하지만 내가 생각하는 개인의 윤리는 누구나 기본적인 생활비와 균형 잡힌 삶을 살아갈 기회를 얻을 자격이 있다는 거예요. 무엇보다도 박사 학위 소지자 중 2%에서 5% 정도

만이 종신 교수직을 얻을 수 있기 때문에 나머지 사람들은 학계 밖에서 경력을 쌓을 수밖에 없어요. 게다가 박사 학위 과정은 실제로 너무나도 힘들어요. 강의와 수업으로 가득 찬 일상이라는 생각은 버려야 해요. 처음 몇 달이 지나면 정규 교육은 끝나고, 교육은 더는 중요한 일이 아니게 돼요. 박사 학위 과정의 학생들은 그때부터는 매일 실험실에 나가 실험을 하고 자료를 분석하고 (다행히 나온다면) 그 결과를 발표해야만 박사 학위를 받을 수 있어요. 나는 이러한 현실을 반영해 박사 학위 학생들도 노동자로서의 기본 권리를 누려야 한다고 주장할 거예요. **미래의 대학원생들이여, 내가 함께 있다!** 좀 더 균형 잡히고 사람다운 연구 방식을 채택해야 해요.

현 상황을 깨뜨리려는 노력은 언제나 의미 있는 결과를 내요. 우리 센터의 감독관 중에는 나의 이런 활동을 반항이나 무책임함으로 생각하는 사람도 있었어요. 그 때문에 필요한 기술을 지원받지 못하거나 적절한 지도를 받지 못하거나 기본적인 존중조차도 받지 못할 때가 생겼어요. 박사 학위 과정의 마지막 해에는 특히 잔혹하게 굴었어요. 굴욕을 느껴야 할 때도 있었죠. 하지만 나는 나를 위해서나, 내 뒤에 박사 과정을 밟아야 하는 사람들을 위해 옳은 결정을 했다고 믿었어요. 언젠가는 책을 쓰거나 일반인과 과학으로 소통하거나 행동 과학 컨설팅을 하는 학생들이 이단아로 취급되지 않는 세상이 올 수도 있으니까요.

당신이 내리는 모든 결정에는 비용 대비 이득 비율이 포함되어 있어요. 순응을 위해 원칙과 타협하는 건 안전한 선택 같아 보일 수도 있지만, 그런 선택은 곧 당신 삶의 목적을 잠식하는 부식력으로 작용할 수 있어요. 살다 보면 믿음과 일치하지 않는 일을 하라는 요청을 받을 때가 분명히 생겨요. 그럴 때는 당신이 선택해야 해요. 그리고 기회가 올 때마다 앞에 나서서 변화를 옹호해야 해요. 주체성을 주장하는 건 무서워 보일 수도 있지만 당신 삶에 더 강하고 의미 있는 토대를 세우는 데 도움이 될 거예요.

내가 박사 학위를 취득하는 데만 집중하면서 빈곤선보다 훨씬 적은 수입만으로 살아갔다고 생각해 보세요. 아마 나는 지금 살아있지 못할 수도 있어요. 소박한 부업 덕분에 나는 운전을 배우고, 귀여운 중고차를 사고, 정신 건강을 관리하고, 쥐가 나오지 않는 아파트에서 사는 것 같은 작은 사치를 누릴 수 있었어요(퀘벡에서 내가 처음 살았던 집에서는 분명히 쥐가 나왔어요). 이런 작은 안락함들은 내 정신 건강에 커다란 도움이 되었어요. 이런 자원들 없이 어떻게든 생존했다고 해도, 나의 삶을 의미와 자부심으로 채워준 나만의 작은 신경과학의 세상을 구축해내지는 못했을 거예요. 내가 한 부업은 그저 식탁을 음식으로 채워준 것에 그치지 않았어요. 나에게 진심으로 중요하고, 나에게 강한 영향을 미칠 수 있는 공간을 만들 수 있게 해주었어요. 이제 나는 쥐가 없는 곳에서 안락함을 누리면서 보람찬 삶을 살고 있어요. 아, 오해할지 몰라서 하는 말인데, 쥐가 예의 바른 손님이 될 수 있다면 우리 집에 와도 돼요.

물론 당신이 믿는 것을 위해 나서는 것에는 단점도 있을 수 있어요. 다른 사람을 불쾌하게 만들거나, 적이 생길 수도 있고, 뒷담화의 대상이 될 수도 있어요. 하지만 믿는 바를 위해 행동하면 풍성한 목적의식과 스스로를 자랑스러워하는 삶을 얻을 수 있어요. 당장은 보잘 것 없고 중요하지 않아 보이는 그 결정들이 시간이 흐르고 쌓이면 실제로 당신이 정말로 믿는 가치와 일치하는 활동과 공간으로 당신을 데려가 줄 거예요. 그러니 다른 사람의 틀에 맞추기 위해 자신에게 정말로 중요한 일들을 희생하면 안 돼요.

강한 주체성은 어떠한 활동에도 목적이라는 불꽃을 불어넣을 수 있는 비밀 재료와 같아요. 일을 열심히 하든, 공부에 몰두하든, 휴식을 취하든, 그저 즐기고 있든지 간에 우리의 행동을 어느 정도 통제하면 모든 것이 더 의미 있게 느껴진다는 연구 결과가 있어요.[45,46] 심리학자 에이미 브제스니브스키Amy Wrzesniewski는 사람들이 자신들의 일에서, 그중에서도 그다지 화려하지 않은 직업에서 의미를 찾는 방식을 이해하는 데 많은 시간을 할애해 연구했어요. 사회에서 무시하기 일쑤인 저임금 분야라고 낙인찍힌 힘든 직업이 특히 그녀의 관심사였죠. 병원 관리직 직원들을 만나본 브제스니브스키는 직업이 갖는 의미를 사람들이 인식하는 방식에 너무 다른 두 가지 모습이 있음을 알게 되었어요. 어떤 사람들은 자신들이 하는 일은 그다지 중요하지 않고, 순전히 기능적인 역할만을 한다고 생각했어요. 하지만 자신의 역할을 재구성하며 깊은 의미를 자기 일에서 찾는 사람들도 있었어요. 브제스니브스키는 이 사람들이 하는 일을 '직무 재설계job crafting'라고 불러요.

중환자실에서 일하는 병원 청소원이 정기적으로 벽에 걸린 예술 작품을 재배열하는 이야기는 브제스니브스키가 소개한 멋진 사례 가운데 하나예요. 이 청소원은 늘 정적일 수밖에 없는 중환자실에 약간의 변화를 주면 혼수 상태인 환자들의 회복에 도움이 될지도 모른다는 믿음으로 그런 일을 한다고 했어요. 혹시 병원에서 할당한 업무의 일부인가라는 질문에 그 청소원은 '그건 내 업무의 일부는 아니에요. 하지만 나의 일부이기는 하죠.'라고 대답했어요.[47] 병실 청소를 의미 있는 일이라고 생각하는 사람은 많지 않지만, 브제스니브스키가 만난 사람들은 자신이 하는 일에 깊은 의미를 부여하고 있었어요.[48-50] 나는 그게 너무 좋았어요.

흔히 거창한 명함을 단 직업만이 성취감을 느낄 수 있을 거라고 생각하지만, 마술사로 가득한 괴상한 사회 기억하죠? 모든 일은 중요하고 꼭 필요해요. 마술 공연을 관람하는 관객도, 공연이 끝난 뒤에 반짝이를 쓸어 담는 청소원도 중요해요. '일상의 필수적인 일'들이 얼마나 중요한지를 알게 된 팬데믹 봉쇄 기간에 우리는 그 사실을 분명히 알게 되었어요. 병원 청소도 그때 정말로 중요한 일임을 알게 된 직업 가운데 하나예요. (물론 마술사는 내가 정말 좋아하는 직업이에요! 그래서 예시를 들 직업을 선택해야 했을 때, 가장 먼저 생각난 거랍니다.)

브제스니브스키도 직무 재설계가 건방진 반항을 포함할 때가 있고, 규칙을 적당히 비틀어 일을 의무가 아닌 선택인 것처럼 느끼게 할 수 있음을 인정했어요.[51] 지금 내가 전면적인 반항이나 인사부의 요주의 인물 목록에 오를 만한 행동을 옹호하는 것은 아니에요. 하지만 대부분의 직업에는 조용히 자신의 개성을 드러낼 수 있는 부분이 존재한다고 생각해요. 문제를 일으키는 것이 걱정된다면 상사에게 업무에 당신의 개성을 반영해도 되는지, 언제 반영해도 되는지를 물어볼 수도 있을 거예요. 당신이 고위직 관리라면 매주 당신 팀이 개별적으로 열정을 가지고 프로젝트를 진행할 수 있는 시간을 따로 마련해 주는 것도 좋을 거예요. 그렇게 하면 단순히 팀원들의 사기만 높아지는 것이 아니라 사람들이 흥미를 가지고 재능을 투자할 수 있는 작업 환경을 구축할 수 있어요.[52]

자율적으로 일을 한다는 느낌은 일에 더욱 큰 의미를 부여할 수 있게 해요.[53] 이 원칙은 일상생활에도 적용할 수 있어요.[54-56] 자유는 사람이 잘 살고 있는지를 보여주는 초석이에요. 자기라는 존재를 똑바로 보면서 만들어 갈 수 있는 능력은 당신이 이야기의 주인공이 되게 해줄 거예요. 물론 사회적으로 협력하는 생명체로서 당신의 행동이 다른 사람에게 어떤 영향을 미칠지를 생각해야 하지만, 그것이 다른 사람의 대본대로 살아가야 한다는 뜻은 아니에요. 이미 정해진 여러 단계를 그저 통과하기만 하면 되는 존재처럼 느껴진다면 시간을 가지고 당신이 가장 중요하게 생각하는 가치들이 무엇인지 고민해야 해요. 그 가치들을 글로 적고, 어려운 결정을 해야 할 때면 언제라도 그 가치들을 확인할 수 있도록 가까운 곳에 보관하세요.

우리 삶의 많은 페이지들이 어색하게 느껴질 때는 여러 책에서 무작위로 내용을 가져와 엮은 소설을 읽는 것처럼 의미의 결을 잃어버리기 시작해요. 사람은 의미를 만드는 기계로, 우리는 균형을 유지하기 위해 일관된 의미에 의존해요.[57] 그렇다면 아직 편집하지 않은 엉망인 삶은 어떻게 이해해야 할까요?

## 인생이야기_최종원고_2차_수정.doc

뇌는 그저 사실과 숫자, 가끔은 식물의 라틴어 학명을 집어넣는 그런 생각하는 기계가 아니에요. 우리가 이야기를 나누고 있는 지금, 나의 창가에서는 클로로피텀 코모숨(접란)이 죽어가고 있지만요. 뇌는 이야기꾼이에요. 시냅스가 활동하고 뉴런이 발화할 때마다 이야기를 만들어, 당신의 인생 이야기에 한 줄을 더해요.

하나의 이야기에서 핵심 요소만을 추출할 수 있다면, 우리는 원인과 결과, 그리고 시간이라는 요소를 얻을 수 있을 거예요.[58] 이 세 가지는 그 자체만으로는 그다지 큰 의미는 없어요. 큰 의미는 우리가 배열하는 방식에 있어요. 시간에 따라 원인이 어떤 결과로 이어지는지를 결정하는 방식이 이야기에 일관성을 부여해요. 이 과정의 상당 부분은 저절로 일어나요. 우리가 의식하지 않아도 뇌가 사건들을 이어 붙이는 거예요. 하지만 의미 있는 이야기를 만들기 위해 삶의 순간들을 분류하고 정리하며 서사를 만들어 나가는 것은 우리가 해야 할 일이에요. 우리가 선택한 이야기의 모습이 현실을 그대로 반영하고 있는가는 또 다른 문제지만, 가끔은 그게 중요하지 않을 때도 있어요.

초기 인류에게 특별한 행동(원인)과 그 때문에 발생하는 일(결과) 사이의 관계를 이해하는 것은 생존에 필수 요소였어요.[59,60] 갑자기 소화기관에 문제가 생겨 난리가 난 것이 몇 시간 전에 먹었던 낯선 식물 때문임을 깨닫는 것이 그런 일일 거예요. 그런 일을 겪은 사람은 '그 식물은 다시는 안 먹을 거야.'라고 다짐하겠죠. 그런 현명한 판단력은 미래에 또다시 생명을 위협하는 비슷한 일이 발생하지 않도록 막아줘요. 이야기는 이처럼 원인과 결과를 연결하고, 생명을 구하는 교훈을 기억하도록 해주는 기본적인 방법이 되었어요. 생존 전략을 기억하고 꺼내 쓰기 쉽게 뇌에 저장하는 방법이거든요.

사람만이 인과관계를 파악할 수 있는 건 아니에요. 앞발을 내밀어 간식을 받아먹는 개도 인지 기술을 활용해요. 동물과는 다른 사람만의 독특한 특성은 인지 기술을 다양한 요소에 적용할 수 있다는 거예요. 개가 앞발을 내미는 것과 간식을 연결 지어 생각할 수 있는 것처럼 우리도 행동을 보상과 연결할 수 있어요. 하지만 사람의 능력은 그 정도에 그치지 않아요. 우리는 신념과 동기, 명예, 문화적 맥락, 윤리 같은 것을 포함하는 추상적인 인과관계를 고려할 수 있어요.

이런 모든 복잡성은 이야기에 상당한 깊이와 색을 더하지만, 그것은 정신으로 시간 여행을 할 수 있는 우리의 능력에 비하면 부차적인지도 몰라요. 뇌는 이야기 도서관을 탐색하면서 과거와 미래를, 현실과 상상의 세계를 탐사할 수 있게 해줘요. 그건 당신이 스스로의 기억을 살펴보면서, 새로운 정보가 나올 때마다 원인과 결과의 관계를 재평가해 나갈 수 있다는 뜻이에요. 그리고 당신의 뇌는 동일한 뇌 회로와 자료의 상당 부분을 앞으로 일어날 일을 예측하는 데 사용해요.[61-66]

이런 생물학적 타임머신을 탄다는 것은 오랜 친구인 해마와 함께 여행하는 것과 같아요. 해마는 당신이 방향을 잃지 않게 도와줄 정교한 지도 세트를 가지고 있어요. 행성 지구를 실시간으로 탐험하고 있을 때 해마의 격자 세포grid cell가 나침판처럼 작용해 당신이 거리와 방향을 알 수 있게 도와줄 거예요.[67] 그와 동시에 해마의 장소 세포place cell는 기수의 역할을 해 지나간 장소에서 특별히 기억해야 할 곳을 표시해 둘 거예요.[68] 격자 세포와 장소 세포는 함께 기억이 발생한 **장소에 대한 인지 지도**를 작성하는데, 이런 지도는 회상할 때만이 아니라 미래의 모험을 계획하는 데도 유용하게 쓰여요.[69] 새로운 가능성을 상상할 때도 과거의 여정을 회상하는 데 도움이 되는 동일한 순서와 랜드마크를 사용해요.

해마의 도구 창고에는 시간 세포time cell라는 특별한 도구도 있어요. 시간 세포는 아주 작은 시계처럼 작동해 시간 순서대로 사건을 기록할 수 있게 해줘요. 멈추지 않고 계속 움직이는 시간 세포 덕분에 올바른 순서대로 경험이 정리되기 때문에 우리의 기억은 최소한 대략적으로라도 시간 순서대로 배열될 수 있어요.[70-72] 생각해 보세요. 우리가 시간의 흐름을 기록하는 내부 장치 없이 기억을 저장한다면 기억들은 그저 무작위적이고 단절된 것처럼 보이는 사건들의 집합일 뿐일 거예요. 순서가 뒤죽박죽인 장면들로 가득 찬 영화를 보는 것처럼 도무지 이해할 수 없는 심상 몽타주에 갇혀 버릴 거예요.

영화 〈타이타닉〉을 본다고 생각해 보세요. 하나로 쭉 이어진 영화가 아니라 몇 초 단위로 장면을 나눈 뒤에 마구 뒤섞어 놓은 영화를 보는 거예요. 영화는 잭이 오만한 일등석 손님들이 모인 만찬에 초대를 받는 것으로 시작해요. 그 장면에 이어 잭이 대서양에 떠 있는 얼음을 붙잡고 바다에 떠 있는 거예요. 그다음으로 당황한 로즈가 엔진실을 가로질러 뛰어가는 모습이 보이고, 이어서 배가 옆으로 완전히 기울어진 채 바다 밑으로 가라앉는 장면이 나와요. 거기까지 영화를 본 당신은 질투심 많은 일등석 손님이 화를 내며 잭을 바다에 던져버렸고, 그에 경악한 로즈가 엔진에 치명적인 고장을 일으켜 배가 난파했다고 생각하는 게 합리적인 추론일 거예요.

우리는 언제나 이런 식으로 추론해요. 본 것만이 아니라 보지 못한 빈 곳을 채우는 추론을 적용해 원인과 결과를 찾는 거예요. 사건이 일어나는 정확한 순서를 모른다면, 우리는 크게 어긋나는 추론을 할 수밖에 없어요. 그렇다고 해서 시간 세포가 실수를 완벽하게 막아줄 수 있다고 말하는 건 아니에요. 여전히 우리는 정신적인 서사를 완벽한 정확성을 가지고 제대로 맞추는 데 애를 먹고 있어요. 하지만 좋은 소식이 있어요. 서사는 고정되지 않았다는 거예요. 우리는 끝없이 이야기를 다시 쓰면서 새로운 경험과 통찰을 반영해 다듬을 수 있어요. 그런데 이야기가 말이 되지 않을 때는 어떤 일이 일어날까요?

우리의 인생 서사에 일관성이 없으면, 의미를 찾는 탐구는 더욱 힘들어져요.[73-75] 명확한 줄거리가 없을 때 인생은 목적 없이 표류하는 것처럼 무의미하게 느껴질 수 있어요. 경험이 한 사람의 여정에서 거쳐 가는 단계들로 이해되는 것이 아니라 이정표로 삼을 만한 것이 전혀 없는 단절된 사건처럼 보일 수 있어요. 그렇게 되면 발전하고 있다거나 목적이 있다는 느낌을 받지 못하겠죠.

이 이야기를 바로 지금 하는 데는 이유가 있어요. 이 장에서 지금까지 우리가 살펴본 의미와 목적의 본질은 일관된 인생 이야기를 써나가는 데 도움이 될 거예요. 하지만 당신이 사용할 수 있는 또 다른 쉬운 전략들이 있어요. 모두 당신 마음의 안락한 평온함에서 시작하는 전략들이에요.

시간 속으로 정신의 여행을 떠나는 것만으로도 삶의 의미를 향상시킬 수 있다면 어떨까요? 일리노이주에 있는 노스웨스턴대학교에서 진행한 실험들은 정확히 이 질문을 탐구했어요. 연구자들은 어떤 방법이 가장 효과적인지를 알아보려고 다양한 방법으로 정신을 모의 시험해 봤어요.[76] 참가자들이 정신의 여정을 통해 과거와 미래로 이동했을 때 그들이 느끼는 삶의 의미는 향상됐어요. 참가자들이 통해 과거와 현재로 여행할 수 있도록 연구자들은 그들에게 이미 일어났거나 일어날 것으로 예상되는 특별한 사건을 두 가지 정도 적어보라고 했어요. 하지만 참가자들이 직전 24시간 동안에 일어난 사건에 관한 글을 썼을 때는 삶의 의미를 풍성하게 하는 효과는 나타나지 않았어요. 하루를 기록하는 일은 그만의 장점이 있지만, 당신의 목표가 좀 더 깊은 실존적 활력을 얻는 것이라면 미래나 좀 더 오래된 과거에 집중하는 게 좋아요.

연구 결과 밝혀진 것처럼, 사건의 본질이 좋은가 나쁜가는 그다지 중요하지 않은 것 같아요. 중요한 것은 상상하는 시나리오가 얼마나 세부적인 내용을 다루고 있는가예요. 상세한 이야기 설정이 요약보다 더 큰 효과가 있으니, 정신의 시간 여행을 할 때는 가능한 한 세부 사항을 구체적으로 상상하는 게 좋아요.[77]

노스웨스턴대학교 연구팀은 공간 시뮬레이션 효과도 실험했어요. 참가자들에게 다른 곳으로 이동했다는 상상을 해보라고 하자, 삶의 의미 역시 증가했어요. 이처럼 먼 미래의 사건을 상상하거나 먼 곳을 상상하면 삶에 더 깊은 목적의식을 갖게 될 수 있어요.[78] 정신적인 시간 여행은 그저 단순한 공상이 아니라 뇌가 과거와 현재, 그리고 미래를 일관된 전체로 엮는 데 도움을 주는 강력한 도구예요.

단순히 향수를 불러일으키는 회상을 하는 것만으로도 의미를 강화할 수 있는데,[79] 우리는 거기서 더 나아갈 수 있어요. 당신이 현실에서와는 다른 선택을 하고 다른 길을 걷는 또 다른 세상을 상상해 보는 거예요. 대체 현실을 생각해 보는 이런 반사실적 사고는 삶에 의미를 부여하는 강력한 방법이에요. 연구자들은 '이랬다면 어땠을까?'를 상상하는 것은 현재에 대한 이해를 강화하고 우리가 살아가는 삶에 더욱 고마워할 기회를 준다는 것을 알아냈어요.

당신이 태어난 날과 그 뒤에 있었던 많은 사건을 떠올려 보세요.[80] 살면서 너무나도 힘들었지만, 훨씬 더 힘들었을 수도 있었던 일을 생각해 봐도 좋을 거 같아요. 중요했던 순간들을 회상해 보세요.[81,82] 만약 당신이 다른 직업을 선택했거나, 다른 도시로 이사했거나, 다른 사람들을 만났다면 어땠을까요? 이런 '만약에' 시나리오를 생각하는 것은 당신의 경험에 훨씬 풍부한 관점을 더해줄 수 있어요. 중요한 역사적인 사건들을 생각해 보고 다른 결정을 했다면 우리가 알고 있는 이 세계가 어떻게 바뀌었을지를 상상해 보는 것도 좋아요.[83] 당신이 나고 자란 나라가 없는 세상을 상상해 볼 수도 있어요.[84] 이런 모든 상상이 삶의 의미를 증진할 수 있음이 연구에서 밝혀졌어요. 연구자들은 상상이 그런 효과를 발휘하는 이유는 우리의 현실을 형성하는 섬세한 운명의 실타래를 드러내 주기 때문이라고 추정해요. 이런 상상하기를 해보면 추상적인 생각을 하면서 놀 수 있을 뿐 아니라 뇌가 당신의 인생 이야기를 처리하고 이해하는 방식도 적극적으로 재구성할 수 있어요. 다른 현실을 상상하거나 인생의 중요한 순간을 되돌아봄으로써, 당신의 인생 이야기를 강화하는 정신 과정에 참여하게 돼요. 지금의 우리를 만든 이야기를 구축하고 또 재구축할 수 있는 능력이 향상되는 거예요. 여기서 경험을 다시 살펴보고, 재구성하고, 재해석하는 능력은 중요해요. 그 능력 덕분에 이야기를 지속적이고도 의미 있게 만들어 줄 방식으로 인생의 사건들을 엮어나갈 수 있으니까요.

　단순히 일관된 이야기를 접하는 것만으로도 삶의 의미를 강화할 수 있어요. 미주리대학교의 연구자들은 실험 참가자들이 자연 사진이나 단어 무리처럼 잘 조직된 사진이나 단어를 연속해서 보는 것만으로도 인생의 의미를 더 강하게 느낀다는 걸 발견했어요.[85] 이 연구 결과는 중요해요. 왜냐하면 삶의 의미란 그저 동기부여나 개인의 믿음에 관한 것이 아니라 뇌가 작동하는 방식에 관한 것이기도 하기 때문이에요. 뇌는 패턴을 찾고 사물을 이해하는 일을 특히 좋아해요. 주변에서 일관성과 질서를 확인하면 뇌는 인생을 훨씬 더 의미 있게 느껴요.

우리는 너무 많은 시간 소셜미디어를 쳐다보면서, 무작위적이고 단절적인 콘텐츠의 바닷속에서 헤어 나오지 못하고 있어요. 내가 어쩔 수 없이 궁금할 수밖에 없는 건, 이 끊임없는 무질서의 공세가 우리 뇌가 그토록 사랑하는 패턴과 연결을 고갈시키는 게 아닌가 하는 점이에요. 우리는 이야기 속에서 번성해요. 그런데 우리 자신의 이야기만이 일관성과 의미를 풍부하게 해주는 건 아니에요. 아무 생각 없이 인터넷 화면만 내리지 말고 우리를 처음부터 끝까지 끌어당기는 매력적인 줄거리가 있는 책을 읽어 보는 건 어떨까요? 지금까지 내 말을 듣고도 아직 소설을 읽어야겠다는 생각이 들지 않는다면(그런데 정말로, 정말로 읽어야 해요), 실제 인생 이야기를 시간 순서대로 담은 자서전은 어떤가요? 읽은 순서대로 책장에 책을 배열하면 더욱 일관적인 독서 경험을 할 수 있어요. 독서뿐 아니라 집에 있는 모든 영역으로 이런 방법을 확장할 수 있어요. 뇌가 이야기를 전달하거나 패턴을 만들 수 있도록 물건들을 배열해 보세요.

가족사진에 먼지가 쌓이게 내버려두지 말고 한 번에 한 장씩 당신의 이야기를 담은 시간 순서대로 인쇄하고 정리하세요. 매일 그날 일을 일기에 남길 때면 하루의 사건들이 서로 어떻게 연결되어 있는지, 그 사건들이 인생의 더 큰 목표와 어떻게 연결되어 있는지를 생각해 보세요.

이런 간단한 도구들은 일관성을 간절히 원하는 뇌와 공명하는 여러 작은 구조들을 만들어 내지만, 사실 그런 구조들에 완벽하게 맞아떨어지는 삶의 측면들은 많지 않아요. 특히 트라우마는 본질적으로 질서를 깨뜨려요. 트라우마는 쉽게 분류할 수 없는 기억을 남겨 우리가 이해할 수 있는 이야기를 만드는 능력에 영향을 미쳐요. 우리가 겪어야 하는 고난은 많은 경우 터무니없고, 뇌의 생존 전략에 더할 원인과 결과라는 논리적 순서가 없어요. 그런 고난의 순간들은 우리 뇌가 구축하려고 노력하는 이야기를 흐트러뜨리는 것처럼 보여요.

## 인생이 역경을 불러올 때

서사의 일관성—혹은 일관성 없음—이 얼마나 깊은 영향력을 발휘하는지는 외상 후 스트레스 장애PTSD와 같은 질환을 보면 알 수 있어요. 트라우마는 기억을 산산조각 내어 일관된 이야기를 형성하지 못하도록 조각들을 마구 뒤섞는데,[86] PTSD 환자들은 흔히 그런 어려움을 겪어요.[87] 트라우마를 겪는 사람은 명확하게 시작이 있고 중간과 끝이 있는 잘 짜인 서사를 형성하지 못하고 그저 고립된 생각과 감정만이 지속돼요. 고립된 생각과 감정은 일관된 이야기의 일부가 아니기 때문에, 이 조각들은 일상적인 의식 속에 갑자기 떠오르는 회상이나 악몽의 형태로 침투해 들어가요.[88,89] 이런 일이 일어나는 이유는 기억이 가장 끔찍한 순간에 멈춰서 뇌와 신체에 강박적으로 되돌아오는 충격적인 조각으로 남기 때문이에요. 이런 무질서한 조각들을 잘 짜인 통합된 이야기로 만들기 위해 특별히 고안한 임상 치료법이 인지 처리법과 심상 재구성법이에요. 이 책에서는 PTSD나 다른 정신 질환을 낫게 하는 치료법을 직접 제시하지는 않겠지만, 뇌가 무의미한 것을 이해할 수 있도록 도울 방법들은 있어요.

오스트리아 정신과 의사이자 홀로코스트 생존자인 빅터 프랭클은 트라우마가 생긴 뒤에 일관성을 만드는 노력이 중요함을 주장한 초기 주창자 가운데 한 명이었어요.[90] 그는 자신의 책 『죽음의 수용소에서』에서 나치 강제 수용소에서의 경험을 이야기하면서 인간 고통의 깊이를 이야기해요.

빅터 프랭클은 상상하기 힘든 악몽을 견뎌야 했지만, 자신이 느낀 공포를 사람 심리에 관한 자신의 이론을 세우는 기반으로 삼았어요. 강제 수용소에서 매일 해야 하는 고된 노동에서 벗어나지 못했던 그는 한 가지 패턴을 발견했어요. 고통 속에서 의미를 찾는 데 성공한 사람들이 생존할 가능성이 더 높다는 걸 말이에요. 사람들을 견디게 한 요소는 그저 체력만이 아니었어요. 희망의 불꽃을, 살아갈 이유를 놓지 않는 사람들이 살아남았어요. 그 희망은 사랑하는 사람을 다시 만나게 될 거라는 소망이나 아직 끝내지 못한 일을 해내겠다는 각오일 수도 있었고, 그저 미래에 대한 기대일 수도 있었어요. 프랭클이 매달린 희망은 사랑하는 아내 틸리를 만나게 될 거라는 거였어요. 아직 당신이 그의 이야기를 읽지 못했다면, 각오하셔야 해요.

어쨌든 프랭클은 살아남았어요. 육체적으로도 정신적으로도요. 그는 사람은 불가피하게 고통을 겪을 수밖에 없지만, 우리는 고통에 반응하는 방법을 선택할 수 있으며, 다시 새로운 목적을 가지고 앞으로 나아갈 수 있다고 믿었어요. 그는 그것을 '사람의 마지막 자유'라고 표현했어요.

이 책에는 내가 거듭 읽는 일화가 있어요. 특히 인간성을 상실하지 않는다는 것이 어떤 의미인지를 다시 생각해 보고 싶을 때 그 부분을 다시 읽어요. 수용소에서 나온 뒤에 프랭클을 비롯한 생존자들은 새싹이 나고 있는 들판을 걸어 집으로 돌아가요. 프랭클은 본능적으로 새싹을 밟지 않으려고 피하면서 다른 사람들에게도 그렇게 하라고 재촉해요. 그러자 분노와 슬픔에 사로잡힌 한 사람이 소리쳐요. "그런 말 마시오. 이미 충분히 뺏기지 않았소? 다른 건 그렇다고 해도, 아내와 아이가 가스실에서 죽었는데, 지금 나보고 귀리 몇 개도 밟지 말라는 거요?" 나는 그 사람의 분노를 이해해요.

프랭클은 이 이야기를 통해 인간성을 정의하는 가치를 스스로 잃지 않는 것이 중요함을 강조해요. 그는 고통은 우리의 원칙을 해치거나 포기하게 만들 권리를 갖지 못했다고 주장해요. 이제 막 고개를 든 식물 위를 조심스럽게 걸어가는 단순한 행동은 프랭클 자신의 고귀함만이 아니라 사람의 존엄성을 상징적으로 보여주고 있어요. 우리 모두에게는 아무리 작은 것이라고 해도 세상이 남긴 선하고 아름다운 존재들을 보호할 의무가 있어요. 프랭클처럼 상상하기 힘든 최악의 잔혹한 행위를 목격한 뒤에도 사람의 의무를 수행할 수 있었다면, 우리도 좀 더 부드럽고 신중하게 살 수 있다는 생각을 할 수 있지 않을까요?

살면서 프랭클과 같은 끔찍한 고통을 겪을 가능성은 거의 없지만, 사람들에게는 저마다 맞서야 하는 슬픔이 있어요. 나의 이야기는 강력하지도 중요하지도 않지만 마음의 고통이 삶의 의미로 변할 수도 있음을 보여주는 한 예는 될 수 있을 거라고 생각해요.

엄마의 사망 소식을 들었을 때, 나는 집에서 수천 킬로미터 떨어진 곳에 있었어요. 내 안의 어딘가에서는 이미 예상하고 있었던 일이기는 했어요. 5년 넘게 엄마가 자신 속으로 움츠

러들던 걸 지켜봐야 했으니까요. 엄마에게서 삶의 의지가 증발하고 있음을 알고 있었지만, 엄마의 사망 소식은 왠지 나와 대화를 나누던 엄마가 불현듯 사라진 것 같은 공허를 느끼게 했어요. 나는 준비가 안 됐던 거예요.

장례식을 앞둔 며칠 동안 나는 엄마가 마지막을 맞은 아파트에 가봐야 한다는 생각에 사로잡혀 있었어요. 서두르지 않으면 엄마의 마지막 흔적이 사라질 것 같아서 빨리 가봐야 한다는 강박에 사로잡혔던 거예요. 그곳에 남은 모든 것을 느끼고, 슬픔에 매달릴 수 있는 구체적인 물품을, 엄마의 영혼을 사로잡았던 유품을 찾고 싶었어요. 고향으로 돌아가기 위해 머물렀던 공항과 택시는 흐릿한 배경일 뿐이었고, 내 마음은 엄마의 아파트에 가 있었어요. 하지만 그러다가 마침내 한계에 도달했고, 엄청난 공허가 밀려왔어요.

엄마는 언제나 아주 꼼꼼하게 정리를 하는 사람이었어요. 무자비하다고 할 수 있을 정도로요. 엄마는 사람들이 버린다는 걸 꿈도 꿀 수 없는 물건들을 과감하게 버렸는데, 그건 내가 건질 수 있는 물건이 거의 없다는 뜻이었어요. 엄마는 장신구도 하지 않았고, 세탁 바구니에는 몇 주나 몇 달 동안 다른 건 하나도 입지 않았다는 듯이 잠옷 한 벌만 들어 있었어요. 옷장을 열었을 때도 엄마가 존재했음을 떠오르게 하는 옷은 단 한 벌도 없었어요. 침대 옆 협탁에는 책만 몇 권 놓여 있었어요. 선명한 하얀 바탕에 차가운 파란색 글씨로 **'외로움 다스**

리기'라고 적힌 책 표지는 절대로 잊을 수 없을 거예요. 그때 느꼈던 엄청난 죄책감은 이 글을 쓰고 있는 지금도 내 속에서 거세게 솟구쳐 올라와요.

나는 엄마가 바쁘게 지낼 수 있도록 컬러링북이나 십자수 세트 같은 작은 물건을 보내곤 했었어요. 엄마가 즐겁게 잘했다고 말했기 때문에 더 보내줬어요. 하지만 엄마 아파트의 작은 방을 열었을 때, 내가 보낸 택배들이 상자도 뜯지 않은 채 그대로 쌓여 있는 걸 보았어요. 텅 빈 아파트는 그 누구도 살지 않은 곳 같았어요. 나는 엄마가 그곳에서 살았던 흔적을 찾고, 엄마가 가까이 있는 것처럼 느끼게 해줄 조그만 물건을 찾고 싶었어요. 하지만 그곳에는 아무것도 없었어요. **정말 아무것도요.** 슬픔이 몰려와 숨을 쉴 수가 없었어요.

캐나다로 돌아오자, 가족과 친구들이 엄마의 사진을 공유해 주었어요. 많은 사진이 지금 내 나이 무렵의 엄마 모습을 담고 있었어요. 사진을 보면서 엄마와 내가 정말 닮았다는 사실을 알고 얼마나 놀랐는지 몰라요. 정말 얼마나 닮았던지, 가끔은 나의 뇌가 엄마를 나로 인식하는 경우도 있었어요. 그때까지 나는 나이가 들면서 나에게서 엄마의 많은 특성이 보이기 시작했다는 걸 모르고 있었던 거예요. 그리고 깨달았어요. 세상에는 엄마가 남긴 것이 있었던 거예요. 바로 나 말이에요.

내 몸의 모든 세포는 엄마의 연속체였고, 내 DNA 가닥은 모두 엄마의 DNA로 짜낸 가닥이었어요. 매일 아침 욕실 거울을 볼 때마다 나는 엄마의 얼굴을 보았고, 엄마가 다시 살아나기를, 두 번째 기회를 갖게 되기를 바랐어요. 내가 엄마에게 그 기회를 주기로 결심했어요. 지금도 매일같이 생각해요. 엄마를 위해, 엄마의 삶—과 죽음—을 의미 있게 만들기 위해 충만하고 활기차게 살아가자. 이제 배턴을 이어받고 계속 뛰어야 하는 건 나의 몫이니까요.

지난 몇 달, 이 책을 쓰면서 공부하고 작업하는 시간을 엄청나게 많이 들여야 했지만, 그 어떤 프로젝트보다도 더 큰 만족을 느낄 수 있었어요. 매일 밤 글을 쓰면서, 자판을 두드릴 때마다 나는 엄마의 삶과 죽음의 단편들을 한데 모을 수 있었어요. 이 책은 내가 엄마에게 보내는 사랑을 담은 편지로, 엄마에게 알려주고 싶었던 몸과 마음을 돌보는 법에 관한 모든 것이 담겨 있어요. 실제로 벌어진 일과 만약에 이랬다면 어땠을까라는 마음 사이에 벌어진 틈을 메우려는 나의 시도예요. 실제가 아닌 다른 현실을 상상해 보려는 연습이에요.

사랑하는 사람이 서서히 삶에서 분리되는 모습을 보면서 느껴야 하는 무력감은 숨이 막히게 해요. 그저 일어날 필요가 없는 끔찍한 일인 것처럼, 그런 일은 미리 막을 수 있다는 느낌이 들어요. 하지만 이미 눈앞에서 펼쳐지고 있는 일을 당신이 막을 수 있는 방법은 없어요. 삶은 이 같은 어려움을 끊임없이 마주하게 해요. 그런 어려움을 이해하는 길을 찾는 건 우리의 몫이에요.

소셜미디어에 올린 동영상에서 내가 인간성이나 친절함에 관해 말할 때면 '이타주의가 언제나 사심 없이 이루어지는 건 아니다'라는 반론을 들을 때가 많아요. 선행이 상호 이득을 가져온다면 그것은 진정한 이타주의라고 생각할 수 없다고 주장하는 사람들도 있어요. 문제는 사람은 사소한 것이든, 굉장한 것이든, 자신의 선행에서 이득을 얻는 존재라는 거예요. 당신이 이 말에 동의해 준다면 좋겠어요. 이 책은 나의 엄마와 당신에게 주는 선물이지만, 당신이 이 책을 구매해 읽어 줌으로써 나에게 더욱 멋진 선물을 돌려주었기 때문이에요. 당신과 나, 우리 두 사람은 영원히 존재할 우리 엄마에 대한 이야기를 나누었고, 우리가 함께 한 이야기를 통해 의미의 실마리를 찾았어요.

나에게 이런 선물을 주어 감사해요.

나의 엄마는 인생에 대한 사랑을 잃었는데, 나는 그 이유를 이해해요. 우리를 지치게 만드는 것은 아주 커다란 재앙만이 아니에요. 멈추지 않는 작은 투쟁들도 우리를 지치게 해요. 실망감, 배신감, 매일 해야 하는 고된 노력. 이런 모든 것들이 더는 견딜 수 없다는 생각을 불러올 수 있어요. 매일 우리는 난폭하고 부당하고 고통스러운 소식들을 너무나도 많이 접해요. 우리 가운데 가장 낙관적인 사람조차도 쉽게 무릎을 꿇을 수 있는 공포가 끊임없이 흘러들어와요.

내가 사랑하는 시인 중 한 명인 미국 시인 매기 스미스Maggie Smith는 이런 암울한 현실을 「좋은 뼈대Good Bones」라는 시에서 묘사한 적이 있어요.

그는 이 세상이 우리가 생각하는 것보다 끔찍할 때가 많고, 사람들이 얼마나 쉽게 파괴되는지를 너무나도 아름다운 문장으로 표현했어요.

스미스의 시가 사람들의 마음을 울리는 이유는 우리 세계에 내재한 이중성을 완벽하게 보여주기 때문이에요. 난폭함과 아름다움이 이루고 있는 균형은 위태롭게 느껴질 때가 많고, 이 둘을 재는 저울은 너무 자주 틀린 방향으로 기울어져 버려요.

빅터 프랭클처럼 나도 사람의 정신이 보유한 회복력을 믿어요. 어쨌거나 세대를 거듭하면서 우리는 우리가 물려받은 세상보다 조금은 나은 세상을 다음 세대에게 전해주었으니까요. 그건 모두 의미와 목적을 찾고자 하는 우리의 바람이 만들어 낸 변화예요. 우리의 전임자들은 문명의 토대를 닦았고, 인간의 기본 권리를 위해서 싸웠으며, 세상을 바꾼적 과학 발견들을 이룩해 냈어요. 우리도 그런 발전을 계속 이어가야 해요.

물론 어두운 충동에 끌리는 사람들도 있지만, 그럼에도 불구하고 그런 어두움이 우리의 빛을 끄게 내버려둘 수는 없어요. 인생이 던져주는 것이 무엇이든, 어떤 괴물이 길을 막아서든 우리는 꽃을 밟지 않고 가겠다는 선택을 할 수 있어요. 삶이 우리에게 보여준 것보다 훨씬 더 부드럽고 친절하게 내 삶을 대할 수 있어요.

    의미 있는 삶을 살려면 아주 작은 행동도 긍정적인 변화를 불러올 수 있다는 믿음을 잃지 않는 것이 중요해요. 적어도 이 행성을 우리가 발견했을 때보다 더 나은 상태로 만들고 떠나겠다는 약속은 할 수 있어요. 안 그런가요? 인류의 유산은 단 한 가지 거대한 행위로 구축되는 것이 아니라 단순하고 일상적인 선택이 쌓여서 만들어지는 거예요. 아주 작은 행동 하나도 저울의 추를 기울여 좀 더 밝은 미래로 나아가게 할 수 있어요. 아무리 소박하다고 해도, 지금 현실이 비루해도 당신의 삶은 중요해요.

    지구에 머무는 짧은 시간 동안 당신이 하는 모든 일은 흔적을 남길 거예요. 친절을 행한 순간들은 당신이 감동을 준 마음들과 그들이 되돌려 준 감동으로 당신을 중요하게 만들어 줄 거예요. 오늘 당신이 심은 씨앗은 땅에서 하늘로, 그리고 다시 땅으로 계속해서 순환하는 생명의 사슬을 만드는 데 공헌할 거예요. 그리고 당신이 만들어 놓은 원칙들은 뒤를 따르는 사람들에게 징검다리가 되어 줄 거예요. 당신의 친절은 단순히 당신의 삶에 의미를 만드는 것으로 그치지 않아요. 당신이 미친 영향력은 당신보다 훨씬 더 오래 남을 거예요. 그 작은 성취들은 시간이 흐르면 넓게 퍼지는 잔물결과 같아서, 퍼지는 동안 그 잔물결에 닿는 모든 생명체의 원자를 밝게 빛나게 해 줄 거예요. 그런 정신을 마음에 품고서 기회가 된다면 매기 스미스의 「좋은 뼈대」라는 시를 읽어보라고 꼭 권하고 싶어요.

## 내 삶의 이야기

● **의미를 찾는 여정을 받아들일 것**
의미는 찾는 것이 아니라 만들어 가는 것임을 알아야 해요. 의미를 찾으려면 의식적인 노력과 성찰이 필요하다는 걸 받아들이는 것으로 시작하세요.

● **연결을 통해 의미를 만들기**
당신이 얼마나 중요한 사람인지는 다른 사람에게 미친 영향으로 판단해야 할 때가 많아요. 아주 작은 행동이라고 해도 이타적인 행동은 의미 있는 관계를 만들어요. 도움을 주는 행동도, 그저 함께 있어 주기만 하는 행동도 다른 사람의 마음에 지속적인 흔적을 남기고, 세상에서 당신의 위치를, 그리고 당신에게서 그들의 위치를 남겨요.

● **작지만 목적이 있는 행동**
씨앗을 심거나 온라인에 친절한 댓글을 남기는 것 같은 아주 작은 행동도 사회 발전에 공헌할 수 있어요. 당신의 가치관에 맞는 행동을 하게 되면 결국 의미 있는 영향력이 쌓일 거예요.

● **스스로에게 물어볼 것**

인생의 여러 영역 가운데 다른 사람의 가치관을 따르며 사는 곳이 있는지 생각해 보세요. 순응을 강요한다고 느꼈던 순간들을 떠올리고, 그런 선택들이 정말로 당신과 어울리는 선택이었는지 자신에게 물어보세요. 설령 주류의 흐름에 역행하는 일이라고 해도 되도록 자신의 신념과 바람에 맞는 행동을 선택하세요.

● **정신의 시간 여행**

먼 과거의 일을 회상하거나 미래의 일을 상상해 보세요. 상세하게 회상하고 상상해야 해요. 일기를 쓸 때도 단순히 하루 일을 요약하는 것에 그치기 보다는, 가장 중요했던 경험을 떠올리고 그 일이 오늘 당신의 모습을 어떻게 형성했는지, 그리고 당신의 더 넓은 목표와 어떤 식으로 연결될 수 있는지를 적어야 해요. 기억이 단절되고 뒤섞여 있는 것 같다면 다시 천천히 되짚어 보면서 좀 더 분명하고 일관성 있는 서사를 구성하세요.

● **다른 현실을 상상하는 시간**

인생의 중요한 순간들을 되돌아보면서 그 일이 다른 식으로 일어났다면 지금 어떨지를 상상해 보세요. 중요한 결정들, 어려움, 예측하지 못했던 사건들을 생각하면서 '그때 그런 식으로 일이 진행되지 않았다면 지금은 어떻게 됐을까?' 질문해 보세요.

● **고통을 인정하기**
역경에 직면했을 때는 고통과 회복력을 모두 존중할 수 있는 작은 방법들을 찾아야 해요. 우리는 주변 환경을 통제할 수 없어요. 대신 자신의 시간 속에서 반응하는 방식을 통해 조금씩 의미를 찾아나갈 수 있을 뿐이죠.

● **꽃을 밟지 않기**
인생이 당신을 아프게 하더라도 당신을 둘러싼 세상을 친절하게 대하겠다는 결심을 의식적으로 해야 해요. 고통을 무시하라는 뜻이 아니에요. 당신의 인간성을 잃지 않겠다는 선택을 스스로 하라는 뜻이에요. 세상이 가혹하다고 느껴질 때도 세상에 선을 더하는 힘이 되겠다는 의지를 재확인하세요.

### 감사의 글

　　　　　　　어떤 생각도 완벽하게 한 사람이 창조하는 일은 없는데, 이 책도 예외는 아니에요. 심지어 이 책의 제목도 내가 생각해내지 않았어요. 나의 편집자 엘리자베스 니프가 나에게 준 선물이에요. 나는 작가로서의 경험이 거의 없었어요. 엘리자베스는 책을 쓰는 일뿐만 아니라 내 문체까지도 조언해 주었어요. 학자였던 내가 작가로 전환할 수 있었던 건 문학 에이전트 아비게일 벅스트롬이 늘 나를 지지해 주었기 때문이에요. 엘리자베스가 나에게 목소리를 주었다면, 아비게일은 목소리를 내는 동안 겪어야 했던 시련에서 살아남을 수 있게 도와주었어요. 아비게일은 끊임없이 나에게 거듭해서 다시 숨을 쉬어야 한다는 걸, 먹어야 한다는 걸 상기해 주었어요. 내가 아비게일의 말을 들을 때도 있었고, 듣지 않을 때도 있었지만 언제나 같은 자리에서 이 책과 내가 살아남을 수 있도록 애써 주었어요.

　글쓰기 스승들이 있기 전에 나에게는 과학의 스승들이 있었어요. 학부 과정의 스티븐 드레이퍼 박사와 석사 과정의 대니얼 위트콤 박사가 그분들이에요. 명예와 직업에서의 발전이 지식 공유를 막을 때가 많은 과학계에서 그분들은 독특한 분들이었어요. 두 분의 지도를 받을 때는 나는 결코 무시당하지 않았고, 내 생각이 기각되는 일도 없었어요. 과학계에서는 보기 힘든 지적 관대함을 보여주셨던 두 분은 이기적이지 않은 스승이란 어떤 존재인지를 알려주셨어요.

박사 학위 과정에서 동료로 만난 디엘로 바샤Diellor Basha 박사에게도 빚을 지고 있어요. 뒤집고 찌르고 모든 각도에서 검토하기 전까지는 그 어떤 생각도 받아들이기를 거부하는 독특한 사고의 소유자인 그는 교육으로 만들어진 과학자가 아니라 뼛속부터 과학자로 태어난 사람이에요. 이 책에 좋은 생각이 담겨 있다면 그건 우리가 나누었던 많은 지적 논쟁에서 얻은 결과물일 가능성이 커요.

흩어져 있던 나의 생각을 명확하게 정리할 수 있었던 건 라이단 마이르 군터Laidan Maire Gunter 덕분이에요. 원고를 읽고 감상을 말해주는 라이단 덕분에 조금 덜 외롭게 작업할 수 있었어요. 책을 쓰는 긴 시간 동안 내가 접한 유일한 사회적 상호 작용은 라이단일 때가 많았어요. 내가 필요로 할 때면 언제나 옆에 있어 주었던 라이단의 끊임없는 격려가 아니었다면 이 책을 끝낼 수 없었을지도 모른다고 생각해요.

그리고 내가 할 수 있는 일에 모든 발판을 마련해 준 사람이 있어요. 바로 나의 아빠에요. 여섯 살 때, 나는 산타에게 현미

경이 갖고 싶다고 빌었어요. 일곱 살 때는 망원경이 갖고 싶다고 빌었죠. 언제나 그렇듯이 아빠는 나의 소원을 들어주었고, 내 호기심을 충족할 수 있는 도구를 갖게 되었어요. 아빠는 내 관심을 키워주는 동시에 자신이 관심이 있는 곳으로 나를 초대해 나의 상상력을 이야기와 음악, 신화가 있는 세계로 확장해 주었어요. '그 목소리로 해줘!'라고 요구하는 나에게 바보 같은 목소리로 언제 어디서나 이야기를 들려주었던 아빠 덕분에 나는 어렸을 때부터 이야기하는 법을 배울 수 있었어요. 현미경과 신화, 이야기와 과학의 형태로 아빠가 나에게 준 선물은 절대로 내 곁을 떠나지 않았어요.

우주에 매료된 소녀 시절부터 우주를 이해하려고 애쓰는 작가가 된 지금까지도 얼마나 많은 사람들과 그 사람들의 마음이 나에게 흔적을 남겼는지를 명확히 아는 건 불가능해요. 이 이야기는 그저 나만의 이야기가 아니에요. 이 책의 모든 장에는 내가 책을 쓸 수 있도록 도와준 사람들의 마음이 각인되어 있어요.

## 주

## 1장 너 자신을 알라

1. B. M. Williams, C. A. L. Negative beliefs about the self prospectively predict eating disorder severity among undergraduate women. Eat. Behav. 37 (2020).
2. Cowan, H. R., McAdams, D. P. & Mittal, V. A. Core beliefs in healthy youth and youth at ultra high-risk for psychosis: Dimensionality and links to depression, anxiety, and attenuated psychotic symptoms. Dev. Psychopathol. 31, 379–392 (2019).
3. Evans, J. et al. Negative self-schemas and the onset of depression in women: longitudinal study. Br. J. Psychiatry 186, 302–307 (2005).
4. McAdams, D. P. & Cox, K. S. Self and identity across the life span. The Handbook of Life-Span Development (2010).
5. Glover, J. D. et al. The developmental basis of fingerprint pattern formation and variation. Cell 186, 940–956.e20 (2023).
6. Munson, S. A. et al. The importance of starting with goals in N-of-1 studies. Front. Digit. Health 2 (2020).
7. Goyal, M. et al. Meditation programs for psychological stress and well-being: a systematic review and meta-analysis. JAMA Intern. Med. 174, 357–368 (2014).
8. Joshi, S., Manandhar, A. & Sharma, P. Meditation-induced psychosis: Trigger and recurrence. Case Rep. Psychiatry 2021, 6615451 (2021).
9. Buckholtz, J. W. & Marois, R. The roots of modern justice: cognitive and neural foundations of social norms and their enforcement. Nat. Neurosci. 15, 655–661 (2012).
10. Gilligan, I., d'Errico, F., Doyon, L., Wang, W. & Kuzmin, Y. V. Paleolithic eyed needles and the evolution of dress. Sci Adv 10, eadp2887 (2024).
11. Cialdini, R. B. & Goldstein, N. J. Social influence: compliance and conformity. Annu. Rev. Psychol. 55, 591–621 (2004).

12. Dahl, C. J., Lutz, A. & Davidson, R. J. Reconstructing and deconstructing the self: cognitive mechanisms in meditation practice. Trends Cogn. Sci. 19, 515–523 (2015).
13. Will, G.-J., Rutledge, R. B., Moutoussis, M. & Dolan, R. J. Neural and computational processes underlying dynamic changes in self-esteem. Elife 6 (2017).
14. Leary, M. R. Sociometer theory and the pursuit of relational value: Getting to the root of self-esteem. European Review of Social Psychology 16, 75–111 (2005).
15. Will et al (2017), see note 13.
16. Ibid.
17. Will, G.-J. et al. Neurocomputational mechanisms underpinning aberrant social learning in young adults with low self-esteem. Transl. Psychiatry 10, 96 (2020).
18. Will et al (2017), see note 13.
19. Koban, L. et al. Brain mediators of biased social learning of self-perception in social anxiety disorder. Transl. Psychiatry 13.1, 292 (2023).
20. Mokady, A. & Reggev, N. The Role of Predictions, Their Confirmation, and Reward in Maintaining the Self-Concept. Front. Hum. Neurosci. 16, 824085 (2022).
21. Will et al (2017), see note 13.
22. Mokady et al (2022), see note 20.
23. Will et al (2020), see note 17.
24. Sirois, F. M., Kitner, R. & Hirsch, J. K. Self-compassion, affect, and health-promoting behaviors. Health Psychol. 34, 661–669 (2015).
25. Muris, P. & Otgaar, H. Self-Esteem and Self-Compassion: A Narrative Review and Meta-Analysis on Their Links to Psychological Problems and Well-Being Psychol. Res. Behav. Manag. 16, 2961–2975 (2023).
26. Neff, K. Self-Compassion: An Alternative Conceptualization of a Healthy Attitude Toward Oneself. Self Identity 2, 85–101 (2003).
27. Barbeau, K., Guertin, C., Boileau, K. & Pelletier, L. The Effects of Self-Compassion and Self-Esteem Writing Interventions on Women's Valuation of Weight Management Goals, Body Appreciation, and Eating Behaviors. Psychol. Women Q. 46, 82–98 (2022).
28. Zessin, U., Dickhäuser, O. & Garbade, S. The relationship between self-compassion and well-being: A meta-analysis. Appl. Psychol. Health Well Being 7, 340–364 (2015).
29. Ferrari, M. et al. Self-Compassion Interventions and Psychosocial Outcomes: a Meta-Analysis of RCTs. Mindfulness 10, 1455–1473 (2019).
30. Johnson, E. A. & O'Brien, K. A. Self-Compassion Soothes the Savage

EGO-Threat System: Effects on Negative Affect, Shame, Rumination, and Depressive Symptoms. J. Soc. Clin. Psychol. 32, 939–963 (2013).
31. Koch, J. M., Ross, J. B., Karaffa, K. M. & Rosencrans, A. C. R. Self-Compassion, Healthy Lifestyle Behaviors, and Psychological Well-Being in Women. Journal of Prevention and Health Promotion 2, 220–244 (2021).
32. Liu, G. et al. Self-compassion and neural activity during self-appraisals in depressed and healthy adolescents. J. Affect. Disord. 339, 717–724 (2023).
33. Laneri, D. et al. Mindfulness meditation regulates anterior insula activity during empathy for social pain. Hum. Brain Mapp. 38, 4034–4046 (2017).
34. Parrish, M. H. et al. Self-compassion and responses to negative social feedback: The role of fronto-amygdala circuit connectivity. Self Identity 17, 723–738 (2018).
35. Breines, J. G. & Chen, S. Self-compassion increases self-improvement motivation. Pers. Soc. Psychol. Bull. 38, 1133–1143 (2012).
36. Deci, E. L. & Ryan, R. M. Human Autonomy. in Efficacy, Agency, and Self-Esteem 31–49 (Springer US, Boston, MA, 1995).
37. Seligman, M., Steen, T. A., Park, N. & Peterson, C. Positive psychology progress: empirical validation of interventions. Am. Psychol. 60, 410–421 (2005).
38. Gander, F., Proyer, R. T., Ruch, W. & Wyss, T. Strength-Based Positive Interventions: Further Evidence for Their Potential in Enhancing Well-Being and Alleviating Depression. J. Happiness Stud. 14, 1241–1259 (2013).
39. Proyer, R. T., Ruch, W. & Buschor, C. Testing Strengths-Based Interventions: A Preliminary Study on the Effectiveness of a Program Targeting Curiosity, Gratitude, Hope, Humor, and Zest for Enhancing Life Satisfaction. J. Happiness Stud. 14, 275–292 (2013).
40. Park, N., Peterson, C. & Seligman, M. E. P. Strengths of Character and Well-Being.

## 2장 기쁨의 해부학

1. Kiken, L. G. & Shook, N. J. Looking Up: Mindfulness Increases Positive Judgments and Reduces Negativity Bias. Soc. Psychol. Personal. Sci. 2, 425–431 (2011).
2. Vaish, A., Grossmann, T. & Woodward, A. Not all emotions are created equal: the negativity bias in social-emotional development. Psychol. Bull. 134, 383–403 (2008).
3. Müller-Pinzler, L. et al. Negativity-bias in forming beliefs about own

abilities. Sci. Rep. 9, 14416 (2019).
4. Zhe, D., Fang, H. & Yuxiu, S. Expressions of hippocampal mineralocorticoid receptor (MR) and glucocorticoid receptor (GR) in the single-prolonged stress-rats. Acta Histochem. Cytochem. 41, 89-95 (2008).
5. Lupien, S. J., Maheu, F., Tu, M., Fiocco, A. & Schramek, T. E. The effects of stress and stress hormones on human cognition: Implications for the field of brain and cognition. Brain Cogn. 65, 209-237 (2007).
6. Froger, N. et al. Neurochemical and behavioral alterations in glucocorticoid receptor-impaired transgenic mice after chronic mild stress. J. Neurosci. 24, 2787-2796 (2004).
7. Khan, S. & Khan, R. Chronic stress leads to anxiety and depression. Ann Psychiatry Ment Health (2017).
8. Yaribeygi, H., Panahi, Y., Sahraei, H., Johnston, T. P. & Sahebkar, A. The impact of stress on body function: A review. EXCLI J. 16, 1057-1072 (2017).
9. Gay, R. The Book of Delights: Essays on the Small Joys We Overlook in Our Busy Lives. (Hodder Paperbacks, 2020).
10. Glass, I. (host). The Show of Delights. This American Life (2019, March 1).
11. Taquet, M., Quoidbach, J., de Montjoye, Y.-A., Desseilles, M. & Gross, J. J. Hedonism and the choice of everyday activities. Proc. Natl. Acad. Sci. U. S. A. 113, 9769-9773 (2016).
12. Berridge, K. C. & Valenstein, E. S. What psychological process mediates feeding evoked by electrical stimulation of the lateral hypothalamus? Behav. Neurosci. 105, 3-14 (1991).
13. Green, C. D. The principles of psychology William James (1890). Classics in the History of Psychology (1997).
14. Wegner, D. M., Schneider, D. J., Carter, S. R., 3rd & White, T. L. Paradoxical effects of thought suppression. J. Pers. Soc. Psychol. 53, 5-13 (1987).
15. Hurley, D. B. & Kwon, P. Savoring Helps Most When You Have Little: Interaction Between Savoring the Moment and Uplifts on Positive Affect and Satisfaction with Life. J. Happiness Stud. 14, 1261-1271 (2013).
16. Colombo Desirée, Jean-Baptiste Pavani, Jordi Quoidbach, Rosa M. Baños, Maria Folgado-Alufre, and Cristina Botella. Savouring the Present to Better Recall the Past. J. Happiness Stud. 25, 20 (2024).
17. Chun, H. H., Diehl, K. & MacInnis, D. J. Savoring an Upcoming Experience Affects Ongoing and Remembered Consumption Enjoyment. (2017).
18. Hurley, D. B. & Kwon, P. Results of a Study to Increase Savoring the Moment: Differential Impact on Positive and Negative Outcomes. J. Happiness Stud. 13, 579-588 (2012).
19. Ford, J., Klibert, J. J., Tarantino, N. & Lamis, D. A. Savouring and self-

compassion as protective factors for depression. Stress Health 33, 119–128 (2017).
20. Samios, C., Catania, J., Newton, K., Fulton, T. and Breadman, A. Stress, savouring, and coping: The Role of Savouring in Psychological Adjustment Following a Stressful Life Event. Stress and Health 362, 119–130 (2020).

## 3장 공평하고 평범한 외로움

1. Fakoya, O. A., McCorry, N. K. & Donnelly, M. Loneliness and social isolation interventions for older adults: a scoping review of reviews. BMC Public Health 20, 129 (2020).
2. Loneliness statistics (2024): By country, demographics & more. Roots of Loneliness Project https://www.rootsofloneliness.com/loneliness-statistics (2024).
3. Holt-Lunstad, J., Smith, T. B., Baker, M., Harris, T. & Stephenson, D. Loneliness and social isolation as risk factors for mortality: a meta-analytic review. Perspect. Psychol. Sci. 10, 227–237 (2015).
4. Hawkley, L. C. Loneliness and health. Nature Reviews Disease Primers 8, 1–2 (2022).
5. Valtorta, N. K., Kanaan, M., Gilbody, S., Ronzi, S. & Hanratty, B. Loneliness and social isolation as risk factors for coronary heart disease and stroke: systematic review and meta-analysis of longitudinal observational studies. Heart 102, 1009–1016 (2016).
6. Rico-Uribe, L. A. et al. Association of loneliness with all-cause mortality: A meta-analysis. PLoS One 13, e0190033 (2018).
7. Matthews, T. et al. Lonely young adults in modern Britain: findings from an epidemiological cohort study. Psychol. Med. 49, 268–277 (2019).
8. Chang, E. C. et al. Loneliness and Suicidal Risk in Young Adults: Does Believing in a Changeable Future Help Minimize Suicidal Risk Among the Lonely? J. Psychol. 151, 453–463 (2017).
9. Johnson, J., Gooding, P. A., Wood, A. M. & Tarrier, N. Resilience as positive coping appraisals: Testing the schematic appraisals model of suicide (SAMS). Behav. Res. Ther. 48, 179–186 (2010).
10. Snell, K. D. M. The rise of living alone and loneliness in history. Soc. Hist. 42, 2–28 (2017).
11. Anttila, T., Selander, K. & Oinas, T. Disconnected Lives: Trends in Time Spent Alone in Finland. Soc. Indic. Res. 150, 711–730 (2020).
12. Jacob, F. Evolution and tinkering. Science 196, 1161–1166 (1977).

13. Nakagawa, S. et al. White matter structures associated with loneliness in young adults. Sci. Rep. 5, 17001 (2015).
14. Kanai, R. et al. Brain structure links loneliness to social perception. Curr. Biol. 22, 1975–1979 (2012).
15. Wong, N. M. L. et al. Negative Affect Shared with Siblings is Associated with Structural Brain Network Efficiency and Loneliness in Adolescents. Neuroscience 421, 39–47 (2019).
16. Cacioppo, J. T. & Hawkley, L. C. Perceived social isolation and cognition. Trends Cogn. Sci. 13, 447–454 (2009).
17. Cristofori, I. et al. The lonely brain: evidence from studying patients with penetrating brain injury. Soc. Neurosci. 14, 663–675 (2019).
18. Düzel, S. et al. Structural Brain Correlates of Loneliness among Older Adults. Sci. Rep. 9, 13569 (2019).
19. Ulmer, J. L., Parsons, L., Moseley, M. & Gabrieli, J. White Matter in Cognitive Neuroscience: Advances in Diffusion Tensor Imaging and Its Applications, Volume 1064. (Wiley, 2005).
20. Nakagawa et al (2015), see note 13.
21. Cacioppo et al (2009), see note 16.
22. Eisenberger, N. I., Gable, S. L. & Lieberman, M. D. Functional magnetic resonance imaging responses relate to differences in real-world social experience. Emotion 7, 745–754 (2007).
23. Courtney, A. L. & Meyer, M. L. Self-Other Representation in the Social Brain Reflects Social Connection. J. Neurosci. 40, 5616–5627 (2020).
24. Cacioppo et al (2009), see note 16.
25. Nakagawa et al (2015), see note 13.
26. Kong, X. et al. Neuroticism and extraversion mediate the association between loneliness and the dorsolateral prefrontal cortex. Exp. Brain Res. 233, 157–164 (2015).
27. Feng, C., Wang, L., Li, T. & Xu, P. Connectome-based individualized prediction of loneliness. Soc. Cogn. Affect. Neurosci. 14, 353–365 (2019).
28. Düzel et al (2019), see note 18.
29. Liu, H. et al. Neuroanatomical correlates of attitudes toward suicide in a large healthy sample: A voxel-based morphometric analysis. Neuropsychologia 80, 185–193 (2016).
30. Ehlers, D. K. et al. Regional Brain Volumes Moderate, but Do Not Mediate, the Effects of Group-Based Exercise Training on Reductions in Loneliness in Older Adults. Front. Aging Neurosci. 9, 110 (2017).
31. Kiesow, H. et al. 10,000 social brains: Sex differentiation in human brain anatomy. Sci Adv 6, eaaz1170 (2020).

32. Wong, N. M. L. et al. Loneliness in late-life depression: structural and functional connectivity during affective processing. Psychol. Med. 46, 2485–2499 (2016).
33. Düzel et al (2019), see note 18.
34. Lam, J. A. et al. Neurobiology of loneliness: a systematic review. Neuropsychopharmacology 46, 1873–1887 (2021).
35. Calhoun, C. D. et al. The Role of Social Support in Coping with Psychological Trauma: An Integrated Biopsychosocial Model for Posttraumatic Stress Recovery. Psychiatr. Q. 93, 949–970 (2022).
36. Ong, A. D., Fuller-Rowell, T. E. & Bonanno, G. A. Prospective predictors of positive emotions following spousal loss. Psychol. Aging 25, 653–660 (2010).
37. Afifi, T. O. et al. Individual- and Relationship-Level Factors Related to Better Mental Health Outcomes following Child Abuse: Results from a Nationally Representative Canadian Sample. Can. J. Psychiatry 61, 776–788 (2016).
38. Tang, Y., Ma, Y., Zhang, J. & Wang, H. The relationship between negative life events and quality of life in adolescents: Mediated by resilience and social support. Front Public Health 10, 980104 (2022).
39. Shuo, Z., Xuyang, D., Xin, Z., Xuebin, C. & Jie, H. The Relationship Between Postgraduates' Emotional Intelligence and Well-Being: The Chain Mediating Effect of Social Support and Psychological Resilience. Front. Psychol. 13, 865025 (2022).
40. Köse, S., Baykal, B. & Bayat, İ. K. Mediator role of resilience in the relationship between social support and work life balance. Aust. J. Psychol. 73, 316–325 (2021).
41. Kong, L.-N., Zhu, W.-F., Hu, P. & Yao, H.-Y. Perceived social support, resilience and health self-efficacy among migrant older adults: A moderated mediation analysis. Geriatr. Nurs. 42, 1577–1582 (2021).
42. Li, F. et al. Effects of sources of social support and resilience on the mental health of different age groups during the COVID-19 pandemic. BMC Psychiatry 21, 16 (2021).
43. Lakey, B. & Orehek, E. Relational regulation theory: a new approach to explain the link between perceived social support and mental health. Psychol. Rev. 118, 482–495 (2011).
44. Henning, C. & Lieberg, M. Strong ties or weak ties? Neighbourhood networks in a new perspective. Scand. Hous. Plan. Res. 13, 3–26 (1996).
45. Sprecher, S. Acquaintanceships (weak ties): Their role in people's web of relationships and their formation. Pers. Relatsh. 29, 425–450 (2022).
46. Granovetter, M. The Strength of Weak Ties: A Network Theory Revisited. (State University of New York, Department of Sociology, 1981).

47. Hawkley, L. C. et al. From Social Structural Factors to Perceptions of Relationship Quality and Loneliness: The Chicago Health, Aging, and Social Relations Study. J. Gerontol. B Psychol. Sci. Soc. Sci. 63, S375–S384 (2008).
48. Fakoya et al (2020), see note 1.
49. Elhai, J. D., Levine, J. C., Dvorak, R. D. & Hall, B. J. Non-social features of smartphone use are most related to depression, anxiety and problematic smartphone use. Comput. Human Behav. 69, 75–82 (2017).
50. Roberts, J. A. & David, M. E. On the outside looking in: Social media intensity, social connection, and user well-being: The moderating role of passive social media use. Can. J. Behav. Sci. (2022).
51. Stieger, S., Lewetz, D. & Willinger, D. Face-to-face more important than digital communication for mental health during the pandemic. Sci. Rep. 13, 8022 (2023).
52. Baumeister, R. F. & Leary, M. R. The need to belong: Desire for interpersonal attachments as a fundamental human motivation. Psychol. Bull. 117, 497–529 (1995).
53. Cialdini, R. B. & Goldstein, N. J. Social influence: compliance and conformity. Annu. Rev. Psychol. 55, 591–621 (2004).
54. Baumeister, R. F., DeWall, C. N., Ciarocco, N. J. & Twenge, J. M. Social exclusion impairs self-regulation. J. Pers. Soc. Psychol. 88, 589–604 (2005).
55. Moran, C. How to Build a Girl. (Random House, 2014).
56. Clark, J. L. & Green, M. C. Self-fulfilling prophecies: Perceived reality of online interaction drives expected outcomes of online communication. Pers. Individ. Dif. 133, 73–76 (2018).
57. Aboujaoude, E. The Internet's effect on personality traits: An important casualty of the 'Internet addiction' paradigm. J. Behav. Addict. 6, 1–4 (2017).
58. Lohmann, S. Information technologies and subjective well-being: does the Internet raise material aspirations? Oxf. Econ. Pap. 67, 740–759 (2015).
59. Bovina, I. B. & Dvoryanchikov, N. V. Online and offline behavior: Two realities or one? Psychol. Sci. Educ. 25, 101–115 (2020).
60. Zald, D. H. The human amygdala and the emotional evaluation of sensory stimuli. Brain Res. Brain Res. Rev. 41, 88–123 (2003).
61. Zillmann, D. The psychology of suspense in dramatic exposition. 209–242 (2013).
62. de los Santos, T. M. & Nabi, R. L. Emotionally charged: Exploring the role of emotion in online news information seeking and processing. J. Broadcast. Electron. Media 63, 39–58 (2019).
63. Pachur, T., Hertwig, R. & Steinmann, F. How do people judge risks: availability heuristic, affect heuristic, or both? J. Exp. Psychol. Appl. 18,

314–330 (2012).

64. Swartz, M. How Does Empathy Work? A Writer Explores the Science and Its Applications. The New York Times https://www.nytimes.com/2018/04/24/books/review/i-feel-you-cris-beam.html (2018, April 24).
65. Levy, D. The Cost of Living: A Working Autobiography. (Bloomsbury Publishing USA, 2018).
66. Berry, Z. & Frederickson, J. Explanations and implications of the fundamental attribution error: A review and proposal. Journal of Integrated Social Sciences 5, 44–57 (2015).
67. Malle, B. F. & Hodges, S. D. Other Minds: How Humans Bridge the Divide Between Self and Others. (Guilford Press, 2007).
68. Lamm, C., Batson, C. D. & Decety, J. The neural substrate of human empathy: effects of perspective-taking and cognitive appraisal. J. Cogn. Neurosci. 19, 42–58 (2007).
69. Ibid.
70. Lanser, I. & Eisenberger, N. I. Prosocial behavior reliably reduces loneliness: An investigation across two studies. Emotion 23, 1781–1790 (2023).
71. Fryburg, D. A. Kindness as a Stress Reduction–Health Promotion Intervention: A Review of the Psychobiology of Caring. Am. J. Lifestyle Med. 16, 89–100 (2022).
72. Zahn, R. et al. The neural basis of human social values: evidence from functional MRI. Cereb. Cortex 19, 276–283 (2009).
73. de Jong Gierveld, J. & Dykstra, P. A. Virtue is its own reward? Support-giving in the family and loneliness in middle and old age. Ageing & Society 28, 271–287 (2008).
74. Inagaki, T. K. et al. The Neurobiology of Giving Versus Receiving Support: The Role of Stress-Related and Social Reward-Related Neural Activity. Psychosom. Med. 78, 443 (2016).
75. Brown, S. L., Nesse, R. M., Vinokur, A. D. & Smith, D. M. Providing social support may be more beneficial than receiving it: results from a prospective study of mortality. Psychol. Sci. 14, 320–327 (2003).
76. Zanjari, N., Momtaz, Y. A., Kamal, S. H. M., Basakha, M. & Ahmadi, S. The Influence of Providing and Receiving Social Support on Older Adults' Well-being. Clin. Pract. Epidemiol. Ment. Health 18, e174501792112241 (2022).
77. Sul, S. et al. Spatial gradient in value representation along the medial prefrontal cortex reflects individual differences in prosociality. Proc. Natl. Acad. Sci. U. S. A. 112, 7851–7856 (2015).
78. Lanser et all (2023), see note 70.
79. Romano, A., Saral, A. S. & Wu, J. Direct and indirect reciprocity among

individuals and groups. Curr Opin Psychol 43, 254–259 (2022).
80. Ulloa, E. C., Hammett, J. F., Meda, N. A. & Rubalcaba, S. J. Empathy and Romantic Relationship Quality Among Cohabitating Couples: An Actor-Partner Interdependence Model. The Family Journal 25, 208–214 (2017).
81. Konrath, S. H., O'Brien, E. H. & Hsing, C. Changes in dispositional empathy in American college students over time: a meta-analysis. Pers. Soc. Psychol. Rev. 15, 180–198 (2011).
82. Konrath, S. Empathy trends in American youth between 1979 and 2018: an update. Soc. Psychol. Personal. Sci. (2023).
83. Zweig, S. Die Kunst, Ohne Sorgen Zu Leben: Letzte Aufzeichnungen Und Aufrufe. (Insel Verlag, 2024).

## 4장 나는 잔다, 고로 나는 존재한다

1. Stepan, M. E., Fenn, K. M. & Altmann, E. M. Effects of sleep deprivation on procedural errors. J. Exp. Psychol. Gen. 148, 1828–1833 (2019).
2. Kahn-Greene, E. T., Killgore, D. B., Kamimori, G. H., Balkin, T. J. & Killgore, W. D. S. The effects of sleep deprivation on symptoms of psychopathology in healthy adults. Sleep Med. 8, 215–221 (2007).
3. Sabia, S. et al. Association of sleep duration in middle and old age with incidence of dementia. Nat. Commun. 12, 2289 (2021).
4. Waters, F., Chiu, V., Atkinson, A. & Blom, J. D. Severe Sleep Deprivation Causes Hallucinations and a Gradual Progression Toward Psychosis With Increasing Time Awake. Front. Psychiatry 9, 303 (2018).
5. Cohen, S., Doyle, W. J., Alper, C. M., Janicki-Deverts, D. & Turner, R. B. Sleep habits and susceptibility to the common cold. Arch. Intern. Med. 169, 62–67 (2009).
6. Depner, C. M., Stothard, E. R. & Wright, K. P., Jr. Metabolic consequences of sleep and circadian disorders. Curr. Diab. Rep. 14, 507 (2014).
7. Chaput, J.-P. et al. Sleep duration and health in adults: an overview of systematic reviews. Appl. Physiol. Nutr. Metab. 45, S218–S231 (2020).
8. Hirshkowitz, M. et al. National Sleep Foundation's updated sleep duration recommendations: final report. Sleep Health 1, 233–243 (2015).
9. Jehan, Shazia, Ferdinand Zizi, Seithikurippu R. Pandi-Perumal, Alyson K. Myers, Evan Auguste, Girardin Jean-Louis, and Samy I. McFarlane. Shift work and sleep: medical implications and management. Sleep medicine and disorders: international journal 1 (2017).
10. Wager, T. D. & Atlas, L. Y. The neuroscience of placebo effects: connecting

context, learning and health. Nat. Rev. Neurosci. 16, 403–418 (2015).
11. Bootzin, R. R. & Epstein, D. R. Understanding and treating insomnia. Annu. Rev. Clin. Psychol. 7, 435–458 (2011).
12. Irish, L. A., Kline, C. E., Gunn, H. E., Buysse, D. J. & Hall, M. H. The role of sleep hygiene in promoting public health: A review of empirical evidence. Sleep Med. Rev. 22, 23–36 (2015).
13. Murawski, B., Wade, L., Plotnikoff, R. C., Lubans, D. R. & Duncan, M. J. A systematic review and meta-analysis of cognitive and behavioral interventions to improve sleep health in adults without sleep disorders. Sleep Med. Rev. 40, 160–169 (2018).
14. Jansson-Fröjmark, M. et al. Stimulus control for insomnia: A systematic review and meta-analysis. J. Sleep Res. 33, e14002 (2024).
15. Li, Pan, Zhiwei Lian, and Li Lan. Investigation of sleep quality under different temperatures based on subjective and physiological measurements. Hvac&R Research 18, 1030–1043 (2012).
16. Muzet, A., Ehrhart, J., Candas, V., Libert, J. P. & Vogt, J. J. REM sleep and ambient temperature in man. Int. J. Neurosci. 18, 117–126 (1983).
17. Caddick, Zachary A., Kevin Gregory, Lucia Arsintescu, and Erin E. Flynn-Evans. A review of the environmental parameters necessary for an optimal sleep environment. Build. Environ. 132, 11–20 (2018).
18. Harding, E. C., Franks, N. P. & Wisden, W. The Temperature Dependence of Sleep. Front. Neurosci. 13, 336 (2019).
19. Herberger, S. et al. Enhanced conductive body heat loss during sleep increases slow-wave sleep and calms the heart. Sci. Rep. 14, 4669 (2024).
20. Murphy, P. J. & Campbell, S. S. Nighttime drop in body temperature: a physiological trigger for sleep onset? Sleep 20, 505–511 (1997).
21. Muzet, A., Libert, J. P. & Candas, V. Ambient temperature and human sleep. Experientia 40, 425–429 (1984).
22. Shin, M., Halaki, M., Swan, P., Ireland, A. H. & Chow, C. M. The effects of fabric for sleepwear and bedding on sleep at ambient temperatures of 17°C and 22°C. Nat. Sci. Sleep 8, 121–131 (2016).
23. Ngarambe, Jack, Geun Young Yun, Kisup Lee, and Yeona Hwang. Effects of changing air temperature at different sleep stages on the subjective evaluation of sleep quality. Sustain. Sci. Pract. Policy 11, 1417.
24. Okamoto-Mizuno, K., Tsuzuki, K. & Mizuno, K. Effects of mild heat exposure on sleep stages and body temperature in older men. Int. J. Biometeorol. 49, 32–36 (2004).
25. Riedy SM, Smith MG, Rocha S, Basner M. Noise as a sleep aid: A systematic review. Sleep Med. Rev. 1, 101385 (2021).

26. Caddick et al (2018), see note 17.
27. Krenzer, M. et al. Brainstem and spinal cord circuitry regulating REM sleep and muscle atonia. PLoS One 6, e24998 (2011).
28. Hobson, J. A. REM sleep and dreaming: towards a theory of protoconsciousness. Nat. Rev. Neurosci. 10, 803-813 (2009).
29. Fraigne, J. J., Torontali, Z. A., Snow, M. B. & Peever, J. H. REM Sleep at its Core - Circuits, Neurotransmitters, and Pathophysiology. Front. Neurol. 6, 123 (2015).
30. Zheng, Jie, Rebecca F. Stevenson, Bryce A. Mander, Lilit Mnatsakanyan, Frank PK Hsu, Sumeet Vadera, Robert T. Knight, Michael A. Yassa, and Jack J. Lin. Multiplexing of theta and alpha rhythms in the amygdala-hippocampal circuit supports pattern separation of emotional information. Neuron 102, 887-898 (2019).
31. Genzel, L., Spoormaker, V. I., Konrad, B. N. & Dresler, M. The role of rapid eye movement sleep for amygdala-related memory processing. Neurobiol. Learn. Mem. 122, 110-121 (2015).
32. McGaugh, J. L., McIntyre, C. K. & Power, A. E. Amygdala modulation of memory consolidation: interaction with other brain systems. Neurobiol. Learn. Mem. 78, 539-552 (2002).
33. Paré, D., Collins, D. R. & Pelletier, J. G. Amygdala oscillations and the consolidation of emotional memories. Trends Cogn. Sci. 6, 306-314 (2002).
34. Schäfer, S. K. et al. To sleep or not to sleep, that is the question: A systematic review and meta-analysis on the effect of post-trauma sleep on intrusive memories of analog trauma. Behav. Res. Ther. 167, 104359 (2023).
35. Cellini, N., Torre, J., Stegagno, L. & Sarlo, M. Sleep before and after learning promotes the consolidation of both neutral and emotional information regardless of REM presence. Neurobiol. Learn. Mem. 133, 136-144 (2016).
36. Ikeda, A. & Siio, I. Dream Drill: A Bedtime Learning Application. in Learning and Collaboration Technologies. Technology-Rich Environments for Learning and Collaboration 138-145 (Springer International Publishing, 2014).
37. Weaver, D. R. The suprachiasmatic nucleus: a 25-year retrospective. J. Biol. Rhythms 13, 100-112 (1998).
38. Daurat, A., Foret, J., Touitou, Y. & Benoit, O. Detrimental influence of bright light exposure on alertness, performance, and mood in the early morning. Neurophysiol. Clin. 26, 8-14 (1996).
39. Mead, M. N. Benefits of sunlight: a bright spot for human health. Environ. Health Perspect. 116, A160-7 (2008).
40. Lambert, G. W., Reid, C., Kaye, D. M., Jennings, G. L. & Esler, M. D. Effect of sunlight and season on serotonin turnover in the brain. Lancet 360,

1840–1842 (2002).
41. Tordjman, S. et al. Melatonin: Pharmacology, Functions and Therapeutic Benefits. Curr. Neuropharmacol. 15, 434–443 (2017).
42. Burns, A. C. et al. Day and night light exposure are associated with psychiatric disorders: an objective light study in 〉85,000 people. Nature Mental Health 1, 853–862 (2023).
43. Ibid.
44. @Fundmotives. Advantages of waking up at 5:00 AM. Preprint at https://www.instagram.com/p/CO4ydxFpnMb/?igsh=MWY5 NzlwcGs2MjZ6NA== (2024).
45. Gujar, N., McDonald, S. A., Nishida, M. & Walker, M. P. A role for REM sleep in recalibrating the sensitivity of the human brain to specific emotions. Cereb. Cortex 21, 115–123 (2011).
46. Walker, M. P. & van der Helm, E. Overnight therapy? The role of sleep in emotional brain processing. Psychol. Bull. 135, 731–748 (2009).
47. Yoo, S.-S., Gujar, N., Hu, P., Jolesz, F. A. & Walker, M. P. The human emotional brain without sleep – a prefrontal amygdala disconnect. Curr. Biol. 17, R877–R878 (2007).
48. Lee, T. et al. Accuracy of 11 Wearable, Nearable, and Airable Consumer Sleep Trackers: Prospective Multicenter Validation Study. JMIR Mhealth Uhealth 11, e50983 (2023).
49. Chinoy, E. D. et al. Performance of seven consumer sleep-tracking devices compared with polysomnography. Sleep 44, (2021).
50. Kainec, K. A. et al. Evaluating Accuracy in Five Commercial Sleep-Tracking Devices Compared to Research-Grade Actigraphy and Polysomnography. Sensors 24, (2024).
51. Roomkham, S., Lovell, D., Cheung, J. & Perrin, D. Promises and Challenges in the Use of Consumer-Grade Devices for Sleep Monitoring. IEEE Rev. Biomed. Eng. 11, 53–67 (2018).
52. Goldstein, C. A. & Depner, C. Miles to go before we sleep… a step toward transparent evaluation of consumer sleep tracking devices. Sleep 44, zsab020 (2021).
53. Kim, S. E. et al. CLOCK Genetic Variations Are Associated With Age-Related Changes in Sleep Duration and Brain Volume. J. Gerontol. A Biol. Sci. Med. Sci. 77, 1907–1914 (2022).
54. Hida, A. et al. Screening of clock gene polymorphisms demonstrates association of a PER3 polymorphism with morningness-eveningness preference and circadian rhythm sleep disorder. Sci. Rep. 4, 6309 (2014).
55. An, H. et al. Chronotype and a PERIOD3 variable number tandem repeat

polymorphism in Han Chinese pilots. Int. J. Clin. Exp. Med. 7, 3770–3776 (2014).
56. Chang, A.-M. et al. Chronotype Genetic Variant in PER2 is Associated with Intrinsic Circadian Period in Humans. Sci. Rep. 9, 5350 (2019).
57. Toh, K. L. et al. An hPer2 phosphorylation site mutation in familial advanced sleep phase syndrome. Science 291, 1040–1043 (2001).
58. Archer, S. N., Viola, A. U., Kyriakopoulou, V., von Schantz, M. & Dijk, D.-J. Inter-individual differences in habitual sleep timing and entrained phase of endogenous circadian rhythms of BMAL1, PER2 and PER3 mRNA in human leukocytes. Sleep 31, 608–617 (2008).
59. Fárková, E., Novák, J. M., Manková, D. & Kopřivová, J. Comparison of Munich Chronotype Questionnaire (MCTQ) and Morningness-Eveningness Questionnaire (MEQ) Czech version. Chronobiol. Int. 37, 1591–1598 (2020).
60. Juda, M., Vetter, C. & Roenneberg, T. The Munich ChronoType Questionnaire for Shift-Workers (MCTQShift). J. Biol. Rhythms 28, 130–140 (2013).
61. Jones, S. E. et al. Genome-wide association analyses of chronotype in 697,828 individuals provides insights into circadian rhythms. Nat. Commun. 10, 343 (2019).
62. Merikanto, I. & Partonen, T. Eveningness increases risks for depressive and anxiety symptoms and hospital treatments mediated by insufficient sleep in a population-based study of 18,039 adults. Depress. Anxiety 38, 1066–1077 (2021).
63. Vetter, C., Fischer, D., Matera, J. L. & Roenneberg, T. Aligning work and circadian time in shift workers improves sleep and reduces circadian disruption. Curr. Biol. 25, 907–911 (2015).
64. Malone, S. K. et al. Characteristics Associated with Sleep Duration, Chronotype, and Social Jet Lag in Adolescents. J. Sch. Nurs. 32, 120–131 (2016).
65. Facer-Childs, E. R., Boiling, S. & Balanos, G. M. The effects of time of day and chronotype on cognitive and physical performance in healthy volunteers. Sports Med Open 4, 47 (2018).
66. Thomas, J. M. et al. Circadian rhythm phase shifts caused by timed exercise vary with chronotype. JCI Insight 5 (2020).
67. Monk, T. H., Buysse, D. J. & Billy, B. D. Using daily 30-min phase advances to achieve a 6-hour advance: circadian rhythm, sleep, and alertness. Aviat. Space Environ. Med. 77, 677–686 (2006).
68. Monk, T. H., Buysse, D. J., Billy, B. D. & DeGrazia, J. M. Using nine 2-h delays to achieve a 6-h advance disrupts sleep, alertness, and circadian rhythm. Aviat. Space Environ. Med. 75, 1049–1057 (2004).

69. Capone, C. et al. Slow Waves in Cortical Slices: How Spontaneous Activity is Shaped by Laminar Structure. Cereb. Cortex 29, 319–335 (2019).

## 5장 예술과 영혼

1. Zaidel, D. W. Imagination, Symbolic Cognition, and Human Evolution: The Early Arts Facilitated Group Survival. Evolutionary Perspectives on Imaginative Culture (eds. Carroll, J., Clasen, M. & Jonsson, E.) 71–89 (Springer International Publishing, Cham, 2020).
2. Vaid-Menon, A. Alok Vaid-Menon Quote. Facebook https://www.google.com/ url?q=https://www.facebook.com/AlokVMenon/ photos/a.1620029554959498/2073997106229405 /?type%3D3%26locale2%3Dzh_CN%26paipv%3D0%26eav%3DAfYX6FaxZ usqAh1qw6sGI-Ge7jTEJcbj0azg2JPrfra G7Yp7ZD4jT7KvmvJpmxED1 6g%26_rdr&sa= D&source=docs&ust=1713 368999038228&usg= AOvVaw3gYV7jEQAur0DeP9_sYNWT (2019).
3. U.S. Patterns of Arts Participation: A Full Report from the 2017 Survey of Public Participation in the Arts. (National Endowment for the Arts, 2019).
4. Elsden, E., Bu, F., Fancourt, D. & Mak, H. W. Frequency of leisure activity engagement and health functioning over a 4-year period: a population-based study amongst middle-aged adults. BMC Public Health 22, 1275 (2022).
5. Mak, H. W., Fluharty, M. & Fancourt, D. Predictors and Impact of Arts Engagement During the COVID-19 Pandemic: Analyses of Data From 19,384 Adults in the COVID-19 Social Study. Front. Psychol. 12, 626263 (2021).
6. Wang, S., Mak, H. W. & Fancourt, D. Arts, mental distress, mental health functioning & life satisfaction: fixed-effects analyses of a nationally-representative panel study. BMC Public Health 20, 208 (2020).
7. Tang, Y. et al. Art therapy for anxiety, depression, and fatigue in females with breast cancer: A systematic review. J. Psychosoc. Oncol. 37, 79–95 (2019).
8. De Petrillo, L. & Winner, E. Does art improve mood? A test of a key assumption underlying art therapy. Art Ther. (Alex.) 22, 205–212 (2005).
9. Spiegel, D., Malchiodi, C., Backos, A., & Collie, K. (2006). Art Therapy for Combat-Related PTSD: Recommendations for Research and Practice. Art Ther. 23, 157–164 (2006).
10. Nieder, A. Prefrontal cortex and the evolution of symbolic reference. Curr. Opin. Neurobiol. 19, 99–108 (2009).
11. Laubach, M., Amarante, L. M., Swanson, K. & White, S. R. What, If Anything, Is Rodent Prefrontal Cortex? eNeuro 5, (2018).
12. Levy, R. The prefrontal cortex: from monkey to man. Brain 147, 794–815 (2024).

13. Tylén, K. et al. The evolution of early symbolic behavior in Homo sapiens. Proc. Natl. Acad. Sci. U. S. A. 117, 4578–4584 (2020).
14. Grouchy, P., D'Eleuterio, G. M. T., Christiansen, M. H. & Lipson, H. On The Evolutionary Origin of Symbolic Communication. Sci. Rep. 6, 34615 (2016).
15. Dunbar, R. I. M. The Social Brain: Mind, Language, and Society in Evolutionary Perspective. Annu. Rev. Anthropol. 32, 163–181 (2003).
16. Miyagawa, S., Lesure, C. & Nóbrega, V. A. Cross-Modality Information Transfer: A Hypothesis about the Relationship among Prehistoric Cave Paintings, Symbolic Thinking, and the Emergence of Language. Front. Psychol. 9, 115 (2018).
17. Morriss-Kay, G. M. The evolution of human artistic creativity. J. Anat. 216, 158–176 (2010).
18. Zaidel, D. W. Art and brain: insights from neuropsychology, biology and evolution. J. Anat. 216, 177–183 (2010).
19. De Petrillo et al (2011), see note 8.
20. Morriss-Kay (2010), see note 17.
21. Zaidel (2010), see note 18.
22. Playing to the Gallery, Grayson Perry. The Reith Lecture, BBC Radio 4.
23. Park, C. L. Making sense of the meaning literature: an integrative review of meaning making and its effects on adjustment to stressful life events. Psychol. Bull. 136, 257–301 (2010).
24. Lindquist, K. A., Satpute, A. B. & Gendron, M. Does language do more than communicate emotion? Curr. Dir. Psychol. Sci. 24, 99–108 (2015).
25. Ochsner, K. N. & Gross, J. J. The cognitive control of emotion. Trends Cogn Sci. 9, 242–249 (2005).
26. Currier, J. M., Holland, J. M. & Neimeyer, R. A. Sense-making, grief, and the experience of violent loss: toward a mediational model. Death Stud. 30, 403–428 (2006).
27. Bonanno, G. A., Wortman, C. B. & Nesse, R. M. Prospective patterns of resilience and maladjustment during widowhood. Psychol. Aging 19, 260–271 (2004).
28. Nolen-Hoeksema, S., Wisco, B. E. & Lyubomirsky, S. Rethinking Rumination. Perspect. Psychol. Sci. 3, 400–424 (2008).
29. Eisma, M. C. et al. Adaptive and maladaptive rumination after loss: A three-wave longitudinal study. Br. J. Clin. Psychol. 54, 163–180 (2015).
30. Eisma, M. C. et al. Avoidance processes mediate the relationship between rumination and symptoms of complicated grief and depression following loss. J. Abnorm. Psychol. 122, 961–970 (2013).
31. Fancourt, D. & Finn, S. What Is the Evidence on the Role of the Arts

in Improving Health and Well-Being? A Scoping Review. (World Health Organization. Regional Office for Europe, 2019).
32. Hass-Cohen, N., Bokoch, R., Clyde Findlay, J. & Banford Witting, A. A four-drawing art therapy trauma and resiliency protocol study. The Arts in Psychotherapy 61, 44–56 (2018).
33. Doidge, N. The Brain That Changes Itself: Stories of Personal Triumph from the Frontiers of Brain Science. (Viking, 2007).
34. Maguire, E. A. et al. Navigation-related structural change in the hippocampi of taxi drivers. Proc. Natl. Acad. Sci. U. S. A. 97, 4398–4403 (2000).
35. Elbert, T., Pantev, C., Wienbruch, C., Rockstroh, B. & Taub, E. Increased cortical representation of the fingers of the left hand in string players. Science 270, 305–307 (1995).
36. Pantev, C., Engelien, A., Candia, V. & Elbert, T. Representational cortex in musicians. Plastic alterations in response to musical practice. Ann. N. Y. Acad. Sci. 930, 300–314 (2001).
37. Dijksterhuis, A., Bos, M. W., Nordgren, L. F. & van Baaren, R. B. On making the right choice: the deliberation-without-attention effect. Science 311, 1005–1007 (2006).
38. Berkowitz, A. L. & Ansari, D. Generation of novel motor sequences: the neural correlates of musical improvisation. Neuroimage 41, 535–543 (2008).
39. Chein, J. M. & Morrison, A. B. Expanding the mind's workspace: training and transfer effects with a complex working memory span task. Psychon. Bull. Rev. 17, 193–199 (2010).
40. Green, C. S. & Bavelier, D. Exercising your brain: a review of human brain plasticity and training-induced learning. Psychol. Aging 23, 692–701 (2008).
41. Li, S., Mayhew, S. D. & Kourtzi, Z. Learning shapes the representation of behavioral choice in the human brain. Neuron 62, 441–452 (2009).
42. Wiesmann, M. & Ishai, A. Training facilitates object recognition in cubist paintings. Front. Hum. Neurosci. 4, 11 (2010).
43. Genet, J. J. & Siemer, M. Flexible control in processing affective and non-affective material predicts individual differences in trait resilience. Cogn. Emot. 25, 380–388 (2011).
44. Lin, W.-L., Tsai, P.-H., Lin, H.-Y. & Chen, H.-C. How does emotion influence different creative performances? The mediating role of cognitive flexibility. Cogn. Emot. 28, 834–844 (2014).
45. Richard, V., Lebeau, J.-C., Becker, F., Inglis, E. R. & Tenenbaum, G. Do more creative people adapt better? An investigation into the association between creativity and adaptation. Psychol. Sport Exerc. 38, 80–89 (2018).
46. Ericsson, K. A., Krampe, R. T. & Tesch-Römer, C. The role of deliberate

practice in the acquisition of expert performance. Psychol. Rev. 100, 363-406 (1993).
47. Smithsonian American Art Museum: Bill Traylor. https://americanart.si.edu/artist/bill-traylor-4852.
48. Bennett, A. The History Boys. (Faber and Faber, 2004).
49. Vessel, E. A., Starr, G. G. & Rubin, N. Art reaches within: aesthetic experience, the self and the default mode network. Front. Neurosci. 7, 258 (2013).
50. Vessel, E. A., Starr, G. G. & Rubin, N. The brain on art: intense aesthetic experience activates the default mode network. Front. Hum. Neurosci. 6, 66 (2012).
51. Vessel, E. A. & Rubin, N. Beauty and the beholder: highly individual taste for abstract, but not real-world images. J. Vis. 10, **18**.1-14 (2010).
52. Lusebrink, V. B. & Hinz, L. D. Cognitive and Symbolic Aspects of Art Therapy and Similarities With Large Scale Brain Networks. Art Therapy 37, 113-122 (2020).
53. Fuentes-Claramonte, P. et al. Shared and differential default-mode related patterns of activity in an autobiographical, a self-referential and an attentional task. PLoS One 14, e0209376 (2019).

## 6장 움직이는 마음

1. Paulin, M. G. & Cahill-Lane, J. Events in Early Nervous System Evolution. Top. Cogn. Sci. 13, 25-44 (2021).
2. Bell, C. C. Evolution of cerebellum-like structures. Brain Behav. Evol. 59, 312-326 (2002).
3. Butler, A. B., Reiner, A. & Karten, H. J. Evolution of the amniote pallium and the origins of mammalian neocortex. Ann. N. Y. Acad. Sci. 1225, 14-27 (2011).
4. Firth, J., Stubbs, B., Vancampfort, D., Schuch, F., Lagopoulos, J., Rosenbaum, S., & Ward, P. B. Effect of aerobic exercise on hippocampal volume in humans: a systematic review and meta-analysis. Neuroimage 166, 230-238 (2018).
5. Feter, N., Penny, J. C., Freitas, M. P. & Rombaldi, A. J. Effect of physical exercise on hippocampal volume in adults: Systematic review and meta-analysis. Sci. Sports 33, 327-338 (2018).
6. Thomas, A. G. et al. Multi-modal characterization of rapid anterior hippocampal volume increase associated with aerobic exercise. Neuroimage 131, 162-170 (2016).
7. Whiteman, A. S., Young, D. E., Budson, A. E., Stern, C. E. & Schon, K.

Entorhinal volume, aerobic fitness, and recognition memory in healthy young adults: A voxel-based morphometry study. Neuroimage 126, 229–238 (2016).
8. Bugg, J. M. & Head, D. Exercise moderates age-related atrophy of the medial temporal lobe. Neurobiol. Aging 32, 506–514 (2011).
9. Erickson, K. I. et al. Exercise training increases size of hippocampus and improves memory. Proc. Natl. Acad. Sci. U. S. A. 108, 3017–3022 (2011).
10. Botdorf, M., Canada, K. L. & Riggins, T. A meta-analysis of the relation between hippocampal volume and memory ability in typically developing children and adolescents. Hippocampus 32, 386–400 (2022).
11. Cassilhas, R. C. et al. Spatial memory is improved by aerobic and resistance exercise through divergent molecular mechanisms. Neuroscience 202, 309–317 (2012).
12. Zhe, D., Fang, H. & Yuxiu, S. Expressions of hippocampal mineralocorticoid receptor (MR) and glucocorticoid receptor (GR) in the single-prolonged stress-rats. Acta Histochem. Cytochem. 41, 89–95 (2008).
13. Lupien, S. J., Maheu, F., Tu, M., Fiocco, A. & Schramek, T. E. The effects of stress and stress hormones on human cognition: Implications for the field of brain and cognition. Brain Cogn. 65, 209–237 (2007).
14. Froger, N. et al. Neurochemical and behavioral alterations in glucocorticoid receptor-impaired transgenic mice after chronic mild stress. J. Neurosci. 24, 2787–2796 (2004).
15. Behl, C. et al. Glucocorticoids enhance oxidative stress-induced cell death in hippocampal neurons in vitro. Endocrinology 138, 101–106 (1997).
16. Lupien, S. J., Juster, R.-P., Raymond, C. & Marin, M.-F. The effects of chronic stress on the human brain: From neurotoxicity, to vulnerability, to opportunity. Front. Neuroendocrinol. 49, 91–105 (2018).
17. Campbell, S., Marriott, M., Nahmias, C. & MacQueen, G. M. Lower hippocampal volume in patients suffering from depression: a meta-analysis. Am. J. Psychiatry 161, 598–607 (2004).
18. Lupien, S. J., McEwen, B. S., Gunnar, M. R. & Heim, C. Effects of stress throughout the lifespan on the brain, behaviour and cognition. Nat. Rev. Neurosci. 10, 434–445 (2009).
19. Warner-Schmidt, J. L. & Duman, R. S. Hippocampal neurogenesis: opposing effects of stress and antidepressant treatment. Hippocampus 16, 239–249 (2006).
20. Frodl, T. et al. Effect of hippocampal and amygdala volumes on clinical outcomes in major depression: a 3-year prospective magnetic resonance imaging study. J. Psychiatry Neurosci. 33, 423–430 (2008).

21. Vythilingam, M. et al. Childhood trauma associated with smaller hippocampal volume in women with major depression. Am. J. Psychiatry 159, 2072-2080 (2002).
22. Sheline, Y. I., Sanghavi, M., Mintun, M. A. & Gado, M. H. Depression duration but not age predicts hippocampal volume loss in medically healthy women with recurrent major depression. J. Neurosci. 19, 5034-5043 (1999).
23. Chan, S. W. Y. et al. Hippocampal volume in vulnerability and resilience to depression. J. Affect. Disord. 189, 199-202 (2016).
24. Snyder, J. S., Soumier, A., Brewer, M., Pickel, J. & Cameron, H. A. Adult hippocampal neurogenesis buffers stress responses and depressive behaviour. Nature 476, 458-461 (2011).
25. Toni, N. et al. Neurons born in the adult dentate gyrus form functional synapses with target cells. Nat. Neurosci. 11, 901-907 (2008).
26. Schmidt-Hieber, C., Jonas, P. & Bischofberger, J. Enhanced synaptic plasticity in newly generated granule cells of the adult hippocampus. Nature 429, 184-187 (2004).
27. Anacker, C. & Hen, R. Adult hippocampal neurogenesis and cognitive flexibility – linking memory and mood. Nat. Rev. Neurosci. 18, 335-346 (2017).
28. Becker, S. & Wojtowicz, J. M. A model of hippocampal neurogenesis in memory and mood disorders. Trends Cogn. Sci. 11, 70-76 (2007).
29. Santarelli, L. et al. Requirement of hippocampal neurogenesis for the behavioral effects of antidepressants. Science 301, 805-809 (2003).
30. van Praag, H. Neurogenesis and exercise: past and future directions. Neuromolecular Med. 10, 128-140 (2008).
31. Hill, A. S., Sahay, A. & Hen, R. Increasing Adult Hippocampal Neurogenesis is Sufficient to Reduce Anxiety and Depression-Like Behaviors. Neuropsychopharmacology 40, 2368-2378 (2015).
32. Mateus-Pinheiro, A. et al. Sustained remission from depressive-like behavior depends on hippocampal neurogenesis. Transl. Psychiatry 3, e210 (2013).
33. Bagot, R. C. et al. Corrigendum: Ventral hippocampal afferents to the nucleus accumbens regulate susceptibility to depression. Nat. Commun. 6, 7626 (2015).
34. Schoenfeld, T. J., Rada, P., Pieruzzini, P. R., Hsueh, B. & Gould, E. Physical exercise prevents stress-induced activation of granule neurons and enhances local inhibitory mechanisms in the dentate gyrus. J. Neurosci. 33, 7770-7777 (2013).
35. Anacker, C. et al. Hippocampal neurogenesis confers stress resilience by inhibiting the ventral dentate gyrus. Nature 559, 98-102 (2018).

36. Anacker, C., Zunszain, P. A., Carvalho, L. A. & Pariante, C. M. The glucocorticoid receptor: pivot of depression and of antidepressant treatment? Psychoneuroendocrinology 36, 415–425 (2011).
37. Surget, A. & Belzung, C. Adult hippocampal neurogenesis shapes adaptation and improves stress response: a mechanistic and integrative perspective. Mol. Psychiatry 27, 403–421 (2022).
38. Surget, A. et al. Antidepressants recruit new neurons to improve stress response regulation. Mol. Psychiatry 16, 1177–1188 (2011).
39. Snyder et al (2011), see note 24.
40. Schoenfeld et al (2013), see note 34.
41. Eichenbaum, H. Memory: Organization and Control. Annu. Rev. Psychol. 68, 19–45 (2017).
42. Yassa, M. A. & Stark, C. E. L. Pattern separation in the hippocampus. Trends Neurosci. 34, 515–525 (2011).
43. Bessa, J. M. et al. The mood-improving actions of antidepressants do not depend on neurogenesis but are associated with neuronal remodeling. Mol. Psychiatry 14, 764–73, 739 (2009).
44. Hen., A. C. A. Adult hippocampal neurogenesis and cognitive flexibility – linking memory and mood. Nat. Rev. Neurosci. 18.6, 335–346 (2017).
45. Amelchenko, E. M. et al. Age-related decline in cognitive flexibility is associated with the levels of hippocampal neurogenesis. Front. Neurosci. 17, 1232670 (2023).
46. Tartt, A. N., Mariani, M. B., Hen, R., Mann, J. J. & Boldrini, M. Dysregulation of adult hippocampal neuroplasticity in major depression: pathogenesis and therapeutic implications. Mol. Psychiatry 27, 2689–2699 (2022).
47. Disner, S. G., Beevers, C. G., Haigh, E. A. P. & Beck, A. T. Neural mechanisms of the cognitive model of depression. Nat. Rev. Neurosci. 12, 467–477 (2011).
48. Ahern, E., White, J. & Slattery, E. Change in Cognitive Function over the Course of Major Depressive Disorder: A Systematic Review and Meta-analysis. Neuropsychol. Rev. (2024).
49. Gomes-Leal, W. Adult Hippocampal Neurogenesis and Affective Disorders: New Neurons for Psychic Well-Being. Front. Neurosci. 15, 594448 (2021).
50. Hen et al (2017), see note 44.
51. Varma, V. R., Chuang, Y.-F., Harris, G. C., Tan, E. J. & Carlson, M. C. Low-intensity daily walking activity is associated with hippocampal volume in older adults. Hippocampus 25, 605–615 (2015).
52. Kaiser, A. et al. A Randomized Controlled Trial on the Effects of a 12-Week High- vs. Low-Intensity Exercise Intervention on Hippocampal

Structure and Function in Healthy, Young Adults. Front. Psychiatry 12, 780095 (2021).
53. Frodl, T. et al. Aerobic exercise increases hippocampal subfield volumes in younger adults and prevents volume decline in the elderly. Brain Imaging Behav. 14, 1577–1587 (2020).
54. Rosano, C. et al. Hippocampal Response to a 24-Month Physical Activity Intervention in Sedentary Older Adults. Am. J. Geriatr. Psychiatry 25, 209–217 (2017).
55. Feter et al (2018), see note 5.
56. Trinh, A.-T., Girardi-Schappo, M., Béïque, J.-C., Longtin, A. & Maler, L. Dentate gyrus mossy cells exhibit sparse coding via adaptive spike threshold dynamics. bioRxiv 2022.03.07.483263 (2022).
57. Kassab, R. & Alexandre, F. Pattern separation in the hippocampus: distinct circuits under different conditions. Brain Struct. Funct. 223, 2785–2808 (2018).
58. Wang, Z., Yang, K. & Sun, X. Effect of adult hippocampal neurogenesis on pattern separation and its applications. Cogn. Neurodyn. (2024).
59. Zheng, Jie, Rebecca F. Stevenson, Bryce A. Mander, Lilit Mnatsakanyan, Frank PK Hsu, Sumeet Vadera, Robert T. Knight, Michael A. Yassa, and Jack J. Lin. Multiplexing of theta and alpha rhythms in the amygdala-hippocampal circuit supports pattern separation of emotional information. Neuron 102, 887–898 (2019).
60. Anacker, C. Adult hippocampal neurogenesis in depression: behavioral implications and regulation by the stress system. Curr. Top. Behav. Neurosci. 18, 25–43 (2014).
61. Rubin, M. et al. Greater hippocampal volume is associated with PTSD treatment response. Psychiatry Res Neuroimaging 252, 36–39 (2016).
62. Kvam, S., Kleppe, C. L., Nordhus, I. H. & Hovland, A. Exercise as a treatment for depression: A meta-analysis. J. Affect. Disord. 202, 67–86 (2016).
63. Warner-Schmidt et al (2006), see note 19.
64. Frodl et al (2008), see note 20.
65. Zilcha-Mano, S. et al. Underlying Hippocampal Mechanism of Posttraumatic Stress Disorder Treatment Outcome: Evidence From Two Clinical Trials. Biol Psychiatry Glob Open Sci 3, 867–874 (2023).
66. Rubin et al (2016), see note 61.
67. Lucassen, P. J., Stumpel, M. W., Wang, Q. & Aronica, E. Decreased numbers of progenitor cells but no response to antidepressant drugs in the hippocampus of elderly depressed patients. Neuropharmacology 58, 940–949 (2010).

68. David, D. J. et al. Neurogenesis-dependent and -independent effects of fluoxetine in an animal model of anxiety/depression. Neuron 62, 479–493 (2009).
69. Malberg, J. E., Eisch, A. J., Nestler, E. J. & Duman, R. S. Chronic antidepressant treatment increases neurogenesis in adult rat hippocampus. J. Neurosci. 20, 9104–9110 (2000).
70. Czéh, B. et al. Stress-induced changes in cerebral metabolites, hippocampal volume, and cell proliferation are prevented by antidepressant treatment with tianeptine. Proc. Natl. Acad. Sci. U. S. A. 98, 12796–12801 (2001).
71. Boldrini, M. et al. Antidepressants increase neural progenitor cells in the human hippocampus. Neuropsychopharmacology 34, 2376–2389 (2009).
72. Santarelli et al (2003), see note 29.
73. Levinstein, M. R. & Samuels, B. A. Mechanisms underlying the antidepressant response and treatment resistance. Front. Behav. Neurosci. 8, 208 (2014).
74. Elfving, B. et al. Depression, the Val66Met polymorphism, age, and gender influence the serum BDNF level. J. Psychiatr. Res. 46, 1118–1125 (2012).
75. Wang, Y. et al. Association between the BDNF Val66Met polymorphism and major depressive disorder: a systematic review and meta-analysis. Front. Psychiatry 14, 1143833 (2023).
76. Levinstein et al (2014), see note 73.
77. Pitts, B. L. et al. Depression and Cognitive Dysfunction in Older U.S. Military Veterans: Moderating Effects of BDNF Val66Met Polymorphism and Physical Exercise. Am. J. Geriatr. Psychiatry 28, 959–967 (2020).
78. Wrann, C. D. et al. Exercise induces hippocampal BDNF through a PGC-1a/ FNDC5 pathway. Cell Metab. 18, 649–659 (2013).
79. Liu, T., Li, H., Colton, J. P., Ge, S. & Li, C. The BDNF Val66Met Polymorphism, Regular Exercise, and Cognition: A Systematic Review. West. J. Nurs. Res. 42, 660–673 (2020).
80. Mota-Pereira, J. et al. Moderate exercise improves depression parameters in treatment-resistant patients with major depressive disorder. J. Psychiatr. Res. 45, 1005–1011 (2011).
81. Gomez-Pinilla, F., Zhuang, Y., Feng, J., Ying, Z. & Fan, G. Exercise impacts brain-derived neurotrophic factor plasticity by engaging mechanisms of epigenetic regulation. Eur. J. Neurosci. 33, 383–390 (2011).
82. Szuhany, K. L., Bugatti, M. & Otto, M. W. A meta-analytic review of the effects of exercise on brain-derived neurotrophic factor. J. Psychiatr. Res. 60, 56–64 (2015).
83. Gomez-Pinilla et al (2011), see note **81**.

84. Liang, Z., Zhang, Z., Qi, S., Yu, J. & Wei, Z. Effects of a Single Bout of Endurance Exercise on Brain-Derived Neurotrophic Factor in Humans: A Systematic Review and Meta-Analysis of Randomized Controlled Trials. Biology 12, (2023).
85. Yarrow, J. F., White, L. J., McCoy, S. C. & Borst, S. E. Training augments resistance exercise induced elevation of circulating brain derived neurotrophic factor (BDNF). Neurosci. Lett. 479, 161-165 (2010).
86. Zaman, N. I. U. et al. The Effects of Exercise on the Psycho-cognitive Function of Brain-Derived Neurotrophic Factor (BDNF) in the Young Adults. Journal of Cognitive Sciences and Human Development 7, 33-56 (2021).
87. Piepmeier, A. T. & Etnier, J. L. Brain-derived neurotrophic factor (BDNF) as a potential mechanism of the effects of acute exercise on cognitive performance. Journal of Sport and Health Science 4, 14-23 (2015).
88. Jemni, M. et al. Exercise improves depression through positive modulation of brain-derived neurotrophic factor (BDNF). A review based on 100 manuscripts over 20 years. Front. Physiol. 14, 1102526 (2023).
89. Erickson, K. I. et al. Physical Activity, Cognition, and Brain Outcomes: A Review of the 2018 Physical Activity Guidelines. Med. Sci. Sports Exerc. 51, 1242-1251 (2019).
90. Sayyah, M. et al. Activation of BDNF- and VEGF-mediated Neuroprotection by Treadmill Exercise Training in Experimental Stroke. Metab. Brain Dis. 37, 1843-1853 (2022).
91. Nagata, J. M. et al. Predictors of muscularity-oriented disordered eating behaviors in U.S. young adults: A prospective cohort study. Int. J. Eat. Disord. 52, 1380-1388 (2019).
92. Bratland-Sanda, S., Nilsson, M. P. & Sundgot-Borgen, J. Disordered eating behavior among group fitness instructors: a health-threatening secret? J Eat Disord 3, 22 (2015).
93. Vasiliu, O. At the Crossroads between Eating Disorders and Body Dysmorphic Disorders - The Case of Bigorexia Nervosa. Brain Sciences 13, 1234 (2023).
94. Corazza, O. et al. The emergence of Exercise Addiction, Body Dysmorphic Disorder, and other image-related psychopathological correlates in fitness settings: A cross sectional study. PLoS One 14, e0213060 (2019).
95. Lichtenstein, M. B., Hinze, C. J., Emborg, B., Thomsen, F. & Hemmingsen, S. D. Compulsive exercise: links, risks and challenges faced. Psychol. Res. Behav. Manag. 10, 85-95 (2017).
96. Turner, P. G. & Lefevre, C. E. Instagram use is linked to increased symptoms of orthorexia nervosa. Eat. Weight Disord. 22, 277-284 (2017).

97. Rajan, B. Fitness Selfie and Anorexia: A study of 'fitness' selfies of women on Instagram and its contribution to anorexia nervosa. Punctum Int. J. Semiot. 4, 66–89 (2018).
98. Chansiri, K., Wongphothiphan, T. & Shafer, A. The Indirect Effects of Thinspiration and Fitspiration Images on Young Women's Sexual Attitudes. Communic. Res. 49, 524–546 (2022).
99. Fioravanti, G., Tonioni, C. & Casale, S. #Fitspiration on Instagram: The effects of fitness-related images on women's self-perceived sexual attractiveness. Scand. J. Psychol. 62, 746–751 (2021).
100. Fioravanti, G., Svicher, A., Ceragioli, G., Bruni, V. & Casale, S. Examining the impact of daily exposure to body-positive and fitspiration Instagram content on young women's mood and body image: An intensive longitudinal study. New Media & Society 25, 3266–3288 (2023).
101. Wu, Y., Harford, J., Petersen, J. & Prichard, I. 'Eat clean, train mean, get lean': Body image and health behaviours of women who engage with fitspiration and clean eating imagery on Instagram. Body Image 42, 25–31 (2022).
102. Tiggemann, M. & Zaccardo, M. 'Exercise to be fit, not skinny': The effect of fitspiration imagery on women's body image. Body Image 15, 61–67 (2015).
103. Prichard, I., McLachlan, A. C., Lavis, T. & Tiggemann, M. The Impact of Different Forms of #fitspiration Imagery on Body Image, Mood, and Self-Objectification among Young Women. Sex Roles 78, 789–798 (2018).
104. Curtis, R. G., Prichard, I., Gosse, G., Stankevicius, A. & Maher, C. A. Hashtag fitspiration: credibility screening and content analysis of Instagram fitness accounts. BMC Public Health 23, 421 (2023).
105. Engeln, R., Shavlik, M. & Daly, C. Tone it Down: How Fitness Instructors' Motivational Comments Shape Women's Body Satisfaction. J. Clin. Sport Psychol. 12, 508–524 (2018).
106. Homan, K. J. & Tylka, T. L. Appearance-based exercise motivation moderates the relationship between exercise frequency and positive body image. Body Image 11, 101–108 (2014).
107. Montuori, P. et al. Bodybuilding, dietary supplements and hormones use: behaviour and determinant analysis in young bodybuilders. BMC Sports Sci. Med. Rehabil. 13, 147 (2021).
108. Stewart, T., Kilpela, L., Wesley, N., Baule, K. & Becker, C. Psychometric properties of the contextual body image questionnaire for athletes: a replication and extension study in female collegiate athletes. J. Eat. Disord. 9, 59 (2021).
109. Gori, A., Topino, E. & Griffiths, M. D. Protective and Risk Factors in Exercise Addiction: A Series of Moderated Mediation Analyses. Int. J.

Environ. Res. Public Health 18 (2021).
110. Gori, A., Topino, E., Pucci, C. & Griffiths, M. D. The Relationship between Alexithymia, Dysmorphic Concern, and Exercise Addiction: The Moderating Effect of Self-Esteem. J. Pers. Med. 11 (2021).
111. Strelan, P. & Hargreaves, D. Reasons for Exercise and Body Esteem: Men's Responses to Self-Objectification. Sex Roles 53, 495–503 (2005).
112. Ruiz-Turrero, J., Massar, K., Kwasnicka, D. & Ten Hoor, G. A. The Relationship between Compulsive Exercise, Self-Esteem, Body Image and Body Satisfaction in Women: A Cross-Sectional Study. Int. J. Environ. Res. Public Health 19, (2022).
113. Gual, P. et al. Self-esteem, personality, and eating disorders: Baseline assessment of a prospective population-based cohort. Int. J. Eat. Disord. 31, 261–273 (2002).
114. Gejl, K. D. & Nybo, L. Performance effects of periodized carbohydrate restriction in endurance trained athletes – a systematic review and meta-analysis. J. Int. Soc. Sports Nutr. 18, 37 (2021).
115. Lotte Lina Kloby Nielsen, Max Norman Tandrup Lambert, and Per Bendix Jeppesen. The Effect of Ingesting Carbohydrate and Proteins on Athletic Performance: A Systematic Review and Meta-Analysis of Randomized Controlled Trials. Nutrients 12(5), 1483 (2020).
116. Maren, S., Phan, K. L. & Liberzon, I. The contextual brain: implications for fear conditioning, extinction and psychopathology. Nat. Rev. Neurosci. 14, 417–428 (2013).
117. Norwood, M. F. et al. Brain activity, underlying mood and the environment: A systematic review. J. Environ. Psychol. 65, 101321 (2019).
118. De Francisco and Constantino Arce., G. M. C. The relationship between motivation and burnout in athletes and the mediating role of engagement. Int. J. Environ. Res. Public Health 18.9, 4884 (2021).
119. Penedo, F. J. & Dahn, J. R. Exercise and well-being: a review of mental and physical health benefits associated with physical activity. Curr. Opin. Psychiatry 18, 189–193 (2005).
120. Bajamal, E., Abou Hashish, E. A. & Robbins, L. B. Enjoyment of Physical Activity among Children and Adolescents: A Concept Analysis. J. Sch. Nurs. 40, 97–107 (2024).
121. Deci, E. L., Koestner, R. & Ryan, R. M. A meta-analytic review of experiments examining the effects of extrinsic rewards on intrinsic motivation. Psychol. Bull. 125, 627–68; discussion 692–700 (1999).
122. Rawsthorne, L. J. & Elliot, A. J. Achievement goals and intrinsic motivation: a meta-analytic review. Pers. Soc. Psychol. Rev. 3, 326–344 (1999).

123. Putterman, E. & Linden, W. Appearance versus health: does the reason for dieting affect dieting behavior? J. Behav. Med. 27, 185–204 (2004).
124. Strelan, P., Mehaffey, S. J. & Tiggemann, M. Brief Report: Self-Objectification and Esteem in Young Women: The Mediating Role of Reasons for Exercise. Sex Roles 48, 89–95 (2003).
125. Prichard, I. & Tiggemann, M. Relations among exercise type, self-objectification, and body image in the fitness centre environment: The role of reasons for exercise. Psychol. Sport Exerc. 9, 855–866 (2008).
126. Ryan, M. P. The antidepressant effects of physical activity: mediating self-esteem and self-efficacy mechanisms. Psychol. Health 23, 279–307 (2008).
127. Dishman, R. K. et al. Physical self-concept and self-esteem mediate cross-sectional relations of physical activity and sport participation with depression symptoms among adolescent girls. Health Psychol. 25, 396–407 (2006).
128. De Francisco et al (2021), see note 118.
129. Breines, J. G. & Chen, S. Self-compassion increases self-improvement motivation. Pers. Soc. Psychol. Bull. 38, 1133–1143 (2012).
130. Kuchar, A. L., Neff, K. D. & Mosewich, A. D. Resilience and Enhancement in Sport, Exercise, & Training (RESET): A brief self-compassion intervention with NCAA student-athletes. Psychol. Sport Exerc. 67, 102426 (2023).
131. Arigo, D., Brown, M. M. & DiBisceglie, S. Experimental effects of fitspiration messaging on body satisfaction, exercise motivation, and exercise behavior among college women and men. Transl. Behav. Med. 11, 1441–1450 (2021).
132. Rogers, K. A. & Ebbeck, V. Experiences among women with shame and self-compassion in cardio-based exercise classes. Qualitative Research in Sport, Exercise and Health 8, 21–44 (2016).
133. Signore, A., Semenchuk, B. N. & Strachan, S. M. Self-Compassion and Reactions to a Recalled Exercise Lapse: The Moderating Role of Gender-Role Schemas. J. Sport Exerc. Psychol. 43, 477–487 (2021).
134. @lauren_wilford. X https://x.com/lauren_wilford (2024).
135. McDonald, D. G. & Hodgdon, J. A. The Psychological Effects of Aerobic Fitness Training: Research and Theory. (Springer Science & Business Media, 2012).
136. Crust, L. & Clough, P. J. Relationship between mental toughness and physical endurance. Percept. Mot. Skills 100, 192–194 (2005).
137. Marcora, S. M. & Staiano, W. The limit to exercise tolerance in humans: mind over muscle? Eur. J. Appl. Physiol. 109, 763–770 (2010).
138. Tesarz, J., Schuster, A. K., Hartmann, M., Gerhardt, A. & Eich, W. Pain perception in athletes compared to normally active controls: a systematic review with meta-analysis. Pain 153, 1253–1262 (2012).

139. Williams, D. M. Exercise, affect, and adherence: an integrated model and a case for self-paced exercise. J. Sport Exerc. Psychol. 30, 471–496 (2008).

## 7장 나와 나 자신, 그리고 와이파이

1. Colley, A. & Maltby, J. Impact of the Internet on our lives: Male and female personal perspectives. Comput. Human Behav. 24, 2005–2013 (2008).
2. BBC News. 'Infomania' worse than marijuana. BBC (2005, April 22).
3. Trout, J. Infomania: The marketing sickness that's killing productivity. Forbes https://www.forbes.com/2006/08/11/jack-trout-on-marketing-cx_jt_0811infomania.html (2006, August 11).
4. Coghlan, A. 'Info-mania' dents IQ more than marijuana. New Scientist (2005, April 22).
5. Ward, S. Hewlett-Packard infomania study revisited. ScienceBlogs. https://scienceblogs.com/retrospectacle/2007/02/27/hewlett-packard-infomania-stud (2007, February 27).
6. Liberman, M. Infomania and multitasking. UPenn http://itre.cis.upenn.edu/~myl/languagelog/archives/002493.html (2005, September 22).
7. Vosoughi, S., Roy, D. & Aral, S. The spread of true and false news online. Science 359, 1146–1151 (2018).
8. Lerner, J. S., Li, Y., Valdesolo, P. & Kassam, K. S. Emotion and decision making. Annu. Rev. Psychol. 66, 799–823 (2015).
9. Finucane, A. M. The effect of fear and anger on selective attention. Emotion 11, 970–974 (2011).
10. Ohman, A., Flykt, A. & Esteves, F. Emotion drives attention: detecting the snake in the grass. J. Exp. Psychol. Gen. 130, 466–478 (2001).
11. Cacioppo, J. T. & Hawkley, L. C. Perceived social isolation and cognition. Trends Cogn. Sci. 13, 447–454 (2009).
12. Brady, W. J., Crockett, M. J. & Van Bavel, J. J. The MAD model of moral contagion: The role of motivation, attention, and design in the spread of moralized content online. Perspect. Psychol. Sci. 15, 978–1010 (2020).
13. Brady, W. J., Gantman, A. P. & Van Bavel, J. J. Attentional capture helps explain why moral and emotional content go viral. J. Exp. Psychol. Gen. 149, 746–756 (2020).
14. Carleton, R. N. Fear of the unknown: One fear to rule them all? J. Anxiety Disord. 41, 5–21 (2016).
15. Plato. Plato: Phaedrus. (Cambridge University Press, 1972).
16. Thoreau, H. D. Walden; Or Life in the Woods. (McClelland & Stewart, 2015).

17. Winn, M. The plug-in drug: Television, children, and the family. (Viking Penguin 1977).
18. Sparrow, B., Liu, J. & Wegner, D. M. Google effects on memory: cognitive consequences of having information at our fingertips. Science 333, 776–778 (2011).
19. Kozyreva, A., Lewandowsky, S. & Hertwig, R. Citizens Versus the Internet: Confronting Digital Challenges With Cognitive Tools. Psychol. Sci. Public Interest 21, 103–156 (2020).
20. Firth, J. et al. The 'online brain': how the Internet may be changing our cognition. World Psychiatry 18, 119–129 (2019).
21. Wilmer, H. H., Sherman, L. E. & Chein, J. M. Smartphones and Cognition: A Review of Research Exploring the Links between Mobile Technology Habits and Cognitive Functioning. Front. Psychol. 8, 605 (2017).
22. Squire, L. R., Genzel, L., Wixted, J. T. & Morris, R. G. Memory Consolidation. Cold Spring Harb. Perspect. Biol. 7, a021766 (2015).
23. Tyng, C. M., Amin, H. U., Saad, M. N. M. & Malik, A. S. The Influences of Emotion on Learning and Memory. Front. Psychol. 8, 1454 (2017).
24. Avila, J. & Perry, G. Memory, Sleep, and Tau Function. J. Alzheimer's. Dis. 94, 491–495 (2023).
25. Poo, M.-M. et al. What is memory? The present state of the engram. BMC Biol. 14, 40 (2016).
26. Lacy, J. W. & Stark, C. E. L. The neuroscience of memory: implications for the courtroom. Nat. Rev. Neurosci. 14, 649–658 (2013).
27. Hollingshead, A. B. Perceptions of Expertise and Transactive Memory in Work Relationships. Group Process. Intergroup Relat. 3, 257–267 (2000).
28. Dong, G. & Potenza, M. N. Behavioural and brain responses related to Internet search and memory. Eur. J. Neurosci. 42, 2546–2554 (2015).
29. Ma, W. J., Husain, M. & Bays, P. M. Changing concepts of working memory. Nat. Neurosci. 17, 347–356 (2014).
30. Dora, J., van Hooff, M., Geurts, S., Kompier, M. & Bijleveld, E. Fatigue, boredom and objectively measured smartphone use at work. R. Soc. Open. Sci. 8, 201915 (2021).
31. Kang, S. & Kurtzberg, T. R. Reach for your cell phone at your own risk: The cognitive costs of media choice for breaks. J. Behav. Addict. 8, 395–403 (2019).
32. Shannon, B. J. et al. Brain aerobic glycolysis and motor adaptation learning. Proc. Natl. Acad. Sci. U. S. A. 113, E3782-91 (2016).
33. Raichle, M. E. & Gusnard, D. A. Appraising the brain's energy budget. Proc. Natl. Acad. Sci. U. S. A. 99, 10237–10239 (2002).
34. Magistretti, P. J. & Allaman, I. Lactate in the brain: from metabolic end-

product to signalling molecule. Nat. Rev. Neurosci. 19, 235–249 (2018).
35. Cobley, J. N., Fiorello, M. L. & Bailey, D. M. 13 reasons why the brain is susceptible to oxidative stress. Redox. Biol. 15, 490–503 (2018).
36. Müller, T. & Apps, M. A. J. Motivational fatigue: A neurocognitive framework for the impact of effortful exertion on subsequent motivation. Neuropsychologia 123, 141–151 (2019).
37. Blain, B., Hollard, G. & Pessiglione, M. Neural mechanisms underlying the impact of daylong cognitive work on economic decisions. Proc. Natl. Acad. Sci. U. S. A. 113, 6967–6972 (2016).
38. Albulescu, P. et al. 'Give me a break!' A systematic review and meta-analysis on the efficacy of micro-breaks for increasing well-being and performance. PLoS One 17, e0272460 (2022).
39. Henning, R. A., Jacques, P., Kissel, G. V., Sullivan, A. B. & Alteras-Webb, S. M. Frequent short rest breaks from computer work: effects on productivity and well-being at two field sites. Ergonomics 40, 78–91 (1997).
40. Wilson, T. D. et al. Social psychology. Just think: the challenges of the disengaged mind. Science 345, 75–77 (2014).
41. Dora et al (2021), see note 30.
42. Eastwood, J. D., Frischen, A., Fenske, M. J. & Smilek, D. The Unengaged Mind: Defining Boredom in Terms of Attention. Perspect. Psychol. Sci. 7, 482–495 (2012).
43. Bench, S. W. & Lench, H. C. On the Function of Boredom. Behav. Sci. 3, 459–472 (2013).
44. Posner, M. I. & Rothbart, M. K. Research on attention networks as a model for the integration of psychological science. Annu. Rev. Psychol. 58, 1–23 (2007).
45. Rankin, C. H. et al. Habituation revisited: an updated and revised description of the behavioral characteristics of habituation. Neurobiol. Learn. Mem. 92, 135–138 (2009).
46. Lavie, N. Attention, Distraction, and Cognitive Control Under Load. Curr. Dir. Psychol. Sci. 19, 143–148 (2010).
47. Jeong, S.-H. & Hwang, Y. Media Multitasking Effects on Cognitive vs. Attitudinal Outcomes: A Meta-Analysis. Hum. Commun. Res. 42, 599–618 (2016).
48. Monsell, S. Task switching. Trends Cogn. Sci. 7, 134–140 (2003).
49. Ophir, E., Nass, C. & Wagner, A. D. Cognitive control in media multitaskers. Proc. Natl. Acad. Sci. U. S. A. 106, 15583–15587 (2009).
50. Dux, P. E., Ivanoff, J., Asplund, C. L. & Marois, R. Isolation of a central bottleneck of information processing with time-resolved fMRI. Neuron

52, 1109-1120 (2006).
51. Keating, J. P. & Brock, T. C. A Myth about Distraction: Rather than being a hindrance, distraction may assist in the process of attitude change. Am. Sci. 59, 416-419 (1971).
52. Keating, J. P. & Brock, T. C. Acceptance of persuasion and the inhibition of counterargumentation under various distraction tasks. J. Exp. Soc. Psychol. 10, 301-309 (1974).
53. Jeong, S.-H. & Hwang, Y. Does Multitasking Increase or Decrease Persuasion? Effects of Multitasking on Comprehension and Counterarguing. J. Commun. 62, 571-587 (2012).
54. Winkielman, P. & Zajonc & Norbert Schwarz, R. B. Subliminal Affective Priming Resists Attributional Interventions. Cognition and Emotion 11, 433-465 (1997).
55. Tamietto, M. & de Gelder, B. Neural bases of the non-conscious perception of emotional signals. Nat. Rev. Neurosci. 11, 697-709 (2010).
56. Brady, W. J., Wills, J. A., Jost, J. T., Tucker, J. A. & Van Bavel, J. J. Emotion shapes the diffusion of moralized content in social networks. Proc. Natl. Acad. Sci. U. S. A. 114, 7313-7318 (2017).
57. Lewandowsky, S., Ecker, U. K. H., Seifert, C. M., Schwarz, N. & Cook, J. Misinformation and Its Correction: Continued Influence and Successful Debiasing. Psychol. Sci. Public Interest 13, 106-131 (2012).
58. Swire, B., Berinsky, A. J., Lewandowsky, S. & Ecker, U. K. H. Processing political misinformation: comprehending the Trump phenomenon. R. Soc. Open. Sci. 4, 160802 (2017).
59. Björklund, A. & Dunnett, S. B. Dopamine neuron systems in the brain: an update. Trends Neurosci. 30, 194-202 (2007).
60. Wise, R. A. Dopamine, learning and motivation. Nat. Rev. Neurosci. 5, 483-494 (2004).
61. Skinner, B. F. The Behavior of Organisms. (D. Appleton-Century Company, Incorporated, 1938).
62. Sarno, S., de Lafuente, V., Romo, R. & Parga, N. Dopamine reward prediction error signal codes the temporal evaluation of a perceptual decision report. Proc. Natl. Acad. Sci. U. S. A. 114, E10494-E10503 (2017).
63. Schultz, W. Dopamine reward prediction-error signalling: a two-component response. Nat. Rev. Neurosci. 17, 183-195 (2016).
64. Shugars, S. & Beauchamp, N. Why Keep Arguing? Predicting Engagement in Political Conversations Online. Sage Open 9, 2158244019828850 (2019).
65. Chang, L. W., Krosch, A. R. & Cikara, M. Effects of intergroup threat on mind, brain, and behavior. Current Opinion in Psychology 11, 69-73 (2016).

66. Wollebæk, D., Karlsen, R., Steen-Johnsen, K. & Enjolras, B. Anger, Fear, and Echo Chambers: The Emotional Basis for Online Behavior. Social Media + Society 5, 2056305119829859 (2019).
67. Cionea, I. A., Piercy, C. W. & Carpenter, C. J. A profile of arguing behaviors on Facebook. Comput. Human Behav. 76, 438–449 (2017).
68. Cheng, J., Bernstein, M., Danescu-Niculescu-Mizil, C. & Leskovec, J. Anyone Can Become a Troll: Causes of Trolling Behavior in Online Discussions. CSCW Conf. Comput. Support Coop. Work 2017, 1217–1230 (2017).
69. Rowland, F. The Filter Bubble: What the Internet is Hiding from You (review). Portal 11, 1009–1011 (2011).
70. Fletcher, R. & Nielsen, R. K. Are News Audiences Increasingly Fragmented? A Cross-National Comparative Analysis of Cross-Platform News Audience Fragmentation and Duplication. J. Commun. 67, 476–498 (2017).
71. Fletcher, R. & Nielsen, R. K. Are people incidentally exposed to news on social media? A comparative analysis. New Media & Society 20, 2450–2468 (2018).
72. Kahan, D. M., Peters, E., Dawson, E. C. & Slovic, P. Motivated numeracy and enlightened self-government. Behavioural Public Policy 1, 54–86 (2017).
73. Gibran, K. The Prophet. (Alfred A. Knopf, New York, NY, 1923).

## 8장 인생 이야기

1. Fredrickson, B. L. et al. A functional genomic perspective on human well-being. Proc. Natl. Acad. Sci. U. S. A. 110, 13684–13689 (2013).
2. Turner, A. D., Smith, C. E. & Ong, J. C. Is purpose in life associated with less sleep disturbance in older adults? Sleep Science and Practice 1, 14 (2017).
3. Cohen, R., Bavishi, C. & Rozanski, A. Purpose in Life and Its Relationship to All-Cause Mortality and Cardiovascular Events: A Meta-Analysis. Psychosom. Med. 78, 122–133 (2016).
4. Boyle, P. A., Barnes, L. L., Buchman, A. S. & Bennett, D. A. Purpose in life is associated with mortality among community-dwelling older persons. Psychosom. Med. 71, 574–579 (2009).
5. Steptoe, A., Deaton, A. & Stone, A. A. Subjective wellbeing, health, and ageing. Lancet 385, 640–648 (2015).
6. Hill, P. L. & Turiano, N. A. Purpose in life as a predictor of mortality across adulthood. Psychol. Sci. 25, 1482–1486 (2014).
7. Chernev, A., Böckenholt, U. & Goodman, J. Choice overload: A conceptual review and meta-analysis. J. Consum. Psychol. 25, 333–358 (2015).
8. Iyengar, S. S. & Lepper, M. R. When choice is demotivating: can one

desire too much of a good thing? J. Pers. Soc. Psychol. 79, 995–1006 (2000).
9. Schwartz, S. E. O. et al. Climate change anxiety and mental health: Environmental activism as buffer. Curr. Psychol. 1–14 (2022).
10. Clayton, S., Manning, C. & Hodge, C. Beyond Storms & Droughts: The Psychological Impacts of Climate Change. (2014).
11. Maier, S. F. & Seligman, M. E. Learned helplessness: Theory and evidence. J. Exp. Psychol. Gen. 105, 3–46 (1976).
12. Ishiguro, K. Klara and the Sun. (Alfred A. Knopf, 2021).
13. Heidegger, M. Sein Und Zeit. (Max Niemeyer Verlag, 1927).
14. Ray, D. G., Gomillion, S., Pintea, A. I. & Hamlin, I. On being forgotten: Memory and forgetting serve as signals of interpersonal importance. J. Pers. Soc. Psychol. 116, 259–276 (2019).
15. Martela, F. & Steger, M. F. The three meanings of meaning in life: Distinguishing coherence, purpose, and significance. J. Posit. Psychol. 11, 531–545 (2016).
16. Kruglanski, A., Jasko, K., Webber, D., Chernikova, M. & Molinario, E. The Making of Violent Extremists. Rev. Gen. Psychol. 22, 107–120 (2018).
17. Kruglanski, A. W., Chen, X., Dechesne, M., Fishman, S., & Orehek, E. Fully committed: Suicide bombers' motivation and the quest for personal significance. Polit. Psychol. 30, 331–357 (2009).
18. Baumeister, R. F. & Landau, M. J. Finding the Meaning of Meaning: Emerging Insights on Four Grand Questions. Rev. Gen. Psychol. 22, 1–10 (2018).
19. Jasko, K., LaFree, G. & Kruglanski, A. Quest for significance and violent extremism: The case of domestic radicalization. Polit. Psychol. 38, 815–831 (2017).
20. Acharya, A., Blackwell, M. & Sen, M. Explaining Preferences from Behavior: A Cognitive Dissonance Approach. J. Polit. 80, 400–411 (2018).
21. Baumeister, R. F. Esteem Threat, Self-Regulatory Breakdown, and Emotional Distress as Factors in Self-Defeating Behavior. Rev. Gen. Psychol. 1, 145–174 (1997).
22. Kruglanski et al (2018), see note 16.
23. Kumar, A. & Epley, N. A little good goes an unexpectedly long way: Underestimating the positive impact of kindness on recipients. J. Exp. Psychol. Gen. 152, 236–252 (2023).
24. Boothby, E. J. & Bohns, V. K. Why a Simple Act of Kindness Is Not as Simple as It Seems: Underestimating the Positive Impact of Our Compliments on Others. Pers. Soc. Psychol. Bull. 47, 826–840 (2021).
25. Hooker, S. A., Masters, K. S. & Park, C. L. A Meaningful Life is a Healthy Life: A Conceptual Model Linking Meaning and Meaning Salience to

Health. Rev. Gen. Psychol. 22, 11–24 (2018).
26. Saper, C. B. & Lowell, B. B. The hypothalamus. Curr. Biol. 24, R1111–6 (2014).
27. Marsh, N. et al. The Neuropeptide Oxytocin Induces a Social Altruism Bias. J. Neurosci. 35, 15696–15701 (2015).
28. Barraza, J. A. & Zak, P. J. Empathy toward strangers triggers oxytocin release and subsequent generosity. Ann. N. Y. Acad. Sci. 1167, 182–189 (2009).
29. Mottolese, R., Redouté, J., Costes, N., Le Bars, D. & Sirigu, A. Switching brain serotonin with oxytocin. Proc. Natl. Acad. Sci. U. S. A. 111, 8637–8642 (2014).
30. Sobota, R., Mihara, T., Forrest, A., Featherstone, R. E. & Siegel, S. J. Oxytocin reduces amygdala activity, increases social interactions, and reduces anxiety-like behavior irrespective of NMDAR antagonism. Behav. Neurosci. 129, 389–398 (2015).
31. Labuschagne, I. et al. Oxytocin attenuates amygdala reactivity to fear in generalized social anxiety disorder. Neuropsychopharmacology 35, 2403–2413 (2010).
32. Hung, L. W. et al. Gating of social reward by oxytocin in the ventral tegmental area. Science 357, 1406–1411 (2017).
33. Harbaugh, W. T., Mayr, U. & Burghart, D. R. Neural responses to taxation and voluntary giving reveal motives for charitable donations. Science 316, 1622–1625 (2007).
34. Neumann, I. D. Involvement of the brain oxytocin system in stress coping: interactions with the hypothalamo-pituitary-adrenal axis. Prog. Brain Res. 139, 147–162 (2002).
35. Grahn, P., Ottosson, J. & Uvnäs-Moberg, K. The Oxytocinergic System as a Mediator of Anti-stress and Instorative Effects Induced by Nature: The Calm and Connection Theory. Front. Psychol. 12, 617814 (2021).
36. Fulford, A. J. & Harbuz, M. S. An introduction to the HPA axis. in Techniques in The Behavioral and Neural Sciences vol. 15 43–65 (Elsevier, 2005).
37. Wang, P. et al. Neural Functions of Hypothalamic Oxytocin and its Regulation. ASN Neuro. 14, 17590914221100706 (2022).
38. Carter, C. S. Oxytocin pathways and the evolution of human behavior. Annu. Rev. Psychol. 65, 17–39 (2014).
39. McNally, L., Brown, S. P. & Jackson, A. L. Cooperation and the evolution of intelligence. Proc. Biol. Sci. 279, 3027–3034 (2012).
40. Herculano-Houzel, S. The human brain in numbers: a linearly scaled-up primate brain. Front. Hum. Neurosci. 3, 31 (2009).
41. Moffett, M. W. et al. Ant colonies: building complex organizations with minuscule brains and no leaders. Journal of Organization Design 10, 55–74 (2021).

42. Fine, J. M. & Hayden, B. Y. The whole prefrontal cortex is premotor cortex. Philos. Trans. R. Soc. Lond. B Biol. Sci. 377, 20200524 (2022).
43. Inwood, M. Heidegger: A Very Short Introduction. (Oxford University Press, 2019).
44. Bambach, C. R. Heidegger's Roots: Nietzsche, National Socialism, and the Greeks. (Cornell University Press, 2003).
45. Kukita, A., Nakamura, J. & Csikszentmihalyi, M. How experiencing autonomy contributes to a good life. J. Posit. Psychol. 17, 34–45 (2022).
46. Haworth J. & Lewis. Work, leisure and well-being. Br. J. Guid. Counc. 33, 67–79 (2005).
47. Wrzesniewski @reWorkwithGoogle. Job Crafting: Amy Wrzesniewski on creating meaning in your own work. YouTube.com https://www.youtube.com/watch?v=C_igfnctYjA (2014).
48. Wrzesniewski, A. & Dutton, J. Crafting a job: Revisioning employees as active crafters of their work. Acad. Manage. Rev. 26, 179–201 (2001).
49. Dutton, J. E., Debebe, G. & Wrzesniewski, A. Being valued and devalued at work: A social valuing perspective. Qualitative organizational research: Best papers from the Davis Conference on Qualitative Research. 284, 9–51 (2016).
50. Berg, J. M., Dutton, J. E. & Wrzesniewski, A. Job crafting and meaningful work. in Purpose and meaning in the workplace (ed. Dik, B. J.) 248, 81–104 (American Psychological Association, xv, Washington, DC, US, 2013).
51. Wrzesniewski (2014), see note 47.
52. Frederick, D. E. & VanderWeele, T. J. Longitudinal meta-analysis of job crafting shows positive association with work engagement. Cogent Psychology 7, 1746733 (2020).
53. Stephan, U. et al. Self-employment and eudaimonic well-being: Energized by meaning, enabled by societal legitimacy. J. Bus. Venturing 35, 106047 (2020).
54. Hope, N. H., Holding, A. C., Verner-Filion, J., Sheldon, K. M. & Koestner, R. The path from intrinsic aspirations to subjective well-being is mediated by changes in basic psychological need satisfaction and autonomous motivation: A large prospective test. Motiv. Emot. 43, 232–241 (2019).
55. Ryan, R. M., Huta, V. & Deci, E. L. Living well: a self-determination theory perspective on eudaimonia. J. Happiness Stud. 9, 139–170 (2008).
56. Kukita et al (2022), see note 45.
57. Kim, J. et al. Experiential appreciation as a pathway to meaning in life. Nat. Hum. Behav. 6, 677–690 (2022).
58. Chen, J. & Bornstein, A. M. The causal structure and computational value of narratives. Trends Cogn. Sci. (2024).

59. Seitz, R. J. & Angel, H.-F. Belief formation – A driving force for brain evolution. Brain Cogn. 140, 105548 (2020).
60. Chen et al (2024), see note 58.
61. Szpunar, K. K. Episodic Future Thought: An Emerging Concept. Perspect. Psychol. Sci. 5, 142–162 (2010).
62. On the constructive episodic simulation of past and future events.
63. Addis, D. R., Wong, A. T. & Schacter, D. L. Remembering the past and imagining the future: common and distinct neural substrates during event construction and elaboration. Neuropsychologia 45, 1363–1377 (2007).
64. Schacter, D. L., Benoit, R. G., De Brigard, F. & Szpunar, K. K. Episodic future thinking and episodic counterfactual thinking: intersections between memory and decisions. Neurobiol. Learn. Mem. 117, 14–21 (2015).
65. Szpunar, K. K., Watson, J. M. & McDermott, K. B. Neural substrates of envisioning the future. Proc. Natl. Acad. Sci. U. S. A. 104, 642–647 (2007).
66. D'Argembeau, A. & Van der Linden, M. Individual differences in the phenomenology of mental time travel: The effect of vivid visual imagery and emotion regulation strategies. Conscious. Cogn. 15, 342–350 (2006).
67. Hasselmo, M. E. A model of episodic memory: mental time travel along encoded trajectories using grid cells. Neurobiol. Learn. Mem. 92, 559–573 (2009).
68. Smith, D. M. & Mizumori, S. J. Y. Hippocampal place cells, context, and episodic memory. Hippocampus 16, 716–729 (2006).
69. Kraus, B. J. et al. During Running in Place, Grid Cells Integrate Elapsed Time and Distance Run. Neuron 88, 578–589 (2015).
70. Pastalkova, E., Itskov, V., Amarasingham, A. & Buzsáki, G. Internally generated cell assembly sequences in the rat hippocampus. Science 321, 1322–1327 (2008).
71. MacDonald, C. J., Carrow, S., Place, R. & Eichenbaum, H. Distinct hippocampal time cell sequences represent odor memories in immobilized rats. J. Neurosci. 33, 14607–14616 (2013).
72. Umbach, G. et al. Time cells in the human hippocampus and entorhinal cortex support episodic memory. Proc. Natl. Acad. Sci. U. S. A. 117, 28463–28474 (2020).
73. Tov, W., Ng, W. & Kang, S.-H. The facets of meaningful experiences: An examination of purpose and coherence in meaningful and meaningless events. J. Posit. Psychol. 16, 129–136 (2021).
74. Kim et al (2022), see note 57.
75. Baumeister et al (2018), see note 18.
76. Waytz, A., Hershfield, H. E. & Tamir, D. I. Mental simulation and meaning

in life. J. Pers. Soc. Psychol. 108, 336–355 (2015).
77. Ibid.
78. Ibid.
79. Routledge, C., Wildschut, T., Sedikides, C., Juhl, J. & Arndt, J. The power of the past: nostalgia as a meaning-making resource. Memory 20, 452–460 (2012).
80. Heintzelman, S. J., Christopher, J., Trent, J. & King, L. A. Counterfactual thinking about one's birth enhances well-being judgments. J. Posit. Psychol. 8, 44–49 (2013).
81. Kray, L. J. et al. From what might have been to what must have been: Counterfactual thinking creates meaning. J. Pers. Soc. Psychol. 98, 106–118.
82. Koo, M., Algoe, S. B., Wilson, T. D. & Gilbert, D. T. It's a wonderful life: mentally subtracting positive events improves people's affective states, contrary to their affective forecasts. J. Pers. Soc. Psychol. 95, 1217–1224 (2008).
83. Lindberg, M. J., Markman, K. D. & Choi, H. 'It was meant to be': Retrospective meaning construction through mental simulation. The Psychology of Meaning (ed. Markman, K. D.) 508, 339–355 (American Psychological Association, xi, Washington, DC, US, 2013).
84. Ersner-Hershfield, H., Galinsky, A. D., Kray, L. J. & King, B. G. Company, country, connections: counterfactual origins increase organizational commitment, patriotism, and social investment. Psychol. Sci. 21, 1479–1486 (2010).
85. Heintzelman, S. J., Trent, J. & King, L. A. Encounters with objective coherence and the experience of meaning in life. Psychol. Sci. 24, 991–998 (2013).
86. Freer, B. D., Whitt-Woosley, A. & Sprang, G. Narrative coherence and the trauma experience: an exploratory mixed-method analysis. Violence Vict. 25, 742–754 (2010).
87. Brewin, C. R. & Field, A. P. Meta-Analysis Shows Trauma Memories in Posttraumatic Stress Disorder Lack.
88. Sachschal, J., Woodward, E., Wichelmann, J. M., Haag, K. & Ehlers, A. Differential Effects of Poor Recall and Memory Disjointedness on Trauma Symptoms. Clin. Psychol. Sci. 7, 1032–1041 (2019).
89. Burnell, K. J., Coleman, P. G. & Hunt, N. Coping with traumatic memories: Second World War veterans' experiences of social support in relation to the narrative coherence of war memories. Ageing & Society 30, 57–78 (2010).
90. Frankl, V. E. Man's Search For Meaning: Gift edition. Gift edition. Beacon (1946).
91. Smith, M. Good Bones. (Tupelo Press, 2020).

## 삶이 버거운 사람들을 위한 뇌과학

**초판 1쇄 발행** 2025년 10월 10일

**지은이**  레이첼 바
**옮긴이**  김소정

**펴낸이**  조미현
**책임편집**  박이랑
**디자인**  엄혜리
**마케팅**  이예원, 공태희
**제작**  이현

**펴낸곳**  (주)현암사
**등록**  1951년 12월 24일 (제10-126호)
**주소**  04029 서울시 마포구 동교로12안길 35
**전화**  02-365-5051
**팩스**  02-313-2729
**전자우편**  editor@hyeonamsa.com
**홈페이지**  www.hyeonamsa.com

ISBN 978-89-323-2448-7 (03400)

● 책값은 뒤표지에 있습니다. 잘못된 책은 바꾸어 드립니다.